ISBN 978-3-211-86181-3 ISBN 978-3-7091-5636-0 (eBook)
DOI 10.1007/978-3-7091-5636-0

DIE TERTIÄREN WÜRMER ÖSTERREICHS

VON

WALTER J. SCHMIDT

(MIT 2 TABELLEN UND 8 TAFELN)

Inhaltsangabe.

	Seite
Vorwort	5
Allgemeiner Teil	7
Einführung	7
Systematische Übersicht	8
Stammesgeschichte	10
Entwicklungsgeschichte	10
Biologie	10
Allgemeiner Bau	10
Kiefer und Zähne	11
Wachstum	11
Lebensdauer	11
Lebensraum	11
Verbreitung	12
Faunenkreise	13
Vergesellschaftung	13
Feinde	14
Nahrung	14
Nahrungsaufnahme	14
Atmung	14
Lokomotion	14
Graben und Bohren	15
Wohnröhren	15
Röhrenbau	15
Benützungsdauer	15
Dauer des Röhrenbaues	15
Aufliegende und freie Röhrenteile	16
Frei getragene Röhren	16
Wachstumsrichtung	16
Baumaterial und dessen Verwendung	16
Gesponnene Röhren	16
Verzweigungen	17
Röhrenunterlage	17
Wurmröhren auf Steinkernen	18
Röhren der *Serpulidae*	18
Röhrenbau und -struktur	18
Querböden	20
Baumaterial	21
Sockel und Zellen	21
Größenverhältnisse	22
Querschnitt	22
Mündung	22
Lumen	23
Oberfläche	23

	Seite
Längsform	23
Farbe	24
Deckel	24
Gesellschaftsformen	24
Riffbildungen	25
Beurteilung der Röhrenmerkmale	25
Unterscheidung gegenüber Gehäusen von *Gastropoda* und *Scaphopoda*	26
Untersuchung der Röhren der *Serpulidae*	26
Unterscheidung gegenüber den Gehäusen der *Gastropoda*	26
Unterscheidung gegenüber den Gehäusen der *Scaphopoda*	27
Spezieller Teil	28
Einführung	28
Synonymie und Homonymie	28
Nomenklatur	28
Typus	28
Diagnose	28
Beschreibung	28
Vergleich	28
Systematik	28
Stratigraphie	28
Vorkommen	28
Abbildungen	29
Systematik	29
Stamm: *Vermes*	29
Unterstamm: *Vermes Polymera*	29
Klasse: *Polychaeta*	29
Ordnung: *Polychaeta sedentaria*	29
Unterordnung: *Drilomorpha*	29
Familie: *Arenicolidae*	29
Gattung: *Arenicola* LAMARCK	29
Unterordnung: *Spiomorpha*	29
Familie: *Spionidae*	29
Gattung: *Polydora* BOSC	29
— *Taonurus* SAPORTA	30
Unterordnung: *Terebellomorpha*	30
Familie: *Amphictenidae*	30
Gattung: *Pectinaria* LAMARCK	30
Familie: *Terebellidae*	30
Gattung: *Arthrophycus* HARLAN	30
— *Lanice* MALMGREN	31
Unterordnung: *Serpulimorpha*	31
Familie: *Serpulidae*	31
Unterfamilie: *Filograninae* RIOJA	31
Gattung: *Apomatus* PHILIPPI	31
— *Filograna* OKEN	32
— *Josephella* CAULLERY & MESNIL	32
— *Protula* RISSO	34
— *Salmacina* CLAPARÈDE	41
Unterfamilie: *Serpulinae* RIOJA	41
Gattung: *Ditrupa* BERKELEY	42
— *Hydroides* GUNNERUS	46
— *Mercierella* FAUVEL	48
— *Omphalopomopsis* SAINT-JOSEPH	49
— *Placostegus* PHILIPPI	49
— *Pomatoceros* PHILIPPI	50
— *Pomatostegus* SCHMARDA	54
— *Serpula* LINNAEUS	55
— *Vermilia* LAMARCK	65
— *Vermiliopsis* SAINT-JOSEPH	69

	Seite
Unterfamilie: *Spirorbinae* CHAMBERLIN	70
Gattung: *Rotularia* DEFRANCE	70
— *Spirorbis* DAUDIN	78
Untergattung: *Spirorbis (Dexiospira)* CAULLERY & MESNIL	78
— *Spirorbis (Paradexiospira)* CAULLERY & MESNIL	80
— *Spirorbis (Leodora)* SAINT-JOSEPH	80
— *Spirorbis (Laeospira)* CAULLERY & MESNIL	80
— *Spirorbis (Paralaeospira)* CAULLERY & MESNIL	83
Problematica	84
Verzeichnis der im Allgemeinen Teil angeführten Arten und Unterarten	85
Verzeichnis der im Speziellen Teil angeführten Gattungen, Untergattungen, Arten und Unterarten	87
Tabellarische Übersicht der österreichischen Vorkommen	94
Literaturverzeichnis	97

Vorwort

Die vorliegende Arbeit geht zurück auf die Initiative von Prof. Dr. K. KREJCI-GRAF und Prof. Dr. O. KÜHN, die vor einigen Jahren eine neue zusammenfassende Bearbeitung der Fauna des tertiären Wiener Beckens als Gemeinschaftsarbeit der österreichischen Paläontologen begannen.

Im Rahmen dieses Planes wurde mir von Prof. Dr. O. KÜHN die Aufgabe gestellt, die *Polychaeta* des Wiener Beckens zu bearbeiten, aus welcher Arbeit sich dann die vorliegende Monographie entwickelte. Prof. KÜHN hat mich nicht nur in die speziellen Arbeitsmethoden eingeführt, sondern hat mich auch weiterhin ständig unterstützt und beraten, so daß ich ihm sehr zu Dank verpflichtet bin.

Besonderen Dank schulde ich auch Herrn Dir. Dr. R. JANOSCHEK von der Rohöl-Gewinnungs-A. G. Wien, der die Arbeit nicht nur ideell, sondern auch materiell gefördert hat.

Es wäre ungerecht, von den vielen übrigen Helfern einige namentlich hervorzuheben. Aber es sei ausdrücklich festgestellt, daß die Arbeit ohne die Hilfe nahezu aller österreichischen Paläontologen kaum im vorliegenden Umfang durchführbar gewesen wäre.

Herzlich danken möchte ich noch meiner lieben Mutter, die mir die gesamten Schreib- und Korrekturarbeiten abgenommen hat.

Im Jahr 1895 erschien die erste und bisher einzige zusammenfassende Publikation über die fossilen Wurmröhren Österreichs, verfaßt von G. ROVERETO. Sie enthält, obwohl das gesamte Gebiet der seinerzeitigen Österreichisch-Ungarischen Monarchie umfassend, nur 14 Arten aus 6 Gattungen.

In späteren Publikationen werden wohl mitunter Wurmröhren oder, häufiger, Lebensspuren von Würmern erwähnt, aber zusammenfassende Untersuchungen fehlen.

Demgegenüber werden in der vorliegenden Arbeit 56 Arten und Unterarten aus 13 Gattungen beschrieben, wozu weitere 8 Reste kommen, die in ihrer genaueren systematischen Stellung nicht ganz geklärt erscheinen, abgesehen noch von den eigentlichen Problematica.

Diese offensichtliche langjährige Vernachlässigung, übrigens nicht nur auf Österreich beschränkt, hat ihren Grund in zwei Umständen.

Wurmreste sind vielfach recht unscheinbar und werden beim Sammeln leicht überhaupt übersehen oder falsch bestimmt. Sie bieten den vielen Privatsammlern kaum einen besonderen Anreiz. Die einer systematischen Bearbeitung zugeführten Reste sind daher von vornherein zahlenmäßig gering.

Weiters ist die Bestimmung der einzelnen Arten mitunter recht schwierig, bei unvollkommener Erhaltung oft problematisch. In vielen Fällen ist die Anfertigung von Schliffen erforderlich. Das zur Bestimmung notwendige Schrifttum ist weit verstreut und schwer zugänglich. Die vielfachen Schwierigkeiten haben daher ganz allgemein zu einer gewissen Geringschätzung dieser Fossilien geführt, was den Sammelanreiz weiter vermindert hat.

Eine solche Geringschätzung ist jedoch sehr unberechtigt und es ist zu hoffen, daß die vorliegende Arbeit hier einen Wandel herbeiführt.

Mit der fortschreitenden Bearbeitung der gesamten Tiergruppe hat sich nämlich nicht nur die Möglichkeit exakter Bestimmungen bestätigt, sondern es hat sich auch ihr vielfacher stratigraphischer Wert in überraschender Weise herausgestellt.

Die vorliegende Arbeit wurde so abgefaßt, daß sie ohne weiteres Literaturstudium exakte Bestimmungen ermöglicht. Insbesondere wurde der spezielle Teil ganz bewußt schematisiert und ausreichend bebildert.

Darüber hinaus schien es notwendig, in einem Einführungskapitel die wichtigsten allgemeinen Daten über die *Polychaeta* zusammenzustellen.

Allerdings ist klar, daß bei den eingangs geschilderten Verhältnissen keine Vollständigkeit erwartet werden darf, und es ist diese Arbeit auch als Anstoß gedacht zu einer stärkeren Beachtung dieser Tiergruppe, die dann sicher viele neue Ergebnisse mit sich bringen wird.

Ich richte daher auch an alle Kollegen die herzliche Bitte, mir Material zu übersenden, es wird jede Fundortangabe und jeder Literaturhinweis dankbar zur Kenntnis genommen und ich würde mich sehr freuen, wenn recht bald die nächste Revision dieser Tiergruppe für den österreichischen Bereich vorgenommen werden könnte, mit einer ähnlichen Vergrößerung des Bestandes, wie es bei dieser Arbeit gegenüber der ersten Monographie der Fall ist.

Allgemeiner Teil

Einführung

Nur in seltenen Fällen ist der skelettlose weiche Körper der Vermes erhaltungsfähig. Meist finden sich lediglich Zähnchen, Häkchen, Kiefer *(Conodonta* gehören nicht hieher, siehe W. GROSS, 1954, mit weiterer Literatur) oder Wohnröhren und deren Deckel. Fast immer problematischer Natur sind Exkremente, Darminhalt sowie Fraß-, Kriech- und Bohrspuren.

Von den drei Unterstämmen der *Vermes: Vermes Amera, Vermes Oligomera, Vermes Polymera (Vermes Annelida)*, sind sicher fossil nachgewiesen nur die *Polymera*.

Die nach der früheren Einteilung in zwei Unterstämme, *Annelida* und *Scolecida*, den ersteren zugeordneten Reste im oligozänen Bernstein des Samlandes, sowie der untermiozänen Braunkohle des Siebengebirges erscheinen in ihrer Stellung unsicher.

Von den drei Klassen der *Polymera: Archiannelida, Clitellata, Polychaeta*, besitzen fossil nur die *Polychaeta* Bedeutung.

Wohl sind auch beide Ordnungen der *Clitellata: Oligochaeta* und *Hirudinea* in einigen wenigen Exemplaren fossil bekannt, erstere aus dem oligozänen Bernstein des Samlandes, letztere bereits aus dem Untersilur, aber es ergibt sich für Stammesgeschichte, allgemeine Paläontologie und Stratigraphie kaum eine besondere Verwendbarkeit. Das gleiche gilt für die den *Polymera* lose angeschlossenen *Sipunculida*, die schon aus dem Mittelkambrium bekannt sind.

Erwähnung verdient vielleicht noch ein Hinweis auf gewisse krankhafte Erscheinungen an manchen Fossilien (z. B. Verdickungen an Crinoidenstielen), die den *Myzostomidae* zugeschrieben werden, und auf die aus Bernsteininsekten beschriebenen Eingeweidewürmer.

Allgemeinere Bedeutung besitzen fossil jedoch nur die *Polychaeta*, und es sind auch nur Angehörige dieser Klasse aus dem österreichischen (und angrenzenden) Tertiär bekannt.

Sicher systematisch bestimmbar sind dabei aus dem österreichischen Bereich fast nur Röhren.

Weichteile wurden hier bisher überhaupt nicht gefunden, ebensowenig Röhrendeckel, Kieferreste, Zähnchen und Häkchen.

Kriechspuren, Fraßspuren, Bohrspuren, Exkremente und ähnliches wurden wegen der geringen Möglichkeit einer systematischen Zuweisung in einem eigenen Kapitel zusammengefaßt.

Systematische Übersicht

Die folgende Übersicht berücksichtigt vor allem Formen, die fossil Bedeutung besitzen oder erlangen könnten.

Stamm: *Vermes.*

Unterstamm: *Vermes Polymera (= Annelida).*

Klasse: *Polychaeta.*

Meist Meerestiere, vereinzelt im Süßwasser mit Kalkröhren; schwimmend, kriechend, in zerbrechlichen Röhren oder Gängen im Sand oder Schlamm; seltener in freibeweglichen, öfter in am oder im Untergrund befestigten beständigeren Röhren; einige Formen sind Kommensalen oder Parasiten.

Ordnung: *Polychaeta errantia.*

Meist freilebend; seltener in losen, angehefteten oder eingegrabenen Röhren; manche in gesponnenen Gallerien.

Unterordnung: *Nereimorpha (= Rapacia).*

Meist kriechend oder schwimmend; manche bauen temporäre Gänge oder Röhren.

Familie: *Aphroditidae.*

Auf Sand, Schlamm, zwischen Schalentrümmern; mitunter in Röhren.

Unterfamilie: *Acoëtinae.*

Bauen Röhren mit Sekret der Fußdrüse.

Familie: *Eunicidae (= Leodicidae).*

Unter Steinen, Schalentrümmern, im Kies oder Sand; manche bauen membranöse Röhren, die frei getragen oder in den Sand eingegraben werden; manche sind Endoparasiten.

Unterfamilie: *Onuphidinae.*

Eingegrabene, membranöse Röhren, bis zu 50 *cm* lang, oder freigetragene, agglutinierte Röhren.

Familie: *Nereidae (= Lycoridae).*

Auf Sand, Schlamm, zwischen Algen, Bryozoën, Steinen; zum Teil in gesponnenen Gallerien.

Ordnung: *Polychaeta sedentaria.*

Meist in dauernd angehefteten, seltener in freien Röhren oder Umhüllungen; mitunter in Gängen.

Unterordnung: *Drilomorpha.*

Graben meist im Boden.

Familie: *Arenicolidae.*

U-förmige Röhren im Sand.

Familie: *Capitellidae (= Halelminthidae).*

Mit einer dünnen Schleimschicht austapezierte Gänge im Sand oder Schlamm.

Familie: *Maldanidae.*

Zylindrische, membranöse Röhren, mit Sand oder Schlamm bedeckt.

Familie: *Oweniidae.*
 Leben auf Sand, in mit Sand oder Conchylientrümmern agglutinierten Röhren.

Familie: *Scalibregmidae.*
 Röhren oder Gänge im Sand oder Schlamm.

Unterordnung: *Serpulimorpha.*
 In konsistenten, mit Fremdkörpern gefestigten oder kalkigen Röhren.

Familie: *Sabellariidae.*
 In Sand oder Kiesröhren, oft in großen Mengen beisammen und miteinander verklebt.

Familie: *Sabellidae.*
 Schleimige, membranöse oder hornige, zylindrische Röhren, mit feinem Schlamm, seltener mit Sand, Kies oder Conchylientrümmern bedeckt.

Familie: *Serpulidae.*
 Röhren kalkig, opak, selten durchscheinend, zylindrischer oder polygonaler Querschnitt, oft mit Leisten, Streifen, Kielen, fest an Unterlage geklebt, selten frei.

Unterordnung: *Spiomorpha.*
 Im Sand oder Schlamm; oft in leichten, zerbrechlichen Röhren.

Familie: *Chaetopteridae.*
 In pergamentartigen, U-förmig gebogenen Röhren, eingegraben im Sand.

Familie: *Disomidae.*
 Bauen Röhren im Sand.

Familie: *Spionidae.*
 Im Sand oder Schlamm; meist in dünnwandigen Röhren, mit einer feinen Sand- oder Schlammschicht bedeckt; manche bohren U-förmige Gallerien in Kalkstein oder Molluskenschalen (auch lebender Tiere).

Unterordnung: *Terebellomorpha.*
 Leben im Sand oder Schlamm, in mit Fremdkörpern agglutinierten Röhren.

Familie: *Ampharetidae.*
 Membranöse, mit Schlamm oder Fremdkörpern bedeckte Röhren, die viel länger als der Körper des Tieres sind.

Familie: *Amphictenidae (= Pectinaridae).*
 Im Sand, in freibeweglichen, deutlich konischen Röhren, die an beiden Seiten offen sind. Die Röhren bestehen aus einer dünnen Lage von Sandkörnern oder Conchylienfragmenten, durch eine vom Tiere abgesonderte Kittmasse verklebt; innen eine Membran. Das vordere Röhrenende zeigt in normaler Lebensstellung nach unten. Die pelagischen Larven besitzen eine membranöse, provisorische Röhre.

Familie: *Terebellidae.*
 Besitzen eine schleimige Röhre, mit Sand, Schlamm oder Conchylientrümmern inkrustiert, im Boden eingegraben oder an einer Unterlage befestigt.

Stammesgeschichte

Von den freilebenden *Polymera* sind im Paläozoikum bereits sämtliche Familien vertreten. Vertreter der *Polychaeta errantia* sind seit dem Kambrium bekannt.

Als älteste Wurmröhren wurden terebelliden- und sabellarienartige Formen beschrieben, z. B. *Sabellarites trentonensis* DAWSON (Kambrosilur), *Sabellarifex eiffliensis* RICHTER (Unterdevon). Etwas problematisch sind *Serpulites serratus* PARKINSON (Mittleres Ordovic), *Serpulites isolatus* PARKINSON (Mittleres Ordovic), *Serpulites longissimus* MURCHISON (Oberes Gotland), *Cornulites serpularius* SCHLOTHEIM (Gotland), sowie *Scolithus sp.*, von R. RICHTER aus dem fennoskandischen Kambrium beschrieben.

Röhren von *Serpulidae* sind seit dem Silur bekannt, u. zw. handelt es sich um Röhren der heute noch lebenden Unterfamilie *Spirorbinae*, z. B. *Spirorbis carbonarius* MURCHISON (Silur), *Spirorbis amonius* GOLDFUSS (Mittleres Devon), *Spirorbis omphaloides* GOLDFUSS (Mittleres Devon), *Spirorbis planorbites* MÜNSTER (Unterer Zechstein), *Spirorbis helix* KING (Perm), *Spirorbis permianus* KING (Perm). Im Perm treten die ersten Vertreter der Unterfamilie *Serpulinae* auf, *Serpula pusilla* KING (Mittlerer Zechstein). Sichere Angehörige der dritten Unterfamilie, *Filograninae*, werden erst aus dem Mesozoikum beschrieben. *Josephella ? carinthiaca* W. J. SCHMIDT (höheres Unterkarbon) erscheint in ihrer systematischen Stellung fraglich.

Entwicklungsgeschichte

In ihrem prinzipiellen Aufbau weichen die ältesten bekannten Formen, soweit feststellbar, von den heute lebenden nicht wesentlich ab. Wie schon aus dieser Tatsache zu vermuten ist, hat man keine sicheren Anhaltspunkte, von welchen Vorfahren die *Polymera* abzuleiten sind.

Bisher wurden über die Entstehung der *Polymera* drei große Theorien entworfen. Die von A. LANG (1880), E. MEYER, E. G. RACOVITZA, A. GOETTE u. a. vertretene Meinung weist auf turbellarienähnliche Ausgangsformen hin (Turbellarien-Theorie); B. HATSCHEK (1878), N. KLEINENBERG, O. BÜTSCHLI, K. SEMPER u. a. vertreten die Trochophora-Theorie; A. SEDGWICK (1883), A. BINARD, R. JEENER u. a. nehmen eine Abstammung von den Coelenteraten her an (Coelenteraten-Theorie). Keine der drei Ansichten konnte sich allgemein durchsetzen und auch mit Hilfe der Paläozoologie gelang bisher keine Klärung.

Die systematische Klassifizierung einzelner Gruppen wird durch das Fehlen eines entwicklungsgeschichtlichen Rückhaltes sehr erschwert, insbesondere bei der Behandlung der fossilen Formen.

Biologie

Allgemeiner Bau: Dem besseren Verständnis der fossil erhaltenen Fragmente sollen einige Bemerkungen über den allgemeinen Bau der *Polymera* dienen, die im wesentlichen den Angaben von F. HEMPELMANN, 1934, folgen. Für speziellere Angaben sei auf das absichtlich sehr ausführlich gehaltene Literaturverzeichnis verwiesen.

Die *Polymera* besitzen einen langgestreckten, mehr oder weniger runden, wurmförmigen, seltener gedrungenen Körper. Kopfabschnitt und Rumpfabschnitt sind immer zu unterscheiden, letzterer mitunter in Thorax, Abdomen und Schwanzabschnitt geteilt. An dem meist deutlich entwickelten Prostomium sind fast immer Nuchalorgane, Augen, Palpen und Tentakel vorhanden, die manchmal auch von einer kragenartigen Bildung des Peristomiums und einem fiedrigen Tentakelkranz überragt sein können. Oft besitzen sämtliche Rumpfsegmente wohlausgebildete ein- oder zweiästige Parapodien mit Zirren und Kiemen. Am Peristomium finden sich manchmal besonders entwickelte Fühlerzirren. In jedem Parapodium sind mehrere Bündel von Borsten vorhanden. Diese Bündel sind manchmal vertreten durch eine Borstenreihe auf einem Borstenwulst oder auch durch Borstenhaken. Die Mundöffnung ist ventral. Der Anfangsteil des Verdauungstraktes ist mitunter als Rüssel ausgebildet, der mit chitinigen Kiefern bewaffnet ist.

Kiefer und Zähne: Kiefer und Zähne fehlen bei den meisten *Polychaeta sedentaria*, so insbesondere bei den *Spiomorpha*, *Terebellomorpha* und *Serpulimorpha*. Hingegen sind Kiefer und Zähne besonders bei den *Eunicidae* ausgebildet (stilettartig), aber auch bei anderen *Polychaeta errantia* keine Seltenheit. Aus dem österreichischen Bereich sind jedoch bisher keine Funde bekannt.

Wachstum: Über die Schnelligkeit des Wachstums geben Beobachtungen an rezenten Tieren einige Auskunft. Das Larvenstadium beginnt im allgemeinen einige Tage nach der Befruchtung, Larven der *Chaetopteridae* z. B. schwimmen bereits 24 Stunden nach der Befruchtung des Eies, Larven von *Platynereis* brauchen dazu bis zu 10 Tagen (nach HEMPELMANN). Die Dauer des Larvenstadiums schwankt zwischen einigen Tagen und einem Monat. Einen Hinweis auf die Wachstumsgeschwindigkeit des eigentlichen Tieres gibt HEMPELMANN (*Platynereis dumerilii* AUDOUIN & MILNE-EDWARDS brauchte durchschnittlich 30 Tage, um von 20 auf 30 Segmente zu kommen, *Platynereis megalops* VERRILL 6 Tage, um von 16 auf 26 Segmente zu kommen = 3 *mm*). Die Umwelteinflüsse, insbesondere Nahrung und Temperatur machen sich hiebei sehr stark bemerkbar.

Lebensdauer: Im allgemeinen ist das Lebensalter mit der einmaligen Nachkommenschaftszeugung beendet, doch gibt es auch eine Reihe von Arten, die mehr als einmal Nachkommenschaft zeugen können. Dementsprechend schwankt das Alter von durchschnittlich einem Jahr bis zu mehreren Jahren. Nach HEMPELMANN erreicht z. B. *Platynereis dumerilii* AUDOUIN & MILNE-EDWARDS knapp 1 Jahr, *Spirorbis spirorbis* (LINNAEUS) bis zu 2 Jahren, *Hydroides pectinata* (PHILIPPI) jedoch ein weit höheres Alter.

Lebensraum: Die *Polychaeta*, die für nähere Betrachtungen einzig in Frage kommen, sind sämtlich Bewohner des Wassers, u. zw. überwiegend des Meeres. Nur ganz wenige Arten haben sich an Brackwasser oder gar Süßwasser gewöhnt. Die meisten der Brackwasserbewohner sind *Nereidae*.

Von den für die vorliegenden Ausführungen wichtigeren Gruppen sind als Bewohner des Brackwassers zu erwähnen von den *Sabellidae*: *Manayunkia speciosa* LEIDY (U. S. A.), *Manayunkia aestuaria* BOURNE (im Schlamm der Flußmündungen der Nordsee), *Caobangia billeti* ZENKEWITSCH (Tonkin), *Dybowscella baikalensis* ZENKEWITSCH und *Dybowscella godlewskii* ZENKEWITSCH (beide Baikalsee); von den *Serpulidae*: *Ficopomatus macrodon* SOUTHERN (Indien).

An echten Süßwasserbewohnern gibt es überhaupt nur einige wenige Arten aus Höhlengewässern, so unter den *Serpulidae*: *Marifugia cavatica* ABSOLON aus der Herzegowina. Die kalkigen Röhren der etwa 1 *cm* langen Tiere finden sich zusammengedrängt in einer bis zu 1 *m* dicken, porösen, kalktuffähnlichen Schicht an den Zu- und Abflüssen unterirdischer Wasserbecken.

Aus dem belgischen Kohlenkalk wird als Süßwasserform *Spirorbis pusillus* MARTIN beschrieben, die mitunter auf Landpflanzen (Sigillarien) gefunden wurde.

In vereinzelten Fällen konnte eine Gewöhnung an den Salzgehaltwechsel festgestellt werden, so bei *Polydora ciliata* (JOHNSTON), die vom Meer her die Flußmündungen aufwärts wandert. Auch eine künstliche Gewöhnung, bzw. Rückgewöhnung hatte in einzelnen Fällen Erfolg. Jedoch handelt es sich bei diesen Beispielen um Ausnahmen und die überwiegende Mehrzahl der *Polychaeta* verträgt auch einen geringen Zusatz von Süßwasser nicht.

Diese Verhältnisse zeigen sich auch im Wiener Becken sehr schön. Reste von *Polychaeta* finden sich hier fast ausschließlich in den marinen Ablagerungen, also vorwiegend im Torton, während sie schon im Sarmat nur mehr vereinzelt angetroffen werden, ausgenommen die Gattung *Spirorbis* DAUDIN, die hier ihre größte Verbreitung erlangt.

Bei der Beurteilung des Vorkommens von fossilem Material darf man jedoch nicht vergessen, daß grobe Ablagerungen für die Erhaltung der meist leicht zerbrechlichen Röhren nicht günstig sind. Also werden sich Reste häufiger nur in feinen kalkigen oder schlammigen Sedimenten finden. Dazu kommt die weitere Einschränkung, daß als Lebensraum von den Tieren eine allzu schlammige Umgebung nicht gerne aufgesucht wurde, somit fossile Reste hauptsächlich in kalkiger bis mergeliger Einbettung zu erwarten sind.

Der von den *Polychaeta* bevorzugte Meeresraum ist der Küstensaum, u. zw. das allgemein dichtbesiedelte Gebiet bis zu 50 m Tiefe. Bis zur 500 m-Grenze nimmt dann die Zahl langsam ab. In größeren Meerestiefen halten sich meist nur wenige röhrenbewohnende *Serpulidae* und *Terebellidae* auf. *Placostegus benthaliensis* McINTOSH und *Leaena abyssorum* McINTOSH sind aus mehr als 5000 m Tiefe bekannt, während freischwimmende Würmer bisher nur sehr selten aus solchen Tiefen bekannt wurden, z. B. *Tomopteridae*.

Eine beachtenswerte Tatsache ist, daß Arten der gleichen Gattung sowohl in größeren Tiefen als auch in der Flachsee beobachtet wurden *(Serpulidae* und *Terebellidae)*.

Während dabei das Aufsuchen größerer Tiefen eine seltenere Erscheinung ist, rücken *Polychaeta*, insbesondere röhrenbewohnende, häufig in das Gezeitengebiet vor.

Für den Lebensraum ist nicht allein die absolute Wassertiefe der maßgebende Faktor, sondern ein Zusammenwirken mit Durchlüftung, Temperatur, Lichtverhältnissen, Salzgehalt und Vergesellschaftung.

Die meisten *Polychaeta* sind Bewohner des Grundes und nur wenige sind imstande, diesen für kurze Zeit zu verlassen. Einige Familien führen jedoch eine vollkommen pelagische Lebensweise (mitunter sogar weit draußen auf offener See), ebenso die meisten Larven und manche Tiere während der Geschlechtsreife. Letzteres oft jedoch nur in der Form, daß eigene geknospte Geschlechtstiere den Boden verlassen.

Die überwiegende Mehrzahl der *Polychaeta* lebt ständig auf dem Grunde, u. zw. entweder frei kriechend mit oder ohne Röhre, oder mit der Röhre angeheftet. Im allgemeinen werden Uferzonen mit festem Gestein bevorzugt, weil dort mehr Schlupfwinkel vorhanden sind. Ähnliche Möglichkeiten bieten aber auch Pflanzenbewuchs, Polypen-, Korallen-, Bryozoen-, Algenkolonien, Schalen-, Gesteinstrümmer. Seltener findet man *Polychaeta* direkt auf Lebewesen.

Die häufige Vergesellschaftung mit Kalkalgen erklärt sich aus dem Kalkhunger mancher *Polychaeta* auf kalkarmem Grund. Die gleiche Ursache liegt nach HEMPELMANN der Anbohrung von Schalen, mitunter auch lebender Muscheln zugrunde, wie sie bei manchen *Spionidae* beobachtet wird.

Röhrenbauende und grabende *Polychaeta* finden sich häufig auch auf Sand- und Schlammböden.

Verbreitung: Die *Polychaeta* finden sich in allen Meeren, u. zw. werden, wie erwähnt, die Küstengebiete bis zu Tiefen von 500 m bevorzugt. Aktive Wanderungen kommen nur in ganz geringem Umfang als Verbreitungsmittel in Frage. Auch passive Verbreitung durch andere Lebewesen, bzw. deren Einrichtungen, z. B. durch die Schiffahrt, kann nur zu einem kleinen Teil für die weite Verbreitung mancher Formen verantwortlich gemacht werden. Das hauptsächlichste Verbreitungsmittel stellen zweifellos Meeresströmungen dar. Diese wirken insbesondere auf die Larven ein, da diese ja weit häufiger frei beweglich leben als die vollausgebildeten Würmer. Entscheidenden Einfluß auf das Verbreitungsgebiet nehmen vor allem Temperatur, Durchlüftung, Lichtverhältnisse, Salzgehalt, Wasserdruck, Nahrungsverhältnisse, Vergesellschaftung und die Bodenbeschaffenheit. Daher sind unempfindlichere (eurytherme, eurybathische, euryhaline) Formen am weitesten verbreitet. Die Anpassung geschieht mitunter auch in der Weise, daß die einzelnen Faktoren gegeneinander ausgetauscht werden. Steigt z. B. die Temperatur des Wassers gegen den Äquator zu sehr an, so suchen die Tiere tiefere und damit kühlere Meeresteile auf, die sie ansonsten meiden und besiedeln ihr gewohntes Tiefengebiet erst wieder jenseits der warmen Äquatorzone.

Faunenkreise: HEMPELMANN schlägt eine Einteilung in folgende Faunenkreise vor, wobei er jedoch ausdrücklich auf das Übergreifen der einzelnen Kreise hinweist: arktisch, antarktisch, boreal, indopazifisch, notial.

Von den Eigenheiten und Zusammenhänge der einzelnen Kreise wäre zu erwähnen, daß die Arten der arktischen Meere oft besonders groß entwickelt sind, was HEMPELMANN mit dem mangels von Schädlichkeiten erreichten höheren Alter begründet.

Bipolarität kann bei einer ganzen Reihe von Arten beobachtet werden.

Die gleichmäßigeren Lebensbedingungen des antarktischen Meeres bedingen eine homogenere Fauna gegenüber den wärmeren Meeren. Die antarktischen Formen zeigen die nächste Verwandtschaft zu den *Polychaeta* an der Südspitze Amerikas.

Die borealen *Polychaeta* sind fast durchwegs zirkumpolar. HEMPELMANN erwähnt boreale Arten auch aus der Nordsee, dem Atlantischen Ozean bis zu den Azoren und Kanarischen Inseln, aus dem Mittelmeer, entlang der pazifischen Küste von Nordamerika sowie entlang der asiatischen Küste bis in den Indischen Ozean.

Beim Indopazifischen Kreis weist HEMPELMANN darauf hin, daß sich möglicherweise ein rein tropischer Kreis absondern lasse.

Im Roten Meer finden sich sowohl Arten aus dem Indischen Ozean als auch aus den europäischen Meeren.

45 Arten treten sowohl im Indischen Ozean, als auch in den europäischen Meeren, als auch im Atlantischen Ozean auf.

Zur Trennung des notialen Gebietes in ein pazifisches und atlantisches sind noch zu wenig Unterlagen vorhanden.

Eine Anzahl der europäischen Arten ist nach Osten bis in den Indischen und Pazifischen Ozean, nach Westen bis an die amerikanische Küste verbreitet.

Sowohl in Afrika als auch in Amerika wurden gleiche Arten an den jeweiligen Ost- und Westküsten beobachtet.

Gedanken über entsprechende ehemalige Meeresverbindungen liegen nahe, insbesondere für Mittelamerika und für die Verbindung von Atlantik und Indik.

Als Besonderheit berichtet HEMPELMANN aus dem notialen Kreis, daß alle *Serpulidae* der magellanisch-chilenischen Fauna mit eingerollten Röhren diese vorwiegend links gewunden bauen.

Vergesellschaftung: Die *Polychaeta* finden sich häufig zusammen mit Fischen, Krebsen, Meeresspinnen, Mollusken, Korallen, Algen, Bryozoen, Cnidarien, Schwämmen und Echinodermen.

Unter den Kommensalen der *Polychaeta* sind eventuell von paläontologischer Bedeutung einige kleine Krebse sowie Kamptozoen.

Unter den Parasiten der *Polychaeta* sind nur einige kleine Krebse eventuell von paläontologischer Bedeutung.

Manche *Polychaeta*, insbesondere *Eunicidae* leben selbst als Kommensalen in Schwämmen, Stöcken von Bryozoen und Korallen. Auf Muschel- und Schneckenschalen siedeln sich besonders gern *Serpulidae* an, ebenso auf dem Panzer, mitunter noch lebender Krabben. Auch Echinodermen tragen manchmal *Polychaeta* mit sich.

Unter Umständen kommt es zu direkten Arbeitsgemeinschaften, wie sie z. B. HEMPELMANN zwischen *Nereis fucata* E. MAYER und *Pagurus arrosor* HERBST beschreibt, wo der Wurm seinen Vorderkörper nur dann aus dem Schneckengehäuse herausstreckt, wenn der Krebs seine Mahlzeiten einnimmt, von denen er einen Anteil erhält. Dafür wehrt der Wurm kleine Eindringlinge ab und beschützt somit den weichen Hinterleib des Krebses. Zu dieser Gemeinschaft kommen unter Umständen noch einige Actinien, die an der Außenseite des Schneckengehäuses siedeln, sowie im Inneren des Gehäuses verschiedene kleine Muscheln.

Nach Beobachtungen an rezentem Material wird das Endstadium des Röhrenwachstums relativ selten erreicht.

Aufliegende und freie Röhrenteile: Die meisten der Röhren sind entweder direkt im Boden vergraben oder doch am Boden befestigt, oft auch an Tierschalen oder Pflanzen. Meist ist die ganze Röhre aufliegend, mitunter der vordere Teil frei aufgerichtet. Letztere Tatsache besitzt deshalb eine gewisse Bedeutung, weil die aufliegenden Teile in der Regel etwas abweichend ausgebildet sind. So haben die aufliegenden Teile fast immer einen deutlichen Basalsockel mit Zellenbau. Die aufliegende Seite der Röhre ist meist bedeutend dünner als die übrigen Wände. Die freien oder eingegrabenen Röhrenteile hingegen sind fast immer rundum gleichmäßig entwickelt.

Frei getragene Röhren: Freigetragene Wohnröhren sind nur selten anzutreffen. Sie können sowohl bei kriechenden als auch bei schwimmenden Tieren auftreten. Meist sind sie konisch gebaut, nur wenig gekrümmt und an beiden Seiten offen. Sie können sowohl aus Eigensubstanz gebaut sein als auch agglutiniert.

Wachstumsrichtung: Die Wachstumsrichtung der angehefteten Röhren wird nach den Experimenten von J. LOEB, 1906, durch positive phototropische Reaktionen beeinflußt. Dazu kommen Einflüsse durch Geotropismus und Rheotropismus (sowohl reine Störungseinflüsse als auch damit verbunden der Wechsel an Nährstoffreichtum). R. HESSE-F. DOFLEIN, 1914, begründeten die geotropische Einstellung durch einseitige Kontraktion der Längsmuskulatur des Hautmuskelschlauches. HEMPELMANN erwähnt auch negativen Phototropismus. C. W. HARGITT, 1906, billigt den Nahrungs- und Sauerstoffquellen mehr Einfluß zu als Schwerkraft und Licht.

Baumaterial und dessen Verwendung: Das die Grundlage zu allen Röhren bildende Sekret wird von Drüsen abgesondert, die über den ganzen Körper verstreut sein können, meist jedoch werden bestimmte Körperpartien bevorzugt. Zu diesem Sekret kommen bei den ursprünglichen, agglutinierten Röhren verschiedene Fremdkörper dazu.

Ein hochentwickelter Bau von agglutinierten Röhren ist z. B. bei manchen *Sabellariidae* zu beobachten. Sand und Schlammpartikel werden in Furchen der Tentakel zum Mund befördert, dort mit Schleim vermischt, durch andere Tentakelfäden an die entsprechende Röhrenstelle gebracht und mit den Kragenzipfeln angedrückt.

Eine sehr genaue Beschreibung des Baues der agglutinierten Röhren der *Terebellidae*, der ähnlich vor sich geht, findet sich bei E. ZIEGELMEIER, 1952, oder auch schon bei A. WATSON, 1890.

Neben einer wahllosen Materialverwendung tritt mitunter auch eine ganz spezielle Auswahl der verwendeten Stoffe auf. Manche Formen bauen ihre Röhren z. B. nur aus ganz bestimmten Foraminiferen oder aus ganz bestimmten Bodenarten, z. B. Quarzkörnern und ähnlichem. Neben anorganischen Substanzen werden tierische Reste, insbesondere Schalen, aber auch pflanzliche Substanzen, wie Wurzelfasern, Strohhalme und ähnliches zum Röhrenbau verwendet.

Bei den zur Gänze aus Eigensubstanz gebildeten Röhren unterscheiden sich die aus überwiegend kalkiger Substanz bestehenden Röhren der *Serpulidae* von den gesponnenen seidigen Röhren mancher *Nereidae* sowie von den pergamentartigen Röhren mancher *Eunicidae*.

Gesponnene Röhren: Bei den gesponnenen Röhren (z. B. von *Platynereis dumerilii* AUDOUIN & MILNE-EDWARDS) geht der Bau so vor sich, daß zuerst eine Anzahl Fäden der Länge nach durch Kontrahieren und Ausstrecken des Tieres entsteht. Die Fäden werden mehrfach an der Unterlage aufgeklebt und dann durch eine Art schaukelnder Bewegung einzelner Körperteile verbunden (nach HEMPELMANN).

Verzweigungen: Eigenartige seitliche Anhängsel finden sich bei den Röhren von *Lanice conchilega* (PALLAS) und *Thelepus flabellum* BAIRD.

Echte Verzweigungen treten jedoch bei Wurmröhren nicht auf.

Röhrenunterlage: Als Röhrenunterlage werden durchwegs harte Unterlagen verwendet, also Steine oder Hartteile von Organismen, in speziellen Fällen auch weichere Pflanzenteile (meist nur von *Spirorbinae*). Im Verlauf der Röhre zeigt es sich, daß die vorgefundenen Oberflächenformen geschickt ausgenützt werden. Im allgemeinen folgt dabei die Röhre den Tiefenlinien und umgeht die Vorsprünge. Besonders auffällig wird dies bei skulpturreichen Tierschalen. Völlig unskulpturierte Unterlagen findet man nur selten, ebenso aber werden zu rauhe Unterlagen gemieden.

Auf fossilem Holz wurden *Serpulidae* bisher nicht beschrieben. Rezent findet sich *Pomatoceros triqueter* (LINNAEUS) ab und zu auf schwimmendem Holz (nach P. KUCKUCK, 1929), nach D. NILSSON, 1925, auch auf Blättern (*Zostera*).

Folgend werden verschiedene Unterlagen von Wurmröhren beschrieben, vorwiegend auf Grund der Beobachtungen von G. GÖTZ, 1931.

Auf Schwämmen finden sich die Wurmröhren meist an der Außenseite, u. zw. besonders in der Wurzelregion. In dem zentralen Hohlraum kann sich eine Wurmlarve nur selten festsetzen, da die bei den meisten Schwämmen vorhandenen flimmernden Geißelzellen dies verhindern. Bei zu starker Bewachsung wird der Schwamm wegen der verringerten Wasserzufuhr allmählich ersticken. Im allgemeinen handelt es sich bei dem Verhältnis Schwamm — Wurm um Epökie.

Crinoidenkelche und -stielglieder weisen mitunter eine Bewachsung mit Wurmröhren auf, wobei letztere sowohl spiralig oder in ähnlicher Form um die Crinoidenteile gewunden sein können, als auch über Bruchflächen hinweggehen. Neben einer möglichen Epökie fand also sicher auch eine Bewachsung toter Skelette statt.

Ähnliche Verhältnisse finden sich bei Brachiopodenschalen, wo das eventuelle Hinüberwachsen einer Wurmröhre von einer Schalenklappe auf die andere eine sichere Benützung der Schalen nach dem Tode des Brachiopoden anzeigt.

Bei Muscheln gibt es reichlich rezentes Material mit Wurmröhren auf den Schalen. Finden sich bei fossilem Material die Wurmröhren von einer Klappe zur anderen reichend, so ist zweifellos die Besiedlung erst nach dem Tod der Muschel vor sich gegangen oder doch weitergeführt worden. Das gleiche gilt natürlich auch für Wurmröhren, die sich im Inneren von Muschelschalen finden. Dazu gibt es aber Ausnahmen, denn GÖTZ beschreibt z. B. von einer *Gryphaea*, daß an ihrer Innenseite eine Wurmröhre mit einer Perlmutterschicht überzogen war. Ein unter dem Wirbel gerissenes Ligament wird ebenfalls mit der zu Lebzeiten der Muschel im Inneren der Schale befindlichen *Serpula*, insbesondere deren Größenwachstum in Verbindung gebracht. Dieser letztere Fall stellt wohl schon einen Übergang zu einer parasitischen Lebensweise dar.

Ähnliche Verhältnisse wie bei den Muscheln finden sich bei den Schnecken. Die Würmer dringen in die Gehäuse jedoch nur so tief ein, daß sie noch genügend Nahrung zugeströmt erhalten. Dies ist bei unbeschädigten Gehäusen meist nur bis zur Umbiegung der Wohnkammer der Fall.

Häufig schwierig zu entscheiden sind die Verhältnisse von Wurmröhren zu Cephalopodenschalen. In der überwiegenden Mehrzahl der Fälle sitzen die Wurmröhren nur mehr auf den Steinkernen. Bei mit Wurmröhren bewachsenen Belemniten, also Innenskeletten, handelt es sich zweifellos um Bewachsungen nach dem Tode. W. LANGE, 1932, und O. H. SCHINDEWOLF, 1934, beschrieben. Fälle von Epökie von *Serpula raricostati* QUENSTEDT auf Ammonitengehäusen.

Die Panzer der Arthropoden sind ebenfalls manchmal mit Wurmröhren bewachsen, wobei es sich sowohl um Bewachsung nach dem Tode als auch, wohl seltener, um Epökie handeln kann.

Auf Korallen kann sich ein Wurm mit seiner Röhre erst festsetzen, sobald die Weichteile der Koralle vom Skelett entfernt sind. Dies geschieht entweder nach dem Tode der Koralle oder bei Einzelindividuen auch dadurch, daß die Koralle in die Höhe wächst. Auch der umgekehrte Fall, nämlich daß Korallen z. B. auf Kolonien von *Serpulidae* siedeln, ist mitunter zu beobachten (F. HAAS, 1914; bei dem von O. ABEL, 1935, beschriebenen Fall handelt es sich jedoch um einen *Vermetus*). Während es sich hiebei wohl um Epökie handelt, kann man bei *Pleurodictyum problematicum* GOLDFUSS schon von einer Symbiose sprechen (E. DACQUÉ, 1921). Ähnliche Verhältnisse finden sich bei *Serpula koralliophila* ROVERETO aus dem Tongrien von Sassello. Hätte der Wurm parasitisch gelebt, wäre es den Korallen zumindest in einigen Fällen gelungen, ihn mit einer Kalkschichte zu überziehen und damit unschädlich zu machen (nach GÖTZ). Neuere Untersuchungen darüber finden sich bei H. GERTH, 1952.

Wenn Seeigel mit Wurmröhren bewachsen sind, so handelt es sich wohl immer um eine Bewachsung nach dem Tode des Tieres, da die beweglichen Stacheln und Saugfüße eine Ansiedlung wohl verhindert hätten. Auch liegen die Röhren meist regellos über Ambulakralfeldern, Fasciolen oder Madreporenplatte. Einzig die Bewachsung der Ciderisstacheln könnte zu Lebzeiten der Tiere geschehen sein.

Bei dem Verhältnis Bryozoen zu Wurmröhren ist es in der überwiegenden Zahl der Fälle so, daß die Bryozoen auf den Wurmröhren hausen. Auch hier sind die Enden der Wurmröhren frei von Gästen. Das umgekehrte Verhältnis wurde von E. VOIGT, 1955, beschrieben.

Die kalkigen Teile der Algen dürften wohl meist erst nach derem Tode mit Wurmröhren besiedelt worden sein.

Wurmröhren auf Steinkernen: Das Verhältnis von Wurmröhren zu Steinkernen, abgesehen von der Besiedlung schon vorhandener Steinkerne, beschrieb GÖTZ ausführlich. Die Würmer setzen sich zuerst auf einer Tierschale fest, dann wird Schale und Röhre im Schlamm eingebettet. Nach der Verfestigung beginnt die Auslaugung der Schale. Die Wurmröhren, die zum größten Teil aus Kalzit bestehen, sind dabei gegenüber der oft aus Aragonit bestehenden Schale widerstandsfähiger. Gegebenenfalls werden sie den Steinkernen aufgedrückt, bzw. in den Steinkern eingedrückt. Da die Unterseite der aufgewachsenen Wurmröhren meist sehr dünn ist, drücken sich nur die seitlichen massiveren Sockel ein. Wenn dann schließlich auch die Wurmröhre aufgelöst wird, bleiben nur mehr zwei Furchen im Steinkern, die eine kleinere Erhöhung einschließen.

Röhren der *Serpulidae*

Röhrenbau und -struktur: Durch A. SOULIER, 1888, wurde die alte Auffassung widerlegt, daß die zum Röhrenbau notwendigen Sekrete durch die zwei symmetrisch am Schlund gelegenen Drüsenanhänge („Glandes tupipares" nach CLAPARÈDE) abgeschieden werden. SOULIER wies nämlich bei *Sabellariidae* nach, daß sie auch nach Entfernung dieser Drüsen Röhren bauen können. Ähnliche Versuche stellten L. C. COSMOVICI, 1880, und C. BRUNOTTE an. Bei den erwähnten Drüsenanhängen handelt es sich nach SOULIER um Thoracalnieren.

Eingehend mit dem eigentlichen Röhrenbau hat sich neben SOULIER vor allem E. MEYER, 1887, beschäftigt. Er unterscheidet einmal prinzipiell Organe, die die Kittsubstanz liefern und solche, die dann daraus die Röhre bauen.

Die Kittsekrete leitet er aus Drüsen ab, die er an folgenden Stellen zu Komplexen zusammenfaßt. An den Brust- und Bauchschilden der Ventralseite zwischen den Parapodienreihen, in den basalen Teilen des neuralen Kragenlappens, des hinteren Bauchlappens, in der Bauchhaut des Abdomens und bei den eigentlichen *Serpulidae* in der Umgebung der neuralen Chaetopodien des Thorax und auf dem Rücken der hintersten Abdominalsegmente, „wo sie geradezu einen hämalen Schwanzschild bilden".

Diese Komplexe bestehen aus zwei Schichten. Eine äußere, sehr dünne, hypodermale, mit einer Cuticula umkleidete Schicht weist eine Menge feiner Poren auf. Die Innenschicht besteht aus vielen einzelligen Drüsen, die grobgranuliertes Protoplasma mit schleimigen, bzw. kalkhaltigen Konkretionen tropfenförmig enthalten. Die feinen distalen Fortsätze dieser Drüsenzellen münden durch Cuticulaporen nach außen. Der Röhrenbau beginnt bei der Larve erst, wenn diese Drüsenschicht entwickelt ist.

Die Entstehung der Röhre geht nach MEYER und SOULIER folgendermaßen vor sich. Die Larve heftet mittels eines Sekretes der Analblase ihr Hinterende auf einen festen Gegenstand. Sobald dann die in Frage kommenden Drüsenschichten entsprechend entwickelt sind, u. zw. in erster Linie die ventralen, so entsteht als deren erstes Produkt ein feines, durchsichtiges, ringförmiges Kalkhäutchen, das unter den nach hinten zurückgeklappten neuralen und lateralen Kragenlappen liegt. Dieser Ring verlängert sich von vorne her zu einem häutigen Zylinder, bis er die Unterlage erreicht hat, wo er gegebenenfalls, vermutlich wieder mit dem Sekret der Analblase, auf die Unterlage aufgekittet wird. Damit ist der erste Abschnitt des Röhrenbaues beendet.

Nun beginnt der Röhrenbau nach vorne. Normalerweise liegt das Tier ausgestreckt in der Röhre und nur die Kiemen und das Collare ragen aus der Röhre hervor. Wie schon aus dem Obigen hervorgeht, sind dabei die neuralen und die lateralen Kragenlappen über den vorderen Rand der Röhre zurückgelegt. Mit ihrer Hilfe wird das in der Hauptsache von den vorderen Bauchdrüsen abgeschiedene Sekret auf den Vorderrand der Röhre aufgetragen, wobei eine gleichmäßige Verteilung durch die Drehung des Tieres um seine Längsachse und die damit verbundene Gleitung des Kragens erzielt wird. Die Tentakel unterstützen die Verteilung und spielen bei der Oberflächengestaltung der Röhre eine wichtige Rolle. Bei dieser Art des Gehäusebaues wird das Substrat also nicht an Ort und Stelle verwendet, wie bei vielen anderen Schalenbauarten, sondern erst an den Ort der Verwendung gebracht und dann von eigenen Organen verbaut.

Dabei entsteht nun (eingehend von G. GÖTZ, 1931, beschrieben, prinzipiell jedoch schon von V. SIMONELLI, 1887, beobachtet), eine charakteristische Struktur (Tafel 1, Fig. 1—6).

Das von den vorderen Bauchdrüsen ausgeschiedene Sekret läuft nach außen, am zurückgeklappten Colare entlang und bildet nahezu einen Abguß von diesem. Es entstehen so lauter übereinanderliegende parabelförmige Schichten (von M. AVNIMELECH, 1941, sehr treffend verglichen mit einem Stapel übereinandergestülpter Wassergläser), die ihren Scheitelpunkt gegen das Vorderende der Röhre, ihren steileren und kürzeren Ast dem Inneren der Röhre und ihren flacheren und längeren Ast nach außen zu haben. AVNIMELECH beschrieb von *Hamulus octocostatus* (FRAAS) auch den umgekehrten Fall, nämlich einen längeren inneren Schenkel. Im Längsschnitt werden die einzelnen Lamellen oft noch deutlicher durch dazwischengelagerte Schlammpartikelchen, abgesetzt während das Tier sich völlig in die Röhre zurückzog, also bei einer Bauunterbrechung. An den Umbiegungsstellen treten die Lamellen mitunter etwas auseinander, so daß kleine (im Längsschnitt) halbmondförmige Hohlräume entstehen. Durch diese Verhältnisse wird bei oberflächlicher Betrachtung eine Dreiteilung der gesamten Schicht vorgetäuscht. Bei genauerer Untersuchung lassen sich jedoch die einzelnen Lamellen durch alle drei Abschnitte (Innenschenkel, Umbiegungsstelle, Außenschenkel) verfolgen (worauf bereits SIMONELLI ausdrücklich hingewiesen hat). An der Röhrenoberfläche zeigen sich die Lamellenenden in Form feiner Anwachsringe. AVNIMELECH hat besonders darauf aufmerksam gemacht, daß einzelne, besonders hervortretende Anwachsringe auf eine Unterbrechung im Röhrenbau hindeuten.

Zu dieser äußeren Parabelschicht kommt eine zweite, innere Röhrenschicht. Die der Innenseite der Röhre dicht anliegenden Bauchdrüsen scheiden auch Sekrete ab, die nicht dem Collare zugeführt werden, vor allem handelt es sich dabei um die nicht in unmittelbarer Nähe des Collare gelegenen Drüsen, und diese Sekrete werden nun mittels der Thoracalmembran gleichmäßig an der Innenseite der Röhre verteilt. Auch hier spielt die Drehung des Tieres um seine Längsachse eine ausgleichende Rolle. Es entstehen dadurch konzentrische Lagen, die die zweite, innere Röhrenschicht aufbauen.

SIMONELLI beschrieb von hier eine der Prismenschicht der *Gastropoda* ähnliche Textur, sichtbar allerdings nur bei besonders gutem Erhaltungszustand und stärkster Vergrößerung. Normalerweise zeigt sich nur eine Lagentextur oder überhaupt keine.

Die innere Röhrenschicht ist durchwegs bedeutend dünner als die äußere Parabelschicht und bei fossilem Material oft nicht mehr erhalten.

Die Teilung in die beiden Schichten kann durch Anfärbung (Fuchsin) oder Absprengung (Erhitzen und rasches Abkühlen) deutlicher gemacht werden.

Beim Anätzen mit verdünnter Salzsäure oder Essigsäure erweist sich die Parabelschichte als widerstandsfähiger gegenüber der inneren Schichte (nach GÖTZ). Nach AVNIMELECH ist die Innenschicht ursprünglich wahrscheinlich aragonitisch.

Die am hinteren Teile des Tieres befindlichen Drüsenkomplexe dienen nach R. MEYER, 1887, der eventuellen Ausbesserung der Röhre. GÖTZ überträgt ihnen die Rolle, Querböden (Tabulae) zu bilden, was mit der Widerlegung des Auftretens von Querböden in den Röhren der *Serpulidae* hinfällig wird.

Basierend auf dem Parabelbau der äußeren Röhrenschicht, hat man ein sicheres Mittel, Bruchstücke von Wurmröhren von anderen Schalenbruchstücken, insbesondere solchen von *Gastropoda (Vermetidae)* und *Scaphopoda* zu unterscheiden.

Außerdem kann man auf Grund des Parabelbaues auch mit Sicherheit vorne und hinten bei Bruchstücken von Wurmröhren bestimmen.

Ausnahmen vom Parabelbau der äußeren Röhrenschicht können sich scheinbar dadurch ergeben, daß ein Ast der Parabelschichten, meist der innere, stark zurücktritt (W. J. SCHMIDT, 1951 a), oder daß die beiden Parabeläste fast parallel verlaufen und der Parabelscheitel als solcher kaum mehr hervortritt (G. GÖTZ, 1931).

Querböden: Querböden wurden durch G. GÖTZ, 1931, von acht Exemplaren *Serpula heptagona* SOWERBY aus der Mucronatenkreide des Oberen Senon von Finkenwalde bei Stettin beschrieben. Es handelt sich dabei um Röhrenbruchstücke von 8 bis 20 *mm* Länge, bei einem äußeren Durchmesser von zirka 6 *mm*. Die Querböden stehen in unregelmäßigen Abständen 3—5 *mm* auseinander. Die Tabulae entsprechen nach GÖTZ in ihrem strukturellen Aufbau der inneren Röhrenschicht. Ihre Dicke ist gegenüber dieser Schicht meist etwas verringert. GÖTZ deutet sie, ähnlich denen der *Vermetidae*, als Abschluß des hinteren Röhrenraumes, in den keine Weichteile des Tieres mehr hineinreichen. Beobachtungen bei anderen Arten werden nicht angegeben. Es findet sich nur noch ein Hinweis, daß bei eingerollten Formen keine Querböden beobachtet wurden.

In der im gleichen Jahr, 1931, erschienenen Arbeit von K. B. NIELSEN über dänische Kreidewürmer werden ebenfalls Hinweise auf Querböden gegeben, die einerseits als Scheidewände von der inneren Röhrenschicht gebildet, anderseits durch Verdickungen der gesamten Röhre entstanden sein und der Abschließung des rückwärtigen unbewohnten Röhrenteiles dienen sollen. Nähere Angaben sowie Hinweise, bei welchen Arten diese Beobachtungen gemacht wurden, fehlen.

A. WRIGLEY, 1951, schreibt dazu, unter ausdrücklichem Bezug auf die Arbeit von GÖTZ, daß es sich um eine Fehlbeobachtung gehandelt habe, die Querböden seien nach dem Tode der Würmer von anderen Organismen in die Röhren eingebaut worden.

Bei den Untersuchungen an österreichischem Material konnte jedenfalls in keinem Fall das Vorhandensein von Querböden beobachtet werden.

Es wurden daraufhin im einzelnen besonders untersucht: 25 Röhrenbruchstücke von *Protula protensa* (LINNAEUS) (30—60 mm lang), 40 Röhrenbruchstücke von *Protula protensa tortoniana* ROVERETO (20—50 mm lang) 1 Röhrenbruchstück von *Protula simplex* (LEA) (30 mm lang), 2 Röhrenbruchstücke von *Protula intestinum* (LAMARCK) (30 und 70 mm lang) 5 Röhrenbruchstücke von *Protula canavarii* ROVERETO (20—40 mm lang), 40 Röhrenbruchstücke von *Hydroides pectinata* (PHILIPPI) (10—15 mm lang), 5 Röhrenbruchstücke von *Vermilia manicata* (REUSS) (10—15 mm lang), 5 Röhrenbruchstücke von *Vermilia quinquesignata* (REUSS) (jeweils vom Anheftungspunkt aus 5—10 mm lang), 6 Röhrenbruchstücke von *Serpula fastigiata* EICHWALD (jeweils vom Anheftungspunkt aus 10 mm lang).

Lediglich O. ABEL, 1935, beschreibt aus dem österreichischen Bereich (p. 518—519, Fig. 431) eine Wurmröhre inmitten eines Korallenstockes (aus dem Tortonkalk von Soos), die eine Reihe von Querböden aufweist. Untersuchungen am Original (in den Sammlungen des Paläontologischen Institutes der Universität Wien) ergaben jedoch, daß es sich dabei um *Vermetus sp.* handelt.

An Querböden können unter Umständen die Klappen der freigetragenen Röhre von *Hyalinoecia tubicola* O. F. MÜLLER erinnern, die sich durch ein System dieser Klappen gegen das Eindringen von Fremdlingen in ihre Röhre schützt. Der Innenbau der Röhre ist an den in Frage kommenden Stellen ähnlich einer Federspule (nach F. HEMPELMANN, 1934).

Baumaterial: Das fossil haltbare anorganische Baumaterial der Röhren ist Kalzit, wie schon V. SIMONELLI, 1887, erkannte. M. AVNIMELECH, 1941, weist darauf hin, daß die Innenschicht der Röhren ursprünglich wahrscheinlich aus Aragonit besteht.

Sockel und Zellenbau: Die unmittelbare Verbindung der Wurmröhre mit einem anstoßenden Gegenstand, vorwiegend der Unterlage, wird von dem Tier möglichst dünn gehalten und besteht meist nur aus der inneren, oft noch verdünnten Röhrenschicht.

Die mit Hilfe des Collare angefertigte Parabelschicht wird also an der Grenze gegen einen festen Gegenstand oft gar nicht ausgebildet.

Dafür aber werden die angrenzenden Röhrenteile verstärkt, u. zw. durch entsprechend liegende Sockel, in der Mehrzahl der Fälle Basalsockel. Die Röhre erhält dadurch einerseits einen festen Halt, anderseits verstärkte Seitenwände. Die Basalsockel klingen meist in der Mitte der Seitenwände aus. Von dort ab beginnt der normale Röhrenbau.

Der Beginn der Sockel zeigt sich einerseits im Querschnitt der Röhre, anderseits in dem Aufhören der an der eigentlichen Röhre mitunter vorhandenen Quersculpturen. Diese reichen kaum einmal in das Gebiet des Sockels hinein.

Der Einfluß des Sockels auf den äußeren Querschnitt der Röhre ist offensichtlich und bedingt oft eine annähernd dreieckige Form.

Die Ausbildung von Sockeln wurde nur kontinuierlich beobachtet, also ohne Unterbrechung der Auflagerung.

Der Bau des Sockels selbst ist nicht massiv, sondern zelligporös.

Nach außen sind die Zellen durch eine feine kontinuierliche Schicht abgedeckt. Die Zellen entstehen dadurch, daß zwischen der inneren Röhrenschicht und den Sockelwänden ein freier Raum verbleibt, der durch dünne Querwände weiter zerteilt wird.

Sowohl Querwände als auch Sockelwände entsprechen der Parabelschicht der normalen Röhre.

Der Querschnitt der Hohlräume stellt mehr oder weniger ein Dreieck dar, wobei die kürzeste Seite meist die aufliegende ist. Die Sockelwände bilden mit der Unterlage keinen scharfen Winkel, sondern verlaufen nach außen zu.

Die Abstände der Querwände der Hohlräume sind geringer als die Breite der Hohlräume. Besonders deutlich können diese Erscheinungen bei dem sowohl rezent als auch fossil vorkommenden *Pomatoceros triqueter* (LINNAEUS) beobachtet werden.

Durch das äußerliche Anätzen der Röhre wird gegebenenfalls die zellenartige Struktur der äußeren Röhrenteile bereits sichtbar.

Selbstverständlich kann es sich bei den Unterlagen auch um andere Wurmröhren handeln, insbesondere bei gesellig lebenden Arten. Die entsprechenden Verdünnungen der Röhren stehen durchaus im Einklang mit den Erscheinungen bei anderen, in ähnlicher Weise lebenden Tieren. Auch dort, wo die Wurmröhre sich selbst in ihrem Verlauf wieder berührt, tritt eine Verdünnung der Parabelschicht auf. Wie schon erwähnt, konnte an diesen Stellen jedoch kein Sockelbau mehr beobachtet werden.

Eine Verdünnung der Röhre bis zum völligen Fehlen der Parabelschicht tritt bei den eingerollten Formen auch dort auf, wo sich die jüngeren Umgänge an die älteren legen. Ein Sockel- oder Zellenbau ist in diesem Zusammenhange allerdings meist nicht vorhanden, eine besondere Fixierung der eingerollten Röhrenteile durch Sockel ist hier aber auch kaum notwendig und nach außen geschützt ist die Röhre ja jeweils durch die dort voll entwickelte Parabelschicht.

Ausnahmen davon machen z. B. *Serpula granosa* REUSS, die zwar nicht regelmäßig eingerollt ist, bei der aber die anfänglichen Schlingen wiederholt aufeinanderliegen und durchlaufend einen Sockel aufweisen, oder *Vermilia prestigiosa* ROVERETO, bei der sich ein flacher Basalsaum über den größten Teil der jeweils umschlossenen inneren Röhre legt.

Bei *Spirorbinae* finden sich mitunter Basalsockel an der Unter- bzw. Außenseite.

Größenverhältnisse: Charakteristische Größenverhältnisse können für die Wurmröhren nicht angegeben werden. Sowohl ihre Länge als auch ihr Durchmesser ist bedeutenden Schwankungen unterworfen und selbst bei den gleichen Arten treten mitunter Unterschiede auf. Auch die Röhrendicke wechselt je nach den Umweltbedingungen.

Einzig für das Verhältnis des Lumendurchmessers zur Wanddicke läßt sich angeben, daß diese den halben Lumendurchmesser nicht übersteigt, oft bedeutend geringer ist.

Der Durchmesser der Röhren vermehrt sich mitunter beträchtlich und bietet dadurch die Möglichkeit, vorne und hinten zu unterscheiden. Jedoch ist die Verdickung meist nur in jüngeren Stadien deutlich. Dazu kommt, daß häufig unregelmäßige Verdickungen und Verdünnungen der Röhre auftreten, die mit der prinzipiellen Querschnittszunahme nicht in Verbindung gebracht werden dürfen.

Querschnitt: Während der Innenraum, das Lumen, meist mehr oder weniger kreisrund ist, seltener oval (M. AVNIMELECH, 1941), nimmt der äußere Querschnitt verschiedene Formen an. Neben einem runden äußeren Querschnitt treten ovale, flache, dreieckige, viereckige, fünfeckige, sechseckige, siebeneckige und vieleckige Röhren auf.

Der Röhrenquerschnitt ist eines der wichtigsten Kennzeichen einer Wurmröhre.

A. GOLDFUSS, 1826, z. B. nahm den äußeren Röhrenquerschnitt überhaupt als Einteilungsprinzip.

Allerdings reichen diese Merkmale allein für eine Systematik nicht aus.

Mündung: Die ursprüngliche Röhrenmündung ist fossil nur selten nachweisbar. Soweit das spärliche Material ausreicht, lassen sich folgende Angaben machen:

Eine Verengung ist selten (z. B. bei *Spirorbis declivis* REUSS), häufiger hingegen ist eine geringe Verbreiterung, mitunter auch die Andeutung eines Wulstes, besonders bei *Spirorbinae*.

Dornfortsätze wurden nicht beobachtet und sind dem Aufbau des Tieres nach auch nicht zu erwarten. Das gleiche gilt für eventuelle in den Innenraum reichende Leisten.

Hingegen kann der Röhrenabschluß sehr wohl ein Abbild der Form der Röhrenanwachsstreifen zeigen, in der Weise, daß einzelne Vorsprünge durch nach rückwärts geschwungene Bögen verbunden sind. Die Zahl der Vorsprünge hängt von der äußeren Querschnittsform der Röhre ab, bzw. deren Längsleisten; in vielen Fällen drei Vorsprünge, entsprechend den beiden Basalsockeln und einem Rückenkamm, z. B. bei *Pomatoceros dentatus* W. J. SCHMIDT.

Deutlich gelappte, gezähnte oder blattartige Mündungen deuten jedoch auf *Scaphopoda* hin, ebenso Längsschlitze.

Letztere treten auch, mitunter nur mehr durch eine Lochreihe angedeutet, bei *Siliquaria* auf, wobei aber die allgemeinen Verhältnisse wohl keine Verwechslung befürchten lassen.

Lumen: Der Querschnitt des Innenraumes der Röhren ist mehr oder weniger rund, seltener oval. Die Innenflächen sind in allen beobachteten Fällen glatt. Irgendwelche Leisten oder Vorsprünge sind nicht vorhanden. Auf das Problem der Querböden wurde bereits eingegangen.

Oberfläche: Die Ausbildung der Röhrenoberfläche kann in der verschiedenartigsten Weise erfolgen. Neben der Ausbildung glatter Oberflächen treten Querskulpturen und Längsskulpturen (meist zur Verstärkung der Röhre, eventuell auch zur Verhinderung des Festsetzens von anderen Lebewesen) in verschiedensten Variationen auf (Kiele, Streifen, Ringleisten, Runzeln).

Dennoch unterscheiden sich, bei guter Erhaltung, die Skulpturen der Wurmröhren von denen ähnlicher Schalen, insbesondere der *Vermetidae*, einem geübten Auge sofort.

Ein objektives Unterscheidungsmerkmal liegt dabei darin, daß Längs- und Querskulpturen bei den *Serpulidae* kaum einmal annähernd gleichwertig entwickelt sind, wie es bei *Vermetidae* oder *Scaphopoda* häufig der Fall ist. Die Skulpturen der Wurmröhren sind überhaupt allgemein unregelmäßiger.

Längsform: Hier kann man folgende Formen unterscheiden: gerade, gewellt, U-förmig, schleifenförmig, unregelmäßig in einer Ebene, spiralig in einer Ebene, konischspiralig, zylindrisch spiralig, unregelmäßig knäuelig.

Natürlich treten Übergänge zwischen den einzelnen Ausbildungsformen auf, entsprechend den Umweltsbedingungen einerseits, anderseits auch entsprechend dem Alter. So ist in letzterer Hinsicht zu erwähnen, daß häufig freie Röhrenenden bei den spiralig eingerollten Formen auftreten. Durch Umwelteinflüsse bedingte Änderungen der Ausbildungsform sind ganz normale Erscheinungen, wenngleich gewisse Gesetzmäßigkeiten nicht umgangen werden können. Durch Umweltbedingungen hervorgerufene Änderungen in der Röhrenform können also nur gewisse Variationen bringen, die sich bei entsprechendem Studium und bei genügend vorhandenem Material wohl meist in richtigen Zusammenhang bringen lassen.

Völlig gerade Röhren wird man nur bei Tieren antreffen, die sich während ihrer gesamten Lebensdauer in gleich günstigen Verhältnissen befanden. Die U-Form kann in vielen Fällen damit erklärt werden, daß das Tier in irgendeinen Innenraum gewachsen ist und dann bei Verschlechterung der Lebensbedingungen im Inneren sich wieder umdrehte.

Daß die Röhrenform durch die Formen des Untergrundes beeinflußt ist, wurde bereits erwähnt.

Die Unterschiede zwischen mehr oder weniger gerader und aufgerollter Form können mitunter dadurch erklärt werden, daß das Tier dann, wenn es keinen entsprechenden günstigen Untergrund mit eventueller seitlicher Sicherung gefunden hat, sich einrollt, um eine möglichst kleine Angriffsfläche und eine günstige Auflagefläche zu erzielen (z. B. *Serpula tetragona* SOWERBY).

In ähnlicher Weise kann man den Bau der Schraubenspiralen und Knäuel bei *Serpula gordialis* GOLDFUSS deuten, denn in einer regelmäßigen Schraubenspirale baut das Tier nur dann, wenn es keinen entsprechenden Halt hat und sich somit selbst einen solchen durch ihre regelmäßig aufeinanderliegenden Spiralen schaffen muß, den es dann durch die unregelmäßigen Schleifen weiter verstärkt (nach G. GÖTZ, 1931). Auf entsprechendem Untergrund jedoch kann man *Serpula gordialis* GOLDFUSS häufig in weiten Schleifen beobachten.

Auch die Sedimentationsgeschwindigkeit beeinflußt natürlich den „Baustil" einer Wurmröhre.

Farbe: Die Farben rezenter Wurmröhren sind sehr verschieden, hervorgerufen durch organische Pigmente. In vielen Fällen kann Mimikri nachgewiesen werden.

Die Farbe der fossilen Wurmröhren ist fast immer durch die Art der Einbettung beeinflußt worden und weist kaum mehr irgendwelche besondere Merkmale auf. Sie schwankt zwischen weiß, grau, gelb und braun. Eine Ausnahme macht die Gattung *Placostegus* PHILIPPI, die durch ihre milchglasartige Röhre auffällt; mitunter sogar etwas durchsichtig.

Die übrigen Röhren sind maximal schwach durchscheinend.

Die Oberfläche ist meist matt, mitunter etwas porzellanartig, nie jedoch in einem, etwa einer normalen Schneckenschale entsprechenden Ausmaß.

Deckel: Die Deckel dienen nach allgemeiner Ansicht zum Verschluß der Röhren bei einer Gefahr, bzw. entsprechender Veränderung in der Umgebung des Tieres.

Nach den Beobachtungen von E. ELSLER, 1907, an *Spirorbinae*, ergibt sich jedoch auch ein Zusammenhang mit einer Brutfunktion, wobei er noch die Neubildung von Deckeln erwähnt.

Die Größe der Deckel schwankt entsprechend den Größenverhältnissen der Röhren, oft beträgt sie nur wenige Millimeter.

Sie besitzen allgemein eine pilzartige Form; auf einem mehr oder weniger langen Stiel sitzt eine nach oben meist etwas konkave Kappe, häufig unsymmetrisch, die kontinuierlich aus dem Stiel hervorgeht.

Es wurden aber auch kegelförmige Formen (mit der Spitze nach unten) und andere beschrieben.

Der wesentliche Materialbestandteil ist Kalzit.

Die Unterseite der Kappen ist meist unregelmäßig gerunzelt, der Stiel, bzw. der untere Teil mehr oder weniger glatt. Die Oberseite zeigt fast immer strahlige, vom Mittelpunkt ausgehende Runzeln, in verschiedener Zahl.

Beim lebenden Tier schaut der Deckel bei offener Röhre über die Tentakel hinaus, bei geschlossener Röhre schließt der obere Rand des Deckels mehr oder weniger mit der Röhrenmündung ab. Beim fossilen Material ist kein Zusammenhang zwischen Röhre und Deckel mehr vorhanden.

Untersuchungen über die Struktur der Deckel stehen noch aus.

Für die Systematik der rezenten *Serpulidae* besitzen die Deckel eine große Bedeutung.

Die Gattungen *Protula* RISSO und *Salmacina* CLAPARÈDE der Unterfamilie *Filograninae* besitzen keine Deckel.

Aus dem österreichischen Bereich sind bisher keine Deckel bekannt.

Gesellschaftsformen: Zu den Gesellschaftsformen werden nur jene *Serpulidae* gerechnet, bei denen die Einzelindividuen prinzipiell nicht für sich allein vorkommen, nicht also jene Tiere, deren Röhren sich mitunter berühren. Die Unterscheidung ist in den weitaus meisten Fällen auch schon dadurch gegeben, daß die Röhren der Gesellschaftsformen mehr oder weniger parallel verwachsen sind, während die selbständigen Formen wirr durcheinanderliegen.

Gesellschaftsformen finden sich besonders häufig bei den *Filograninae*. Ihre Röhren treten oft in Büscheln von mehreren hundert Exemplaren auf. Die einzelnen Röhren sind von ungleicher Länge und berühren sich nur tangential. Sie sind, entsprechend der

Art der Vergesellschaftung, mehr oder weniger gerade oder schwach schlängelnd verbogen; das gleiche gilt für die Büschel als Ganzes. Verzweigungen einzelner Büschel sind vorhanden.

Riffbildungen: Rezente riffbildende *Serpulidae* wurden insbesondere von den Bermudas beschrieben, kommen aber auch im Mittelmeer vor. A. AGASSIZ, 1895, beschreibt von der Südküste der Bermudas Miniaturatolle, Barrièreriffe und Küstenriffe, regelmäßig gebaut, kreisförmig, halbmondförmig, hufeisenförmig, S-förmig, aber auch mit komplizierteren Formen. Auf einem felsigen Untergrund bilden die Tiere einen oberflächlichen Rasen, zusammen mit Kalkalgen. Diese Kalkinkrustierung schützt den Felsen in weitgehendem Maße vor dem Angriff des Meeres. Das Riff ist bei Flut unter Wasser, bei Ebbe ragt es bis zu 30 *cm* aus dem Wasser heraus. In der Mitte der Oberfläche findet sich eine Vertiefung, die bis zu 45 *cm* betragen kann. Die einzelnen Röhren liegen nur in ihren Anfängen der Unterlage auf und stehen dann mehr oder weniger aufrecht. Sie sind mit ihrer Mündung der Brandung schief entgegengestellt.

Fossile Riffbildungen von *Serpulidae* stellen im Torton und Sarmat des Wiener Beckens mitunter Anhäufungen von *Hydroides pectinata* (PHILIPPI) dar.

Erwähnung verdienen in diesem Zusammenhang vielleicht noch die Riffbildungen von *Sabellariidae* (*Sabellaria molassica* GÖTZ aus der Molasse des Bodensees oder *Sabellarifex eiffliensis* RICHTER aus dem devonischen Pfeifenquarzit der Eifel).

Rezente Wurmriffe wurden zuletzt von A. REMANE, 1954, beschrieben.

Beurteilung der Röhrenmerkmale

Die rezente Systematik der *Serpulidae* beruht fast ausschließlich auf Merkmalen des Tierkörpers oder solcher der Röhrendeckel. Den Röhren selbst wird dabei nur wenig Aufmerksamkeit geschenkt. Naturgemäß bringt dies gewisse Schwierigkeiten bei der systematischen Einordnung der fossilen *Serpulidae*, von denen in den meisten Fällen ja nur Röhren erhalten sind, mit sich.

Während nun die meisten Autoren sich bemühen, einen direkten Anschluß an die rezente Systematik zu gewinnen (von LINNAEUS über LAMARCK, MØRCH und GOLDFUSS bis ROVERETO), sind immer wieder Versuche zu beobachten, für die fossilen *Serpulidae* eine eigene Systematik und Nomenklatur zu schaffen (SCHLOTHEIM, NIELSEN), immer mit der Begründung, daß die Röhrenmerkmale für einen direkten Anschluß an die rezente Systematik nicht ausreichen. Meist werden dabei die fossilen Röhren in der Bezeichnung durch das Anhängen von Endungen gesondert (*-ites* bei E. F. SCHLOTHEIM, 1820, *-ula* bei K. B. NIELSEN, 1931) und mehr oder weniger gewaltsam in ein einfaches System nach den auffälligsten Merkmalen der Röhren gezwängt. Während man also einerseits damit doch spezifische Röhrenmerkmale anerkennt und benützt, ja in den Bezeichnungen Anklänge an rezente Formen bewußt schafft (unter Umständen bei rein zufälligen äußerlichen Ähnlichkeiten), leugnet man anderseits die Verwendbarkeit dieser Merkmale bzw. die Anschlußmöglichkeit an die rezenten Formen und schafft ein neues künstliches System.

Ein einziger Versuch, G. M. LEVINSEN, 1883, existiert, nur von den Röhrenmerkmalen her, den Anschluß an die rezente Systematik zu gewinnen, u. zw. gleich direkt in Form einer Art Bestimmungsschlüssel. Leider finden sich jedoch in diesem Schlüssel Widersprüche zu den Originaldiagnosen einzelner Autoren. Sicherlich ist es aber auch eine kaum zu lösende Aufgabe, die gesamte Systematik der *Serpulidae* in einem einfachen Bestimmungsschlüssel für die Röhren zu erfassen.

Es erscheint daher als einzig richtiger Weg, von der, auf verschiedensten Merkmalen aufgebauten Systematik der rezenten *Serpulidae* auszugehen und zu versuchen, die Röhrenmerkmale darin einzubauen. Daß man dabei den rezenten Röhren mehr Aufmerksamkeit als bisher wird schenken müssen, ist unumgänglich. Jedenfalls ist es aber auch jetzt schon in den meisten Fällen möglich, eine natürliche systematische Einordnung vorzunehmen. Für eine künstliche eigene Systematik der fossilen *Serpulidae* besteht keinerlei Notwendigkeit.

Eine andere Frage ist, wie weit man in der systematischen Zuordnung gehen kann. G. GÖTZ, 1931, z. B. weist den Röhrenmerkmalen in der Hauptsache nur generischen Wert zu, da sie zu wenig tatsächliche Unterscheidungsmöglichkeiten böten.

Im Gegensatz dazu unterscheidet G. ROVERETO in seinen verschiedenen Arbeiten auf Grund der Röhrenmerkmale sogar Unterarten.

Mir erscheint es in dieser Hinsicht jedenfalls, insbesondere auch in Hinsicht auf praktische Zwecke, als das kleinere Übel, eventuell die gleiche Art in verschiedenen Ausbildungsformen mehrfach zu beschreiben, als verschiedene, vielleicht sogar altersmäßig unterschiedliche Arten zusammenzufassen. Dies umso mehr, als die eventuell verschiedenen Ausbildungsformen der Röhren bei gleichen Arten durch verschiedene Umweltbedingungen hervorgerufen werden, somit diese verschiedenen Röhrenformen jeweils für verschiedene Umweltsbedingungen charakteristisch sind.

Die vorliegende Arbeit folgt daher dem Beispiel von ROVERETO und schließt sich so weit als möglich an die rezente Systematik an.

Zweifellos jedoch ist dabei, daß die Systematik der fossilen *Serpulidae* gegenüber der der rezenten in manchen Fällen vereinfacht werden muß. Wenn sich kein Anschluß an rezente Formen finden läßt, müssen manche Gattungen zusammengefaßt werden, was im speziellen Teil jeweils noch ausführlicher besprochen wird.

Unterscheidung gegenüber Gehäusen von *Gastropoda* und *Scaphopoda*

Untersuchung der Röhren der *Serpulidae*.

Makroskopisch erweisen sich der offene Beginn der Röhren und die unregelmäßig gekrümmten Anfangsteile als wichtige Merkmale. In den meisten Fällen sind die Röhren am Untergrund befestigt. Die Oberflächenskulpturen sind relativ einfach und gering.

Querböden schließen *Serpulidae* aus.

Das Baumaterial der Röhren ist Kalzit, möglicherweise besteht die dünne Innenschicht ursprünglich aus Aragonit (M. AVNIMELECH, 1941).

Ein immer verläßliches Kennzeichen bildet der strukturelle Aufbau der Röhren. Zu seiner Sichtbarmachung können sowohl Anschliffe als auch Dünnschliffe verwendet werden, gegebenenfalls hilft man durch vorsichtiges Anätzen mit verdünnter Salzsäure oder Essigsäure nach.

Im Längsschnitt zeigt sich außen die Parabelschicht (Tafel 1, Fig. 1, 3, 5), mitunter reduziert auf zur Röhrenachse schräge Lamellen (Tafel 1, Fig. 6), innen eine bedeutend dünnere Schicht mit zur Röhrenachse parallelen Lagen (Tafel 1, Fig. 1) oder überhaupt ohne weitere Textur (Tafel 1, Fig. 3, 5, 6).

Im Querschnitt zeigen sich nur zur Oberfläche parallele Lagen, meist etwas exzentrisch, wobei sich die äußere Schicht etwas abhebt (Tafel 1, Fig. 2). Die dünnere innere Schicht weist mitunter überhaupt keine Textur auf (Tafel 1, Fig. 4).

Untersuchungen der Fluoreszenzerscheinungen an reichlichem Material haben zu keiner Unterscheidungsmöglichkeit zwischen Röhren von *Serpulidae*, *Gastropoda* und *Scaphopoda* geführt.

Ausführlichere Angaben und Literaturhinweise finden sich bei V. SIMONELLI, 1887, G. GÖTZ, 1931, M. AVNIMELECH, 1941, A. WRIGLEY, 1950, 1951, W. J. SCHMIDT, 1951 a.

Unterscheidung gegenüber den Gehäusen der *Gastropoda*.

Schwierigkeiten treten hier insbesondere zwischen *Vermetidae* und *Filograninae* auf.

Die Schalenskulptur gibt dann einen sicheren Hinweis auf *Gastropoda*, wenn sie deutlich gitterartig entwickelt ist.

Ebenso ist ein sicherer Hinweis ein geschlossener Röhrenbeginn und ein regelmäßiges spiraliges Anfangsgewinde.

Ebenso sind es Dornbildungen am Mundrand. Nicht zu verwechseln damit sind jedoch die manchmal den Anwachsstreifen entsprechenden Formen des Röhrenendes mancher *Serpulidae*.

Die Entwicklung einer Mundspalte ist ein guter Hinweis für *Vermetidae (Siliquaria)*, sofern Skulpturen, Einrollung und Größenverhältnisse *Scaphopoda* ausschließen.

Die Richtung der Aufrollung, der früher ebenfalls mitunter eine Bedeutung als Unterscheidungsmerkmal beigemessen wurde, ist gegenstandslos, da *Serpulidae* sowohl links- als auch rechtsgewunden vorkommen.

Eine immer verläßliche Unterscheidungsmöglichkeit bietet die Struktur der Schalen.

Sowohl im Längsschnitt als auch im Querschnitt zeigen sich von innen bis über die Hälfte der Schalendicke zur Schalenoberfläche parallele Lagen, im äußeren Teil Texturen senkrecht zur Schalenoberfläche (Tafel 1, Fig. 7, 8); mitunter findet sich noch eine dritte, innerste Schicht ähnlich gebaut wie die äußere (Tafel 1, Fig. 9, 10).

G. GÖTZ, 1931, beschreibt als Besonderheit aus der Adria rezente *Vermetidae*, die neben dem äußeren, hornigen Periostracum nur eine Kalzitschicht aufweisen. Aber auch hier ist eine Verwechslung mit Wurmröhren nicht zu befürchten.

Unterscheidungen auf Grund der aragonitischen Anteile sind umständlich und im vorliegenden Fall nicht notwendig.

Ausführlichere Angaben und Literaturhinweise finden sich bei O. B. BØGGILD, 1930, G. GÖTZ, 1931, W. WENZ, 1944, A. WRIGLEY, 1946, 1950, W. J. SCHMIDT, 1951 a.

Unterscheidung gegenüber den Gehäusen der *Scaphopoda*.

Unterscheidungsschwierigkeiten können hier insbesondere zwischen *Ditrupa* und *Siphonodentaliidae* auftreten.

Dentaliidae sind durch ihre meist vielen deutlichen Längsrippen, bzw. überhaupt ihre Skulptur, die rasche Zunahme ihres Querschnittes, sowie durch den Schlitz an der konvexen, ventralen Seite ihres Gehäuses fast immer ohne Schwierigkeiten von *Protula*, die einzig für einen Vergleich in Frage kommen, zu unterscheiden.

Ist bei den *Siphonodentaliidae* die ursprüngliche Mündung mit einer Lappung erhalten oder die Röhre von der Mündung her ein Stück geschlitzt, so sind damit eindeutige Kriterien gegeben.

Immer läßt sich jedoch auf Grund der Schalenstruktur eine Entscheidung treffen.

Sowohl im Längsschnitt als auch im Querschnitt wird eine dickere mittlere Schicht, mit einer Textur senkrecht zur Röhrenoberfläche, außen und innen von je einer dünneren Schicht begrenzt, mit Texturen parallel zur Röhrenoberfläche (Tafel 1, Fig. 11, 12).

M. AVNIMELECH, 1941, hat besonders darauf hingewiesen, daß die Außen- und Innenschichten in mehr oder weniger regelmäßigen Abständen Querverbindungen besitzen, die in spitzem Winkel die mittlere Schicht durchziehen. Ihr Abstand und der Winkel zur Röhrenlängsachse ist bei den einzelnen Arten etwas verschieden. Die Textur entspricht der der Innen- und Außenschicht.

Im Querschnitt (Tafel 1, Fig. 14) erscheinen sie als zur Oberfläche parallele Einlagerungen, im Längsschnitt (Tafel 1, Fig. 13) zeigen sie ihre wahre Natur als Querverbindungen.

In räumlich beschränkten mikroskopischen Präparaten von Längsschnitten ist ihr Abstand für eine Beobachtung oft zu groß, so daß sie häufig übersehen werden.

Unterscheidungen auf Grund der aragonitischen Anteile sind umständlich und im vorliegenden Fall nicht notwendig.

Ausführlichere Angaben und Literaturhinweise finden sich bei M. COUVREUR, 1929, O. B. BØGGILD, 1930, M. AVNIMELECH, 1941, W. J. SCHMIDT, 1951 a, A. WRIGLEY, 1951.

Spezieller Teil

Einführung

Die Reihung innerhalb der einzelnen Einheiten ist alphabetisch.

Die Ausführungen folgen jeweils einem einheitlichen Schema.

Synonymie und Homonymie: Es wurden alle verfügbaren Zitate berücksichtigt, wenngleich bei dem weitverbreiteten Schrifttum leider wahrscheinlich keine Vollständigkeit erzielt werden konnte. Für Ergänzungen bin ich dankbar. Wo unkontrollierbare und nicht ausreichende oder zweifelhafte Zitate von anderen Autoren übernommen wurden, finden sich Hinweise darauf (fide ...). Das Literaturverzeichnis wurde möglichst ausführlich gestaltet, um einen wirklichen Überblick zu ermöglichen.

Nomenklatur: Es werden nur gegebenenfalls Angaben zur Klarstellung gebracht.

Typus: Angaben hierüber werden nur gemacht, soweit es sich um neue Arten oder Unterarten handelt oder um Klarstellungen (Auswahl eines Lectotypus).

Diagnose: Soweit möglich wird die Diagnose der Originalarbeit gebracht, falls nötig, ergänzt durch spätere ausführlichere Diagnosen.

Wo die Originaldiagnose nicht zugänglich war oder wo eine solche überhaupt nicht existiert, wird die älteste zugängliche bzw. die erste ausreichende Diagnose gebracht, gegebenenfalls nach den Angaben des seinerzeitigen Autors neu zusammengestellt.

Beschreibung: Es werden nur Angaben gebracht, die nicht aus der Diagnose hervorgehen. Im Falle einer fremdsprachigen Diagnose werden die dortigen Angaben in der Beschreibung wiederholt.

Vergleich: Die diesbezüglichen Angaben sollen eine Klarstellung gegenüber ähnlichen Formen ergeben.

Systematik: Angaben werden nur gemacht, wenn sich irgendein Zweifel hinsichtlich der systematischen Stellung ergeben könnte.

Stratigraphie: Allgemeine Angaben über die stratigraphische Stellung in allen bekannten Vorkommen.

Vorkommen: Die Fundorte innerhalb Österreichs sind stratigraphisch geordnet, innerhalb eines Horizontes nach dem Alphabet.

Die Fundorte außerhalb Österreichs sind alphabetisch nach Ländern geordnet, innerhalb dieser stratigraphisch, innerhalb der Altersstufen alphabetisch.

Die Schreibweise der einzelnen Fundorte wird, soweit es sich um außerösterreichische Vorkommen handelt, entsprechend dem Zitat, dem sie entnommen sind, vorgenommen, um Unklarheiten infolge inzwischen möglicherweise mehrfach erfolgter Umbenennungen zu vermeiden.

Dem Fundort werden (in Klammern) Angaben über die stratigraphische Stellung, sowie über den Häufigkeitsgrad beigefügt.

Die stratigraphischen Angaben für Fundorte außerhalb Österreichs wurden den entsprechenden Originalarbeiten entnommen und auch bei einer sehr allgemeinen Formulierung im Original beibehalten, um eventuelle Irrtümer zu vermeiden. Ausgenommen davon sind allgemein bekannte Fundorte, sofern sich anerkannte Änderungen oder Verfeinerungen ergeben haben.

Beim Häufigkeitsgrad bedeutet: sehr selten = insgesamt nur einige wenige Exemplare bekannt; selten = mit großer Mühe aufzufinden; mittel = ohne besondere Mühe aufzufinden; häufig = in größerer Zahl aufzufinden; sehr häufig = gesteinsbildend. Die diesbezüglichen

Angaben über außerösterreichische Fundorte sind so gut als möglich der in dieser Hinsicht oft recht uneinheitlichen Literatur entnommen. Absolute Verläßlichkeit kommt diesen Angaben nicht zu.

Abbildungen: Es wird nach Möglichkeit der Holotypus oder Lectotypus gebracht, soweit notwendig ergänzt durch neue Abbildungen.

Systematik

Stamm: *Vermes.*

Unterstamm: *Vermes Polymera.*

Klasse: *Polychaeta.*

Ordnung: *Polychaeta sedentaria.*

Unterordnung: *Drilomorpha.*

Familie: *Arenicolidae.*

Gattung: *Arenicola* LAMARCK.

Tafel 2, Fig. 1, 2.

Beschreibung: Von O. ABEL, 1935, wurden sowohl Exkremente (p. 365, Abb. 303 a bis c) als auch zylinderartige Ausfüllungen (p. 462, Abb. 388) auf *Arenicola* bezogen, letztere unter der speziellen Bezeichnung *Arenicolites* SALTER.

Systematik: Eine kritische Untersuchung der systematischen Stellung erscheint bei so geringen Merkmalen nur sehr begrenzt möglich. Es dürfte sich wohl um verschiedenste Lebensreste handeln.

Stratigraphie: Entsprechende Formen sind nahezu aus allen Altersstufen bekannt.

Vorkommen innerhalb Österreichs: Vom Eozän bis Torton bekannt.

Häufig im Flysch, in den Melker Sanden und im kalkigen Torton.

Unterordnung: *Spiomorpha.*

Familie: *Spionidae.*

Gattung: *Polydora* BOSC.

Polydora ciliata (JOHNSTON).

Tafel 2, Fig. 3.

Beschreibung: A. F. TAUBER, 1944, und A. PAPP, 1949, beschrieben Bohrgänge in Schalen von *Gastropoda* und *Lamellibranchiata* aus dem Wiener Becken, die sie von *P. ciliata* ableiteten.

Es handelt sich um unregelmäßig U-förmige Gänge, Durchmesser um 1 *mm*. Die Löcher sind zum Teil senkrecht zu den Schalenoberflächen angeordnet, zum Teil aber auch schräg oder in tieferen Teilen, vorzugsweise an Schichtgrenzen, parallel zur Oberfläche. Der Richtungssinn wechselt mitunter im gleichen Gang.

Systematik: Vergleiche mit rezenten Formen lassen die erfolgte Zuweisung berechtigt erscheinen.

Stratigraphie: *P. ciliata* ist nur rezent sicher nachgewiesen.

Die oben beschriebenen Bohrgänge finden sich im Helvet und, häufiger, im Torton des Wiener Beckens.

Vorkommen innerhalb Österreichs:

Stetten (Helvet; selten); Baden (Torton; mittel), Gainfarn (Torton; mittel), Niederleis (Torton; selten) Pötzleinsdorf (Torton; mittel), Vöslau (Torton; mittel).

Polydora hoplura (CLAPARÈDE).

Tafel 2, Fig. 4.

Beschreibung: O. ABEL, 1935, und A. PAPP, 1949, beschrieben aus dem Wiener Becken Bohrgänge, die etwa doppelt so groß sind als die von *P. ciliata*, Durchmesser 2—4 *mm*, Ganglänge bis zu 50 *mm*, und bestimmten sie als *P. hoplura*.

Vergleich: Die Abtrennung dieser Bohrgänge von denen von *P. ciliata* beruht lediglich auf Größenunterschieden.

Stratigraphie: *P. hoplura* ist nur rezent sicher nachgewiesen.

Die beschriebenen Bohrgänge sind aus dem Helvet und, seltener, aus dem Torton des Wiener Beckens bekannt.

Vorkommen innerhalb Österreichs:

Stetten (Helvet; häufig); Baden (Torton; selten), Gainfarn (Torton; selten), Kleinhadersdorf, Sandgrube Mattner (Torton; mittel), Niederleis (Torton; mittel), Nodendorf (Torton; mittel), Vöslau (Torton; selten).

Gattung: *Taonurus* SAPORTA.

Tafel 2, Fig. 5.

Beschreibung: O. ABEL, 1935 (p. 443, Abb. 367) stellte ein Problematikum aus dem Eozänflysch zu dieser Gattung.

Es handelt sich um spiralige, gekrümmte Flächen, die in regelmäßigen Abständen von einer Zentralachse ausgehen.

Systematik: Die systematische Stellung der ganzen Gattung muß als sehr unsicher bezeichnet werden, entsprechende Formen wurden z. B. auch von Krabben abgeleitet oder sogar als anorganische Bildungen erklärt.

Stratigraphie: In dieser speziellen Ausbildung nur aus dem Eozänflysch bekannt.

Vorkommen innerhalb Österreichs:

Tullnerbach (Eozän; sehr selten).

Unterordnung: *Terebellomorpha*.

Familie: *Amphictenidae*.

Gattung: *Pectinaria* LAMARCK.

Tafel 2, Fig. 6.

Beschreibung: A. PAPP, 1941, stellte agglutinierte Röhren aus dem steirischen Becken, gleichmäßig aufgebaut aus Quarzkörnchen, in den Bereich dieser Gattung.

Stratigraphie: In dieser Ausbildungsform nur aus dem Sarmat bekannt.

Vorkommen innerhalb Österreichs:

Höllischgraben bei St. Anna, Oststeiermark (Sarmat; selten).

Familie: *Terebellidae*.

Gattung: *Arthrophycus* HARLAN.

Tafel 2, Fig. 7.

Beschreibung: O. ABEL, 1935 (p. 476, Abb. 401), stellte agglutinierte Röhren aus dem Oberösterreichischen Schlier zu dieser Gattung.

Stratigraphie: In der beschriebenen Form nur aus dem Oberösterreichischen Schlier bekannt.

Vorkommen innerhalb Österreichs:

Schleißheim bei Wels (Helvet; selten).

Gattung: *Lanice* MALMGREN.
Tafel 2, Fig. 8.

Beschreibung: A. PAPP, 1941, stellte agglutinierte Röhren, aufgebaut vorwiegend aus Foraminiferenschälchen, in den Bereich dieser Gattung.

Stratigraphie: Innerhalb des Sarmats vorwiegend in der Rissoënzone und in den unteren Ervilienschichten.

Vorkommen innerhalb Österreichs:

Enzersdorf, Bohrung (Sarmat; mittel), Gleichenberg (Sarmat; selten), Ödes Kloster bei Bruck an der Leitha (Sarmat; mittel), Rosenberg bei Tischen, Oststeiermark (Sarmat; sehr selten), Waldhof bei Wetzelsdorf (Sarmat; mittel).

Unterordnung: *Serpulimorpha*.

Familie: *Serpulidae*.

Diagnose: P. FAUVEL, 1927, „Tube calcaire opaque, ou rarement transparent, cylindrique ou polygonal, orné ou non de stries, de carénes, de crêtes, fixé au substratum, très rarement libre".

Beschreibung und Vergleich: Durch ihr Baumaterial und ihre Ausbildung unterscheiden sich die Röhren der *Serpulidae* von den anderen Wurmbauten. Dazu kommt der charakteristische strukturelle Aufbau der beiden Röhrenschichten.

Unterfamilie: *Filograninae* RIOJA.

Diagnose: In der Diagnose werden die Röhren nicht erwähnt.

Beschreibung: Ein Deckel ist nicht immer vorhanden.

Die Röhren sind mehr oder weniger gerade oder gewellt, in ihren Anfängen mitunter eingerollt.

Die Oberflächenskulptur ist, wenn überhaupt vorhanden, eine quere, meist einfache Ringleisten oder Runzeln.

Der äußere Röhrenquerschnitt ist immer rund oder nur wenig davon abweichend. Kanten an der Außenwand sind kaum einmal angedeutet.

Vergleich: Die Unterschiede gegenüber *Serpulinae* sind durch die einfachere Skulptur (wenn überhaupt vorhanden, dann nur quer), das Fehlen von Längsleisten, die meist größere Dicke der Röhrenwände, sowie die einfacheren Gesamtformen gegeben. Einzelne, zur Gänze der Länge nach aufgewachsene Röhren kommen bei *Filograninae* nicht vor.

Hydroides GUNNERUS unterscheidet sich im besonderen durch die ringförmige, dichte Skulptur im Zusammenhang mit den Größenverhältnissen, sowie dem geselligen Auftreten.

Ditrupa BERKELEY unterscheidet sich durch die Größenverhältnisse, die charakteristische Krümmung und keulige Form der Röhren, sowie dadurch, daß diese nicht angeheftet sind.

Gattung: *Apomatus* PHILIPPI.
(*Apomatopsis* SAINT-JOSEPH.)

Diagnose: G. M. LEVINSEN, 1883, „Tube white, without sharp keels. Tube with ringed offsets (often stretched and partly free)".

P. FAUVEL, 1927, „Tube blanc, calcaire, ridé".

Beschreibung und Vergleich: Die fossilen Röhren können nur dann von *Protula* RISSO unterschieden werden, wenn sie sich mit rezenten Formen identifizieren lassen. Fossil werden sie in den meisten Fällen wohl bei letzterer Gattung mitbeschrieben.

Vorkommen: Aus dem österreichischen Bereich bisher nicht bekannt.

Gattung: *Filograna* OKEN.

(Filigrana MØRCH, *Filipora* FLEMING, *Filogranula* NIELSEN, *Reticulatum* RAIUS, *Tubercularia* [non PLANC] BLAINVILLE, *Tubipora* KOEHLREUTER, *Tubularia* BLANC.)

Diagnose: L. OKEN, 1818, „T. gracilis, filiformis, agglomerata et fasciculata".

G. M. LEVINSEN, 1883, „Tubes in great masses and many layers attached to each other so as to form reticular, latticed masses (tubes filiform, bent)".

K. BRÜNNICH NIELSEN, 1931 *(Filogranula)*, „Tubes gathered in colonies, elongate, twisted, gathered in bunches forming a meshy web".

P. FAUVEL, 1927, „Tubes calcaires très tins, presque toujours agrégés en forme de Polypier".

Beschreibung: Der äußere Querschnitt ihrer Röhren beträgt kaum ¼ *mm*, die Länge der Röhren höchstens 10 *mm*. Die kleinen Röhren bilden immer lockere Anhäufungen; die Gattung stellt also eine Gesellschaftsform dar. Oft strebt eine Anzahl Röhren von verschiedenen Anheftungsstellen aus zu einem Bündel zusammen, das sich dann etwas aufrichtet, aber eine Regel läßt sich daraus nicht machen.

Die Oberfläche der Röhren kann schwache Querskulpturen zeigen.

Die kleinen Röhren finden sich mitunter zu vielen Tausenden gehäuft.

Vergleich: Von *Hydroides* GUNNERUS unterscheiden die Größenverhältnisse und die stärkere Verwachsung.

Vorkommen: Aus dem österreichischen Bereich sind zwar bisher keine Vertreter bekannt, die große Ähnlichkeit mit *Hydroides* GUNNERUS läßt jedoch einen Hinweis ratsam erscheinen.

Gattung: *Josephella* CAULLERY & MESNIL.

Diagnose: P. FAUVEL, 1927, „Tube calcaire, blanc, cylindrique".

Beschreibung: Der äußere Röhrenquerschnitt erreicht kaum einmal 1 *mm*, meist bleibt er unter 0·5 *mm*.

Vergleich: Die Röhren gleichen denen von *Protula* RISSO, sind aber durch die Größenverhältnisse unterschieden.

Filograna OKEN und *Salmacina* CLAPARÈDE sind deutlich kleiner und unterscheiden sich auch durch ihr geselliges Auftreten.

Ditrupa BERKELEY unterscheidet sich durch die etwas transparente Beschaffenheit der äußeren Röhrenschicht sowie durch die keulenförmige Ausbildung der Mündungsregion.

Josephella angulatella W. J. SCHMIDT.
Tafel 3, Fig. 1.

Josephella angulatella W. J. SCHMIDT. W. J. SCHMIDT, 1951 b; p. 77; Abb. 1.
— — — — 1955 a; p. 41.

Diagnose: W. J. SCHMIDT, 1951 b, „Eine Art der Gattung *Josephella* CAULLERY & MESNIL, deren Röhre schwach angedeutete Längskanten besitzt".

Beschreibung: Nach W. J. SCHMIDT, 1951 b, „Lose, schwach und unregelmäßig gekrümmte Röhrenbruchstücke mit einer Länge bis zu 4 *mm*. Der äußere Durchmesser schwankt zwischen ¾ und 1 *mm*. Die Röhren sind weiß, kalkig bis kreidig. An ihrer Unterseite zeigt sich mitunter die Auflagefläche durch eine Abplattung und Aufrauhung an, Basalsockel sind jedoch nicht ausgebildet. Die Längskanten sind an den Seitenwänden meist am besten erhalten. Ihre schwache Ausbildung macht genaue Angaben über ihre Zahl schwierig, doch dürfte es sich um sechs handeln. In ihrem Verlauf machen sie die Längsdrehungen der Röhre mit, wodurch diese stellenweise ein etwas gewindeartiges Aussehen erhält. Die Röhrenoberfläche ist verhältnismäßig rauh ausgebildet, stellenweise sind Querwülste schwach angedeutet."

Vergleich: Von *Protula* RISSO unterscheiden die Größenverhältnisse, von *Salmacina* CLAPARÈDE, *Filograna* OKEN und *Hydroides* GUNNERUS die fehlenden deutlichen Querskulpturen sowie das Einzelvorkommen.

Ditrupa BERKELEY zeigt keine Auflagefläche und unterscheidet sich durch die etwas transparente Beschaffenheit der Röhrenoberfläche, durch die keulenartige Mündungsform und die charakteristische, schwach bogenförmige Krümmung der gesamten Röhre.

Josephella kühni W. J. SCHMIDT unterscheidet sich durch das Fehlen der Längskanten, die bei *J. angulatella* zumindest an einer Seite immer vorhanden sind.

Stratigraphie: Nur aus dem Torton des Wiener Beckens bekannt.

Vorkommen innerhalb Österreichs:
Steinabrunn (Torton; selten).

Josephella kühni W. J. SCHMIDT.
Tafel 3, Fig. 2.

Josephella kühni W. J. SCHMIDT. W. J. SCHMIDT, 1951 b; p. 78, Abb. 2.
Josephella prima W. J. SCHMIDT. W. J. SCHMIDT, 1951 b; p. 77.
Josephella kühni W. J. SCHMIDT. W. J. SCHMIDT, 1955 a; p. 41.

Nomenklatur: Bei W. J. SCHMIDT, 1951 b, wurde an einer Stelle irrtümlicherweise die Bezeichnung *J. prima* an Stelle *J. kühni* verwendet.

Diagnose: W. J. SCHMIDT, 1951 b, „Eine Art der Gattung *Josephella* CAULLERY & MESNIL, deren Röhre unregelmäßig verteilte, meist eng stehende Querrunzeln besitzt".

Beschreibung: Lose, schwach und unregelmäßig gekrümmte Röhrenbruchstücke, mit einer Länge bis zu 5 *mm*. Der äußere Röhrendurchmesser beträgt zirka ¾ *mm*. Die Röhren sind weiß und kreidig.

Vergleich: Von *Protula* RISSO unterscheiden die Größenverhältnisse, von *Salmacina* CLAPARÈDE, *Filograna* OKEN und *Hydroides* GUNNERUS die unregelmäßiger und schwächer ausgebildeten Querskulpturen sowie das Einzelvorkommen.

Ditrupa BERKELEY unterscheiden sich durch die etwas transparente Röhrenoberfläche, die keulige Mündungsform und die charakteristische, schwach bogenförmige Krümmung der gesamten Röhre.

Stratigraphie: Nur aus dem Torton des Wiener Beckens bekannt.

Vorkommen innerhalb Österreichs:
Grinzing (Torton; selten), Steinabrunn (Torton; selten).

Josephella kühni simplicissima W. J. SCHMIDT.
Tafel 3, Fig. 3.

Josephella kühni simplicissima W. J. SCHMIDT. W. J. SCHMIDT, 1951 b; p. 78; Abb. 3.
— — — — — 1955 a; p. 41.

Diagnose: Eine Unterart von *Josephella kühni* W. J. SCHMIDT, bei der die Querrunzeln der Röhre zurücktreten.

Beschreibung: Lose, sehr schwach gekrümmte Röhrenbruchstücke, mit einer Länge bis zu 4 *mm*. Der äußere Röhrendurchmesser beträgt ¾ *mm*. Die Röhren sind weiß und kreidig.

Vergleich: Weist große Ähnlichkeit mit *Protula protensa* LINNAEUS auf, unterscheidet sich jedoch durch die Größenverhältnisse. Eine Verwechslung mit juvenilen Stadien von *P. protensa* ist nicht zu befürchten, da auch hier die Größenunterschiede noch beträchtlich sind und außerdem die Röhrenform in diesen Stadien eine unterschiedliche ist.

Stratigraphie: Nur aus dem Torton des Wiener Beckens bekannt.

Vorkommen innerhalb Österreichs:
Grinzing (Torton; selten), Steinabrunn (Torton; selten).

Gattung: *Protula* RISSO.

(Proterula NIELSEN, *Protulopsis* SAINT-JOSEPH, *Psygmobranchus* PHILIPPI, *Spiramella* BLAINVILLE.)

Diagnose: G. M. LEVINSEN, 1883, „Tube white, without sharp keels. Tube with ringed offsets (often stretched and partly free)."

P. FAUVEL, 1927, „Tube calcaire, blanc, cylindrique, peu ridé".

Beschreibung: Besitzt keine Deckel. Die Röhren sind, abgesehen von den Anwachsstadien, nur gering gebogen; ohne Längsskulptur; Querskulptur nur in Form mehr oder weniger deutlicher Querrunzeln. Äußerer Röhrendurchmesser fast immer über 5 *mm*. Die Röhrenwände sind meist verhältnismäßig dick.

Vergleich: Wenn nur fossile Röhren vorliegen, ist eine Unterscheidung von *Apomatus* PHILIPPI nur dann möglich, wenn sie sich mit rezenten identifizieren lassen. Bei fossilem Material daher letztere wohl meist bei *Protula* RISSO mitbeschrieben.

Die übrigen Gattungen der Unterfamilie *Filograninae* unterscheiden sich dadurch, daß sie bedeutend kleiner sind und meist als Gesellschaftsform auftreten.

Ditrupa BERKELEY unterscheidet sich ebenfalls durch die Größenverhältnisse, dann durch die etwas transparente Beschaffenheit der äußeren Röhrenschicht und die keulige Ausbildung der Mündungsregion.

Protula canavarii ROVERETO.
Tafel 3, Fig. 4, 5.

Protula intestinum (non LAMARCK) ROVERETO. G. ROVERETO, 1895a; p. 152; Tafel 9, Fig. 4.
Protula canavarii ROVERETO. G. ROVERETO, 1898; p. 84, Tafel 7, Fig. 4, 4a.
— — — D. SANGIORGI, 1899; p. 5.
— — — C. STEFANI, 1902; p. 26.
— — — G. ROVERETO, 1904b; p. 41; Tafel 2, Fig. 1 a—b.
— — — W. J. SCHMIDT, 1955a; p. 42, 43.

Nomenklatur: Die erste Angabe von G. ROVERETO, 1895a, beruht auf einem Irrtum in der systematischen Einstufung und wurde von ihm selbst, 1898, korrigiert.

Diagnose: G. ROVERETO, 1898, „Tubus solidus, elongatus, sublaevigatus, in parte postrema repente?, antice erectus undato-tortus; lunghezza *cm* +8, largh. 4 *mm*".

Beschreibung: Runde Röhren, nur sehr schwach gebogen, äußerer Durchmesser zirka 4 *mm*, Wandstärke zirka 1 *mm*, größte Länge der bisher beobachteten Bruchstücke 80 *mm*. Die Außenseite weist sehr feine Querrunzeln auf, die unregelmäßig angeordnet sind.

Vergleich: Ähnliche Größenverhältnisse besitzt nur *Protula simplex* (LEA), die jedoch durch die „Zerhackung" ihrer Querrunzeln unterschieden werden kann.

Stratigraphie: Im Wiener Becken nur aus dem Torton bekannt, von hier stammt auch der Holotypus. Ihr Autor beschrieb sie später aus dem italienischen Pliozän und Pleistozän.

Vorkommen innerhalb Österreichs:

Grinzing (Torton; selten), Möllersdorf (Torton; mittel), Neudorf an der March (Torton; selten), Perchtoldsdorf (Torton; mittel), Petronell (Torton; selten), Steinabrunn (Torton; mittel).

Vorkommen außerhalb Österreichs:

Italien: Astigiano (Pliozän; mittel), Gravina (Pliozän; mittel), Senese (Pliozän; mittel); Livorno (Siciliano; mittel), Martano-Lecce (Siciliano; mittel); Ficarazzi (Pleistozän; mittel).

Protula extensa (BRANDER).
Tafel 3, Fig. 6—8.

Serpula extensa BRANDER. G. BRANDER, 1766; p. 6; Fig. 12.
Serpula protensa (non LINNAEUS) DEFRANCE. F. DEFRANCE, 1827; p. 564.
Serpula extensa SOLANDER. J. MORRIS, 1843; p. 66.
— — — J. SOWERBY, 1844a; p. 49; Tafel 634, Fig. 1.

Serpula protensa (non LINNAEUS) GRAVES. G. GRAVES, 1847; p. 418, 682 (fide G. ROVERETO, 1904 b).
— *crassa* (non SOWERBY) BELLARDI. L. BELLARDI, 1855; p. 173.
Serpula toilliezi NYST & LE HON. H. NYST & M. H. LE HON, 1862; p. 1.
— — — — — 1864; p. 10.
Serpula (Teredo ?) tenuis (non SOWERBY) ETHERIDGE. R. ETHERIDGE in J. W. LOWRY, 1866; p. 2.
Serpula kephren FRAAS. O. FRAAS, 1867; p. 362; Tafel 6, Fig. 10.
Serpula crassa (non SOWERBY) BELLARDI. L. LARTET, 1872; p. 32.
Serpula tenuis (non SOWERBY) ETHERIDGE. J W. LOWRY, 1872; Tafel 2 (fide G. ROVERETO, 1904 b).
Serpula toilliezi NYST & LE HON. H. NYST & M. H. LE HON, 1872; p. 12.
Serpula tenuis (non SOWERBY) VINCENT & RUTOT. G. VINCENT & A. RUTOT, 1879; p. 14.
— — — — — A. RUTOT & G. VINCENT, 1881; p. 191.
Serpula extensa BRANDER. H. W. MONCKTON, 1883; p. 352.
Serpula extensa SOLANDER. J. S. GARDNER & H. KEEPING & H. W. MONCKTON, 1888; p. 632.
Protula crassa (non SOWERBY) (BELLARDI). G. ROVERETO, 1898; p. 85; Tafel 7, Fig. 7, 7a—b.
Serpula kephren FRAAS. R. FOURTAU, 1900; p. 11.
Protula extensa (SOLANDER). G. ROVERETO, 1903; p. 104.
Protula kephreni (FRAAS). G. ROVERETO, 1903; p. 103.
— — — — 1904 b; p. 45.
Serpula kressenbergensis (non GÜMBEL) DONCIEUX. L. DONCIEUX, 1926; p. 25; Tafel 3, Fig. 8—11.
Protula extensa (SOLANDER). A. WRIGLEY, 1951; p. 192; Fig. 60—62.
Protula extensa (BRANDER). W. J. SCHMIDT, 1955 a; p. 42.

Nomenklatur: *P. crassa* (non SOWERBY) (BELLARDI), *P. kephren* (FRAAS) und *P. toilliezi* (NYST & LE HON) sind Synonyma, *P. crassa* ist überdies ein Homonym, die übrigen auftretenden Namen beruhen auf Fehlbestimmungen.

Diagnose: Da keine ältere Diagnose greifbar ist, wurden die Angaben von G. ROVERETO, 1904 b, zusammengefaßt, ,,Tubo diritto, levigato, larghezza diam. all'orificio boceale 5 *mm*, spessore delle pareti 0,75 *mm*".

Beschreibung: Die Röhren sind meist nur schwach gekrümmt oder überhaupt gerade und erreichen Längen bis über 10 *cm*. Die Zunahme des Querschnittes ist dabei relativ gering. Auch die Wandstärke bleibt fast konstant. Querrunzeln sind nur schwach ausgeprägt, stehen unregelmäßig und meist relativ weit auseinander. Der Durchmesser der Röhren schwankt bei verschiedenen Exemplaren zwischen 4 und 8 *mm*.

Vergleich: Überaus ähnlich *Protula protensa* (LINNAEUS), jedoch gibt die geringere Wandstärke ein Unterscheidungsmerkmal. Meist wird wegen des unterschiedlichen stratigraphischen Niveaus eine Verwechslung nicht zu befürchten sein.

Systematik: G. BRANDER, 1766, gibt lediglich eine Abbildung, jedoch keinerlei Beschreibung. Trotzdem ist die charakteristische Form einwandfrei zu identifizieren.

Auch O. FRAAS, 1867, gibt keinerlei Erläuterung zu seiner Abbildung, schreibt jedoch in einer Fußnote zu der Tafelbeschreibung ,,Diese Art, die im Text vergessen wurde, aufgeführt zu werden, füllt am Fuß der Kephrenpyramide vollständig eine Schicht im Gebirge".

Protula kressenbergensis (GÜMBEL) ist, nach den ausführlichen Beschreibungen und Abbildungen bei G. ROVERETO, 1904 b, nicht einfach zu parallelisieren; sie weist eine weitaus glattere Oberfläche auf, wobei zwar die vereinzelten Querrunzeln stärker ausgeprägt sind, aber weiter auseinanderstehen. Die angewachsenen Röhrenabschnitte sind allgemein wesentlich stärker gekrümmt.

Hingegen kann man die von L. DONCIEUX, 1926, unter der Bezeichnung *Serpula kressenbergensis* GÜMBEL beschriebenen Formen mit gutem Gewissen zu *P. extensa* stellen.

Stratigraphie: Nur aus dem Eozän bekannt, u. zw. mit dem Schwerpunkt im Mittleren Eozän.

Vorkommen innerhalb Österreichs:
Haidhof (Mitteleozän; selten), Mattsee (Mitteleozän; selten); Kleinkogel (Oberes Mittel- bis Unteres Obereozän; selten).

Vorkommen außerhalb Österreichs:

Ägypten: Mokattan (Bartonien; häufig).

Belgien: Bruxelles (Eozän; mittel).

Frankreich: Aussille pres Bize (Unteres Lutet; mittel).

Großbritannien: Bramshaw (Auversien; häufig), Brook (Auversien; mittel), Huntingbridge (Auversien; mittel), Selsey (Auversien; mittel); Barton (Bartonien; mittel).

Protula intestinum (LAMARCK).
Tafel 3, Fig. 9.

Serpula intestinum LAMARCK. J. B. P. A. LAMARCK, 1801; p. 619 (fide P. FAUVEL, 1927).
— — — — 1818; p. 363.
Serpula protula CUVIER. G. L. CUVIER, 1830; p. 830 (fide P. FAUVEL, 1927).
Sabella graeca BRULLÉ. G. A. BRULLÉ, 1832 (fide P. FAUVEL, 1927).
Serpula protula CUVIER. A. SCACCHI, 1835; p. 13.
Serpula intestinum LAMARCK. GRATELOUP, 1838; p. 70.
— — — E. GRUBE, 1840; p. 89.
Sabella protula (CUVIER). P. CALCARA, 1841; p. 71.
Serpula intestinum LAMARCK. A. DELESSERT, 1841; Tafel 1, Fig. 7.
Sabella intestinum (LAMARCK). J. C. CHENU, 1843; Tafel 1, Fig. 2, 7.
Sabella graeca BRULLÉ. J. C. CHENU, 1843; Tafel 1, Fig. 5 a—b.
Protula intestinum (LAMARCK). R. A. PHILIPPI, 1844 c; p. 196.
Protula graeca (BRULLÉ). O. A. L. MØRCH, 1863; p. 357.
Protula intestinum (LAMARCK). O. A. L. MØRCH, 1863; p. 356.
— — — E. CLAPARÈDE, 1868; p. 431; Tafel 15.
— — — Atlas Aquarium Neapolitanum, 1883; Tafel 9, Fig. 6 (fide G. ROVERETO, 1898).
Protula protula (CUVIER). S. LO BIANCO, 1893; p. 119; Fig. 232.
Protulopsis intestinum (LAMARCK). SAINT-JOSEPH, 1894; p. 263, 368.
Protula protula (CUVIER). G. ROVERETO, 1898; p. 82; Tafel 3, Fig. 1, 1 a—d.
— — — D. LOVISATO, 1902; p. 12.
— — — G. ROVERETO, 1904 b; p. 46; Tafel 3, Fig. 12.
Protula intestinum (LAMARCK). P. FAUVEL, 1914 a; p. 358.
— — — E. RIOJA, 1923 a; p. 119; Fig. 232.
— — — P. FAUVEL, 1927; p. 383; Fig. 130 m, 131 a—b.
— — — W. J. SCHMIDT, 1955 a; p. 42, 43.

Nomenklatur: *P. protula* (CUVIER) und *P. graeca* (BRULLÉ) sind Synonyma.

Diagnose: J. B. P. A. LAMARCK, 1818, „Testa tereti, longa, undato-torta, laeviuscula, modo serpente, modo ascendente".

P. FAUVEL, 1927, „Grand tube blanc cylindrique (25 *cm*, sur 12 *mm*) lisse, à stries d'accroissement peu marquées, fixé à la base et souvent dressé".

Beschreibung: Etwas ungleichmäßig runde Röhren, äußerer Durchmesser 10—13 *mm*, Wanddicke ungefähr 1 *mm*, größte beobachtete Bruchstücklänge 250 *mm*. Die Röhren sind ungleichmäßig, mehr oder weniger gebogen. Die Außenwände sind fast glatt, ringförmige, unregelmäßige, weit voneinanderstehende Querrunzeln sind schwach angedeutet; oft ist die Oberfläche beschädigt.

Vergleich: Ist leicht mit *Vermetidae* zu verwechseln. Zeigt sich an der Röhrenoberfläche irgendeine Längsskulptur, womöglich gar eine Gitterung, so handelt es sich sicher um *Vermetidae* (leider ist gerade die Außenseite meist beschädigt, so daß dieses Kriterium nicht immer anwendbar ist). Ebenso eindeutig sprechen Querböden für *Vermetidae*. Wenn sich nicht einwandfrei eine Entscheidung zugunsten *Vermetidae* treffen läßt, ist für eine exakte Bestimmung eine Untersuchung der Schalenstruktur im Schliff unerläßlich.

Die anderen Arten von *Protula* unterscheiden die Größen- sowie die Skulpturverhältnisse.

Stratigraphie: Vom Torton bis in die Gegenwart bekannt.
Im Wiener Becken auf das Torton beschränkt.

Vorkommen innerhalb Österreichs:
Grinzing (Torton; sehr selten), Maria Enzersdorf (Torton; selten), Piesting (Torton; selten).

Vorkommen außerhalb Österreichs:
Italien: Castell' Arquato (Pliozän; mittel), Astigiano (Pliozän; mittel), Gravina (Pliozän; mittel), Modenese (Pliozän; mittel); Carruba, Calabria (Pleistozän; mittel), Filiceto, Calabria (Pleistozän; mittel), Palermo (Pleistozän; mittel).
Mittelmeer (rezent; mittel).

Protula intestinum grundica n. ssp.
Tafel 3, Fig. 10.

Protula intestinum grundica W. J. SCHMIDT. W. J. SCHMIDT, 1955 a; p. 40.

Nomenklatur: Benannt nach dem Vorkommen bei der Ortschaft Grund, N.-Ö.
Infolge einer unvorhergesehenen längeren Dauer der Drucklegung der vorliegenden Arbeit scheint diese Unterart bereits in einer anderen Publikation auf. Eine Diagnose oder Abbildung findet sich dort jedoch nicht.

Typus: Holotypus, Tafel 3, Fig. 10, aufbewahrt in der Sammlung der Geologisch-Paläontologischen Abteilung des Naturhistorischen Museums Wien.

Diagnose: Eine Unterart von *P. intestinum* (LAMARCK) mit stärker ausgebildeten Querrunzeln.

Beschreibung: Äußerer Durchmesser etwas mehr als 10 *mm*, Wandstärke ungefähr 1 *mm*. Die Röhrenoberfläche ist allgemein rauher ausgebildet als bei der Art. Die Krümmung der Röhren ist unregelmäßig, aber immer gering.

Vergleich: Die Oberflächenausbildung der Röhren unterscheidet von der Art.

Stratigraphie: Stratum typicum sind die Grunder Schichten, oberes Helvet—unterstes Torton?.

Vorkommen innerhalb Österreichs:
Locus typicus ist Grund (Helvet—unterstes Torton?; selten).

Protula isseli ROVERETO.
Tafel 3, Fig. 11, 12.

Protula isseli ROVERETO. G. ROVERETO, 1898; p. 84; Tafel 7, Fig. 5, 5 a—c.
— — — — 1903; p. 104.
— — — — 1904 b; p. 44.
— — — W. J. SCHMIDT, 1955 a; p. 42, 43.

Typus: Aus den Abbildungen bei G. ROVERETO, 1898, wurde ein Lectotypus ausgewählt (Tafel 7, Fig. 5).

Diagnose: G. ROVERETO, 1898, „Tubus solitarius, solidus, corneo-calcareus, laevigatus et inornatus; in parte postrema affixus?, in antica liberus, erectus, flexuosus laeviter. Color pallido-corneus; lunghez. +12 *cm*, diam. 1,5 *mm*".

Beschreibung: Runde Röhre, glatte Oberfläche, mehr oder weniger, auch unregelmäßig, gebogen, äußerer Durchmesser zirka 1,5 *mm*, Wanddicke zirka 0,25 *mm*, größte beobachtete Bruchstücklänge 120 *mm*.
Findet sich in losen Bruchstücken, aber auch fest eingewachsen in Kalk. In letzterem Falle sind mitunter einzelne Röhrenteile weggelöst, so daß man den Eindruck zweier ineinandersteckender Röhren gewinnt.

Vergleich: Gegenüber anderen Arten von *Protula* durch Wanddicke und Durchmesser unterschieden. Auch die glatte Oberfläche ist ein gutes Kennzeichen.

Röhren von *Ditrupa* sind nicht so stark gebogen, auch wesentlich kleiner.

Hydroides pectinata (PHILIPPI) ist durch die starke Querskulptur unterschieden.

Stratigraphie: Im Wiener Becken nur aus dem Torton bekannt, in Italien aus dem Pliozän und Pleistozän.

Vorkommen innerhalb Österreichs:
Mühldorf im Lavanttal (Torton; selten), Rauchstallbrunngraben (Torton; mittel).

Vorkommen außerhalb Österreichs:
Italien: Ponte dei Preti-Ivrea (Astiano; mittel); Ficarazzi (Siciliano; mittel), Monte Mario (Siciliano; mittel).

Protula protensa (LINNAEUS).
Tafel 3, Fig. 13—15.

Serpula protensa LINNAEUS. J. F. GMELIN, 1789; p. 3744.
— — — G. BROCCHI, 1814; p. 461.
Serpula fascicularis BLAINVILLE. H. BLAINVILLE, 1818; p. 558.
Serpula protensa LINNAEUS. J. B. P. A. LAMARCK, 1818; p. 364.
Serpula protensa LAMARCK. A. BONELLI, 1827; p. 3395.
— — — M. DE SERRES, 1829; p. 153.
— — — H. G. BRONN, 1831; p. 130.
— — — A. SCACCHI, 1835; p. 13.
— — — GRATELOUPE, 1838; p. 70.
— — — G. MICHELOTTI, 1938; p. 307.
Serpula protensa GMELIN. E. GRUBE, 1840; p. 90.
Sabella protula (non CUVIER) CALCARA. P. CALCARA, 1841; p. 71.
Serpula protensa LAMARCK. J. C. CHENU, 1842; Tafel 1, Fig. 9; Tafel 10, Fig. 14.
— — — E. SISMONDA, 1842; p. 10.
Psygmobranchus protensus (GMELIN). R. A. PHILIPPI, 1844 c; p. 196.
Protula (Psygmobranchus) protensa (PHILIPPI). O. A. L. MØRCH, 1863; p. 359.
Vermetus protensus (GMELIN). G. COCCONI, 1873; p. 196.
Serpula protensa LAMARCK. F. COPPI, 1874; p. 447.
Serpula proterva (non LAMARCK) FERRETTI. A. A. FERRETTI, 1879; p. 239.
Psygmobranchus firmus SEGUENZA. G. SEGUENZA, 1880; p. 126; Tafel 12, Fig. 11.
Serpula protensa LAMARCK. F. A. QUENSTEDT, 1884 a; p. 805; Tafel 217, Fig. 72.
Protula protensa (LAMARCK). V. SIMONELLI, 1887; p. 294.
Psygmobranchus protensus (GMELIN). A. NEVIANI, 1889; p. 22.
Serpula protensa LAMARCK. F. SACCO, 1890; p. 48.
Psygmobranchus firmus SEGUENZA. C. STEFANI, 1892; p. 75.
Tubi di Teredo LINNAEUS. V. ARDUINI, 1895; p. 208 (fide G. ROVERETO, 1904 b).
Protula tubularia (non MONTFORT) ROVERETO. G. ROVERETO, 1895 a; p. 153; Tafel 9, Fig. 2.
Protula firma (SEGUENZA). G. ROVERETO, 1898; p. 83; Tafel 7, Fig. 3, 3 a—b.
— — — G. ROVERETO, 1904 b; p. 43; Tafel 3, Fig. 13 a—c, 14 a—b, 15.
Protula protensa (LINNAEUS). W. J. SCHMIDT, 1951 a; p. 378.
— — — — 1955 a; p. 42, 43.
— — — — 1955 b; p. 168.

Nomenklatur: *Serpula fascicularis* BLAINVILLE und *Psygmobranchus firmus* SEGUENZA sind Synonyma.

Bei *Serpula proterva* FERRETTI dürfte es sich wohl nur um einen Druckfehler handeln.

Diagnose: C. LINNAEUS, 1790, „Testa nitida laeviuscula annulatim plicata finem versus parum attenuata".

Beschreibung: Runde, ziemlich gerade Röhre, äußerer Durchmesser zirka 8 *mm*, in Ausnahmen zwischen 5 und 9 *mm*, Wanddicke 1—2 *mm*, größte beobachtete Bruchstücklänge 90 *mm*. An der Außenwand treten unregelmäßig verteilt feine Querrunzeln auf, im allgemeinen macht die Röhrenoberfläche aber einen glatten Eindruck. Stellenweise treten in geringem Ausmaß sanft verlaufende Verdickungen und Verdünnungen der Röhre auf.

Oft ist die äußere Schicht stellenweise abgesprungen bzw. beschädigt. Das Aussehen erinnert dann an Birkenrinde.

Vergleich: Durch Wanddicke und Durchmesser sowie durch die zurücktretende Skulptur gegenüber den anderen Arten von *Protula* unterschieden.

Von der Unterart *P. protensa tortoniana* (ROVERETO) durch die gerade Ausbildung der Röhren unterschieden.

Systematik: Verwechslungen mit Röhren von *Teredo* sind heute kaum mehr zu befürchten.

Stratigraphie: Vom Torton bis in die Gegenwart.

Im Wiener Becken nur aus dem Torton bekannt.

Vorkommen innerhalb Österreichs:

Enzesfeld (Torton; mittel), Gainfarn (Torton; mittel), Grinzing (Torton; häufig), Neudorf an der March (Torton; mittel), Pfaffstätten (Torton; mittel).

Vorkommen außerhalb Österreichs:

Cypern: Aradino (Pliozän; mittel).

Indik (rezent; mittel).

Italien: Albenga (Pliozän; häufig), Valle d' Andona (Pliozän; häufig), Castell' Arquato (Pliozän; häufig), Astigiano (Pliozän; häufig), Bolognese (Pliozän; häufig), Borzoli (Pliozän; häufig), Caltagirone (Pliozän; häufig), Chieri (Pliozän; häufig), Cortanzone (Pliozän; häufig), Genova (Pliozän; häufig), Gravina (Pliozän; häufig), Modenese (Pliozän; häufig), Sant'Andrea del Taro (Pliozän; häufig), Savona (Pliozän; häufig), Senese (Pliozän; häufig), Tabiano (Pliozän; häufig).

Mittelamerikanische Küsten (rezent; mittel).

Protula protensa tortoniana (ROVERETO).
Tafel 3, Fig. 16, 17.

Serpula protensa (non LINNAEUS) HÖRNES. M. HÖRNES, 1848; p. 30.
Serpula protensa (non LINNAEUS) STUR. D. STUR, 1870; p. 336.
Protula tubularia (non MONTFORT) ROVERETO. G. ROVERETO, 1895 a; p. 153; Tafel 9, Fig. 1, 10 ?.
Protula firma tortoniana ROVERETO. G. ROVERETO, 1898; p. 84.
— — — — — 1904 b; p. 44.
Protula protensa tortoniana (ROVERETO). W. J. SCHMIDT, 1955 a; p. 41.

Diagnose: G. ROVERETO, 1898, „Le forme tortoniane che io ho visto del bacino di Vienna e d'Italia, rappresentano una varietà che raggiunge il massimo nell'ispressimento delle pareti ed è sempre in frammenti corti, ondulati, che denomino var. *tortoniana*".

Beschreibung: Abgesehen von der geringeren Krümmung, gilt das bei der Art Gesagte.

Vergleich: Von der Art durch die größere Krümmung unterschieden.

Da oft nur kurze Röhrenbruchstücke vorhanden sind, ist eine Trennung nicht immer möglich.

Systematik: G. ROVERETO, 1898, trennt die stärker gekrümmten Röhren als Unterart ab. Obzwar in dieser Hinsicht die Umwelteinflüsse zweifellos eine entscheidende Rolle spielen (gekrümmte Röhren in bewegterem Wasser), sei hier an dieser Abtrennung festgehalten, da in gleichen Fundorten oft lange gerade und stark gekrümmte Röhren unmittelbar nebeneinander vorkommen.

Stratigraphie: Nur aus dem Torton bekannt.

Vorkommen innerhalb Österreichs:

Enzesfeld (Torton; häufig), Gainfarn (Torton; häufig), Grinzing (Torton; häufig), Immendorf bei Hollabrunn (Torton; selten), Möllersdorf (Torton; häufig), Perchtoldsdorf (Torton; häufig).

Vorkommen außerhalb Österreichs:
Italien: Sant'Agata (Torton; mittel), Stazzano (Torton; mittel).
Ungarn: Lapugy (Torton; häufig).

Protula simplex (LEA).
Tafel 3, Fig. 18, 19.

Teredo simplex LEA. I. LEA, 1833; p. 38; Tafel 1, Fig. 6.
— — — H. G. BRONN, 1848; p. 1259.
— — — T. A. CONRAD, 1865; p. 2.
Psygmobranchus simplex (LEA). A. QUATREFAGES, 1865; p. 472; Tafel 15, Fig. 13.
Teredo simplex LEA. T. A. CONRAD, 1866; p. 9.
Serpula simplex (LEA). A. GREGORIO, 1890; p. 13; Tafel 1, Fig. 30, 32, 33.
Portula simplex (LEA). G. ROVERETO, 1895 a; p. 152; Tafel 9, Fig. 3.
— — — — 1903; p. 104.
— — — — 1904 b; p. 48.
— — — W. J. SCHMIDT, 1955 a; p. 43.

Diagnose: I. LEA, 1833, „Shell thick, slightly curved, smooth exteriorly, tapering".
A. QUATREFAGES, 1865, „Tubus ondulatus, laevis, transverse striis minutis notatus".

Beschreibung: Runde Röhren, leicht gewellt, äußerer Durchmesser zirka 5 *mm*, Wanddicke zirka 1 *mm*. Größte beobachtete Bruchstücklänge 30 *mm*. Die Außenseite weist sehr feine, dichte Querrunzeln auf, die jedoch nicht glatt verlaufen, sondern zerhackt sind.

Vergleich: *Protula canavarii* ROVERETO weist ähnliche Größenverhältnisse auf, ihre Querrunzeln stehen jedoch nicht so eng beisammen und weisen auch nicht die „Zerhackung" auf.

Die übrigen Arten von *Protula* sind durch die Größenverhältnisse unterschieden.

Systematik: Der Aufbau der Röhren aus zwei Schichten, davon die äußere mit den charakteristischen Parabellamellen, zeigt eindeutig, daß es sich um *Serpulidae* handelt.

Stratigraphie: Stratigraphische Angaben außerhalb Österreichs sehr unsicher.
Im Wiener Becken nur aus dem Torton bekannt. Das Vorkommen im Burdigal der niederösterreichischen Molasse ist unsicher.

Vorkommen innerhalb Österreichs:
Reinprechtspölla (Burdigal; ?); Möllersdorf (Torton; selten).

Vorkommen außerhalb Österreichs:
Atlantik (rezent; ?).
Tschechoslowakei: Ruditz (Torton; selten).
U. S. A.: Alabama (Eozän ?; ?).

Protula vincenti ROVERETO.
Tafel 3, Fig. 20—24.

Protula vincenti ROVERETO. G. ROVERETO, 1904 b; p. 48; Tafel 4, Fig. 23 a—h.
— — — W. J. SCHMIDT, 1955 a; p. 42.

Diagnose: G. ROVERETO, 1904 b, „Sono piccoli tubi, diam. mm 1,5, perfettamente rotondi e levigati, di materia salda e semicristallina, molto allungati, i piu lunghi frammenti sono di 40 *mm*. e non accennano a diminuire di diametro per terminazione".

Beschreibung: Röhrendurchmesser etwa 1,5 *mm*, Röhrenoberfläche glatt, Röhrenlänge bis zu einigen Zentimetern. Die Röhren sind nur wenig gebogen.

Vergleich: Weist große Ähnlichkeit mit *Protula isseli* ROVERETO auf, unterscheidet sich aber doch immer durch ihren geringeren Röhrendurchmesser.

Ditrupa BERKELEY unterscheiden sich durch ihre meist geringere Länge, durch die regelmäßige Krümmung und die keulenförmige Mündung.

Vermetidae können in Bruchstücken sehr ähnlich aussehen, wobei beim Fehlen von Oberflächenskulpturen nur ein Schliff Auskunft geben kann.

Stratigraphie: Nur aus dem Unteren und Mittleren Eozän bekannt. *)

Vorkommen innerhalb Österreichs:

Dobranberg bei Klein St. Paul (Unteres bis Mittleres Eozän; selten); Radtstadt (Mittleres Eozän; ?).

Vorkommen außerhalb Österreichs:

Belgien: Dieghem (Laekenien; mittel); Neder over Heembeek (Wemmelien; mittel).

Gattung: *Salmacina* CLAPARÈDE.

Diagnose: P. FAUVEL, 1927, „Tubes calcaires, très fins, le plus souvent agrégés en forme de polypier".

Beschreibung und Vergleich: Besitzt keine Deckel.

Die kleinen Röhren sind durchwegs zu (mitunter als Gesamtheit verzweigten) Büscheln zusammengewachsen, es handelt sich also um eine Gesellschaftsform.

An der Röhrenoberfläche sind nur sehr feine Querrunzeln angedeutet.

Der äußere Querschnitt der Röhren ist etwas größer, 0,25—0,5 mm, als bei *Filograna* OKEN, vor allem aber sind die Röhren bedeutend länger, bis zu einigen Zentimetern. Dies bildet zusammen mit der langausgestreckten und verzweigten Büschelform ein sicheres Unterscheidungsmittel gegenüber den Anhäufungen von *Filograna* OKEN.

Von *Hydroides* GUNNERUS unterscheidet die geringere Größe, das Fehlen einer deutlichen Querskulptur sowie die verzweigte, langausgestreckte Büschelform.

Vorkommen: Aus dem österreichischen Bereich sind zwar bisher keine Vertreter bekannt, die große Ähnlichkeit mit *Hydroides* macht jedoch eine Erwähnung notwendig.

Unterfamilie: *Serpulinae* RIOJA.

Diagnose: Die Röhren werden in den Diagnosen nicht erwähnt.

Beschreibung: Man erfaßt diese Unterfamilie am besten dadurch, daß man die Angehörigen der beiden anderen Unterfamilien, die leichter zu kennzeichnen sind, ausscheidet und sämtliche verbleibenden Röhren den *Serpulinae* zuweist.

Vergleich: Schwierigkeiten bei der Abtrennung ergeben sich bei *Hydroides* GUNNERUS, die Ähnlichkeiten mit *Filograninae* aufweisen. Ihre ringförmige dichte Skulptur im Zusammenhang mit den Größenverhältnissen, sowie ihr geselliges Auftreten, macht bei näherer Untersuchung eine Unterscheidung jedoch möglich.

Auch *Ditrupa* BERKELEY weisen Ähnlichkeiten mit *Filograninae* auf, unterscheiden sich jedoch durch die Größenverhältnisse.

Fraglich erscheint die Zugehörigkeit von *Neomicrorbis* ROVERETO. Nach den Abbildungen und Angaben von G. ROVERETO, 1904 a, ist eine Zugehörigkeit zu *Spirorbinae* wahrscheinlicher. Aus dem österreichischen Bereich ist bisher kein diesbezügliches Material bekannt.

Auch die Zuordnung von *Rotularia* DEFRANCE zu den *Serpulinae* muß erwogen werden. Da jedoch von dieser fossilen Gattung nur Röhren bekannt sind, erscheint ihre provisorische Zuweisung zu der Unterfamilie *Spirobinae*, die die übrigen, prinzipiell regelmäßig eingerollten Formen umfaßt, als praktischer.

---

*) F. TRAUTH, 1918, erwähnt (p. 266) aus dem Radstädter Eozän zwei Reste, die er als *Serpula sp.* anspricht. Bei dem abgebildeten Stück (Tafel 5, Fig. 10) handelt es sich um einen etwas unregelmäßig kreisförmigen Röhrenquerschnitt, im Gestein eingebettet, Außendurchmesser etwa 1,6 *mm*, Innendurchmesser etwa 1,1 *mm*. Am ehesten könnte es sich dabei um *Protula vincenti* ROVERETO handeln. Der zweite Rest wird als „8 *mm* lange und 1 *mm* breite *Serpula*-Schale", ohne nähere Angaben, beschrieben.

TRAUTH weist in diesem Zusammenhang auch auf Vorkommen im Eozän von Kressenberg, Mattsee, Guttaring und Goldberg bei Kirchberg hin. Hinsichtlich des letzteren Vorkommens liegt allerdings nur der Hinweis von F. TOULA, 1879, vor, daß sich *Serpulidae* mit runden und eckigen Röhren finden.

Gattung: *Ditrupa* BERKELEY.
(Ditrupula NIELSEN; *Ditrypa* MØRCH.)

Diagnose: O. A. L. MØRCH, 1863 *(Ditrypa)*, „T. libera, subulata, utrinque operta, apertura contracta".

G. M. LEVINSEN, 1883, „Tube free, not attached to foreign objects, elongate, narrow, pointedly curved, is very much like *Dentalium*, but has a narrow aperture".

K. BRÜNNICH NIELSEN, 1931 *(Ditrupula)*, „Tube free, bent, evenly increasing in thickness, with an entire mouth evenly rounded from the external side towards the aperture".

P. FAUVEL, 1927, „Tube calcaire, libre, ouvert aux deux bouts, ressemblant à un tube de Dentale".

Beschreibung: Die zylindrisch keulenförmigen Röhren sind nicht angeheftet. Sie weisen nur eine leichte Krümmung auf, ähnlich der mancher *Scaphopoda*. Wenn überhaupt, tragen sie nur sehr zarte Querrunzeln.

Der äußere Röhrenteil kann etwas durchscheinend sein, ähnlich den Röhren von *Placostegus* PHILIPPI, die aber durch ihre Form von einer Verwechslung ausgeschlossen sind.

Die beidseitig deutlich offene Röhre erweitert sich in geringem Maße gleichförmig gegen die Mündung zu, an der Mündung selbst zeigt sich jedoch wieder eine Verengung. Dadurch gewinnt die ganze Röhre ein etwas keuliges Aussehen.

Die beiden Röhrenschichten sind meist auch mit freiem Auge erkennbar, was insbesondere durch die eigenartig durchscheinende Ausbildung der äußeren Schicht bedingt ist. Diese Schicht ist gegenüber der dünnen weißen inneren Schicht auch etwas dunkler, meist gelblichbraun gefärbt.

Der äußere Röhrendurchmesser kann einige Millimeter erreichen, geht aber in den meisten Fällen nicht über 1 *mm* hinaus. Die Zunahme des Querschnittes ist deutlich wahrnehmbar. Die Röhren können einige Zentimeter lang werden, oft bleiben sie aber unter 1 *cm*.

Die Röhren kommen isoliert vor.

Vergleich: Ähnliche Formen von *Filograna* OKEN und *Salmacina* CLAPARÈDE unterscheiden sich durch ihr geselliges Auftreten, wozu die unterschiedliche Ausbildung der Röhrenoberfläche kommt.

Letzteres gilt auch für *Hydroides* GUNNERUS und *Josephella* CAULLERY & MESNIL.

In allen Fällen ist die Ausbildung der Mündungsregion ein gutes Unterscheidungsmerkmal.

Verwechslungen mit *Protula* RISSO scheiden meist schon wegen der Größenverhältnisse aus, wozu die charakteristische Biegung, Querschnittszunahme und Mündungsverengung der Röhren von *Ditrupa* kommt, neben der etwas durchscheinend ausgebildeten Röhrenoberfläche.

Siphonodentaliidae unterscheiden sich durch die variable Form ihrer Röhrenmündung, ihren Längsschlitz, sowie durch die unterschiedliche Röhrenstruktur.

Ditrupa cornea (LINNAEUS).
Tafel 4, Fig. 1—7.

Dentalium corneum LINNAEUS. C. LINNAEUS, 1758; p. 1263.
— — — J. S. SCHROETER, 1784; p. 523; Fig. 16.
Dentalium incurvum RENIER. S. A. RENIER, 1804 (fide M. HÖRNES, 1856).
Dentalium incrassatum SOWERBY. J. SOWERBY, 1812; p. 180; Tafel 79, Fig. 3, 4.
Dentalium coarctatum (non LAMARCK) BROCCHI. G. BROCCHI, 1814; p. 264; Tafel 1, Fig. 4.
Dentalium incurvum RENIER. G. BROCCHI, 1814; p. 628.
Dentalium corneum LINNAEUS. J. B. P. A. LAMARCK, 1818; p. 345.
Dentalium strangulatum DESHAYES. G. P. DESHAYES, 1826; p. 372; Tafel 16, Fig. 28.
Dentalium corneum LINNAEUS. W. WOOD, 1828; Tafel 38, Fig. 60.
Dentalium coarctatum (non LAMARCK) DE SERRES. M. DE SERRES, 1829; p. 153.

Dentalium strangulatum DESHAYES. G. P. DESHAYES, 1830; p. 84.
Dentalium nigrofasciatum EICHWALD. K. E. EICHWALD, 1830; p. 199.
Dentalium subulatum THORPE. C. THORPE, 1830; Tafel 18, Fig. 60.
Dentalium incurvum RENIER. H. G. BRONN, 1831; p. 85.
Dentalium strangulatum DESHAYES. G. P. DESHAYES, 1832; p. 131.
— — — — 1833; p. 16, 50, 53, 54, 56.
Serpula libera SARS. M. SARS, 1835; Tafel 12, Fig. 33 (fide G. ROVERETO, 1904 b).
Dentalium strangulatum DESHAYES. R. A. PHILIPPI, 1836 a; p. 246.
Dentalium incurvum RENIER. J. HAUER, 1837; p. 422.
Dentalium nigrofasciatum EICHWALD. G. G. PUSCH, 1837; p. 199.
Dentalium incurvum RENIER. H. G. BRONN, 1838 a; p. 988; Tafel 40, Fig. 2.
Dentalium strangulatum DESHAYES. GRATELOUP, 1838; p. 53.
Dentalium corneum LINNAEUS. J. B. P. A. LAMARCK, 1838; p. 596.
Dentalium strangulatum DESHAYES. E. SISMONDA, 1842; p. 25.
Ditrupa subulata DESHAYES. G. P. DESHAYES, 1843; Tafel 61, Fig. 18 (fide G. ROVERETO, 1904b).
Dentalium strangulatum DESHAYES. R. A. PHILIPPI, 1843 b; p. 29, 62, 76.
— — — J. C. CHENU, 1844; Abb. 24, 25.
— — — R. A. PHILIPPI, 1844 c; p. 206, 208.
Dentalium sowerbyi MICHELOTTI. G. MICHELOTTI, 1847a; p. 145.
Dentalium incrassatum SOWERBY. H. G. BRONN, 1848; p. 414.
Dentalium incurvum RENIER. M. HÖRNES, 1848; p. 25.
Dentalium incrassatum SOWERBY. K. E. EICHWALD, 1853; p. 136; Tafel 3, Fig. 20.
— — — K. MAYER, 1853; p. 454.
Dentalium incurvum RENIER. H. G. BRONN, 1854; p. 431.
Dentalium subulatum THORPE. O. G. COSTA, 1854; p. 41; Tafel 3, Fig. 9.
Dentalium incurvum RENIER. M. HÖRNES, 1856; p. 659; Tafel 50, Fig. 39 a—b.
— — — J. L. NEUGEBOREN, 1858; p. 63.
Ditrypa cornea (LINNAEUS). O. A. L. MØRCH, 1863; p. 425.
Dentalium incurvum RENIER. J. L. NEUGEBOREN, 1865; p. 126.
— — — 1869; p. 57.
— — — G. HALAVÁTS, 1876; p. 240.
— — — F. FONTANNES, 1879; p. 231; Tafel 12, Fig. 10, 11.
— — — L. LOCZY, 1882; p. 16.
Ditrupa incurva (RENIER). O. SPEYER, 1884; p. 278; Tafel 35, Fig. 4, 5.
Ditrupa cornea (LINNAEUS). F. SACCO, 1897; p. 92.
Dentalium incurvum RENIER. A. KOCH, 1898; p. 216, 225.
Ditrupa cornea (LINNAEUS). G. ROVERETO, 1898; p. 71; Tafel 7, Fig. 14, 14 a—e.
Dentalium incurvum RENIER. F. X. SCHAFFER, 1898; p. 547.
— — — A. KOCH, 1900; p. 152.
Ditrupa cornea (LINNAEUS). G. ROVERETO, 1904 b; p. 29.
Dentalium incurvum RENIER. L. TELEGDI-ROTH & T. SZONTAGH & K. PAPP & O. KADIC, 1904;
  p. 279.
Dentalium incurvum RENIER. T. GAÁL, 1905; p. 359.
— — — E. VÁDASZ, 1907; p. 423.
— — — — 1911; p. 142.
— — — T. GAÁL, 1912; p. 75.
— — — H. HORUSITZKY, 1917 (fide I. MEZNERICS, 1944).
— — — L. STRAUSZ, 1925 (fide I. MEZNERICS, 1944).
— — — L. BOGSCH, 1936 (fide I. MEZNERICS, 1944).
— — — V. SPALEK, 1936; p. 15.
— — — J. NOSZKY, 1940 (fide I. MEZNERICS, 1944).
— — — L. BOGSCH, 1943 (fide I. MEZNERICS, 1944).
Ditrupa cornea (LINNAEUS). I. MEZNERICS, 1944; p. 44; Tafel 2, Fig. 1—5, 10—22.
— — — A. WRIGLEY, 1951; p. 191.
— — — J. PIVETEAU, 1952; p. 186; Abb. 28.
— — — W. J. SCHMIDT, 1955 a; p. 43.

Nomenklatur: Von den verschiedenen Namen besitzt *Ditrupa cornea* (LINNAEUS) die Priorität.

Diagnose: Nach C. LINNAEUS, 1758, „Testa tereti, subarcuata (interrupta), opaca. Habitat in O-Africano. Testa simillima *D. Entali*, sed corneu colore obscura (saepius interrupta)."

F. HÖRNES, 1856, „Die Schale ist stielrund, etwas gebogen, dick, matt gelblich-grau, an der Mündung wie zugeschärft; im Querbruche unterscheidet man zwei Teile, eine innere, dünne, weiße, erdig-kalkige Röhre, die von einer äußeren dicken, spätigen Hülle umschlossen wird".

Beschreibung: Nach I. MEZNERICS, 1944, „Schwach gekrümmte Form mit verhältnismäßig dicker Schale und Wachstumsstreifen auf der rauhen Oberfläche. Die Länge der Schale kann nur annähernd geschätzt werden, da sie ausschließlich in Bruchstücken zu finden ist. Länge: ungefähr 2,5—3 cm, Breite: 2 mm. Der für die Gattung charakteristische doppelte Ring ist mit freiem Auge gut zu sehen; bei Anwendung stärkerer Vergrößerungen kann jedoch festgestellt werden, daß der äußere dunkle Ring von einer weiteren weißen Hülle umgeben ist, die aber ihre Herkunft wahrscheinlich dem Fossilisationsvorgang selbst verdankt. Bei der mikroskopischen Untersuchung der feineren Schalenstruktur zeigt die äußere Schicht der Schale eine 10—20° gegen die Längsachse der Schale geneigte, dichte, diagonale Streifung. In dieser Eigentümlichkeit der Schalenstruktur liegt wahrscheinlich auch der Grund für die rauhe Oberfläche mit ‚Wachstumsstreifen' verborgen."

Der Rauheitsgrad der Oberfläche wechselt stark, es gibt auch völlig glatte Exemplare.

Bei den österreichischen Exemplaren wird selten eine größere Länge als 1—1,5 cm erreicht.

Vergleich: Die Ausbildung der Mündung gibt eine sichere Unterscheidungshandhabe gegenüber in Größe und allgemeiner Röhrenform ähnlichen Formen verschiedener Gattungen, insbesondere der Unterfamilie *Filograninae* RIOJA.

Auch die geringe Skulpturierung der Röhrenoberfläche gibt einen Hinweis neben der Tatsache, daß die Art nicht als echte Gesellschaftsform auftritt. Das mitunter massenhafte Vorkommen dürfte auf Zusammenschwemmungen zurückzuführen sein, bzw. unter Umständen auch auf eine Zusammendrängung auf einem besonders günstigen Lebensbereich, wobei jedoch die Selbständigkeit jedes einzelnen Tieres vollkommen gewahrt bleibt.

Stratigraphie: Nach der Literatur reicht die Art vom Paleozän bis zur Gegenwart. Bei einer ohne Schliffuntersuchung vielfach leicht zu verwechselnden Art erscheinen viele Angaben jedoch zweifelhaft.

Im österreichischen Bereich wurde die Art bisher nur im Torton beobachtet.

Die Angabe von I. MEZNERICS, 1944, über das Vorkommen im Helvet von Budapest steht vereinzelt.

Vorkommen innerhalb Österreichs:

Baden (Torton; häufig), Enzesfeld (Torton; mittel), Gainfarn (Torton; häufig), Grinzing (Torton; mittel), Hleunigmühle im Lavanttal (Torton; häufig), Hornstein (Torton; mittel), Kalksburg (Torton; mittel), Möllersdorf (Torton; mittel), Mühldorf im Lavanttal (Torton; mittel), Neudorf an der March (Torton; häufig), Nußdorf (Torton; häufig), Steinabrunn (Torton; mittel).

Vorkommen außerhalb Österreichs:
Atlantik (rezent; mittel).

Belgien: Antwerpen (Tertiär; mittel); Renaix (Ypresien; mittel); Assche (Wemmelien; mittel).

Frankreich: Aizy (Lutetien; mittel), Chaumont en Vezin (Lutetien; mittel), Ecos (Lutetien; mittel), Mouchy (Lutetien; mittel); Bordeaux (Obere Faluns; mittel), Dax (Obere Faluns; mittel).

Großbritannien: Highgate (Londonclay; mittel), Richmond (Londonclay; mittel), Hampstead (Londonclay; mittel).

Italien: Montenotte (Tongrien; mittel), Sassello (Tongrien; mittel); Colli Torinesi (Helvet; mittel), Dintorni di Cagliari (Helvet; mittel), Lecce (Helvet; mittel), Montegibbio (Helvet; mittel); Acaia (Pliozän; mittel), Astigiano (Pliozän; mittel), Bagnalo-Tagliati (Pliozän; mittel), Bolognese (Pliozän; mittel), Calatabiano (Pliozän; mittel), Carpeneto

(Pliozän; mittel), Castell'Arquato (Pliozän; mittel), Gravina (Pliozän; mittel), Messina (Pliozän; mittel), Monferrato (Pliozän; mittel), Monteriggioni (Pliozän; mittel), Orciano (Pliozän; mittel), Tursi (Pliozän; mittel); Caltagirone (Pleistozän; mittel), Carrubare (Pleistozän; mittel), Ficarazzi (Pleistozän; mittel), Monte Mario (Pleistozän; mittel), Radicina (Pleistozän; mittel), Scrogano (Pleistozän; mittel), Vallebiaia (Pleistozän; mittel).

Mittelmeer (rezent; mittel).

Niederlande: Gent (Eozän; ?).

Nordsee (rezent; mittel).

Rhodos (Tertiär; mittel).

Polen: Tarnaruda (Tertiär; mittel).

Tschechoslowakei: Grusbach (Torton; mittel).

Ungarn: Budapest (Helvet; mittel); Borbolya (Torton; häufig), Bujtur (Torton; häufig), Cserhat (Torton; häufig), Devenyujfalu (Torton; häufig), Felsölapugy (Torton; häufig), Felsöorbo (Torton; häufig), Hunyaddobra (Torton; häufig), Krasso (Torton; häufig), Lapugy (Torton; häufig), Pánk (Torton; häufig), Ribice (Torton; häufig), Székall (Torton; sehr häufig).

Ditrupa moldica n. sp.

Tafel 4, Fig. 15—18.

Ditrupa moldica W. J. SCHMIDT. W. J. SCHMIDT, 1955 a; p. 40.

Nomenklatur: Abgeleitet vom Namen des Fundortes Mold.

Infolge einer unvorhergesehenen längeren Dauer der Drucklegung der vorliegenden Arbeit scheint diese Art bereits in einer anderen Publikation auf. Eine Diagnose oder Abbildung findet sich dort jedoch nicht.

Diagnose: Eine Art der Gattung *Ditrupa* BERKELEY, deren Röhre grobe, unregelmäßig verteilte Einschnürungen und flache seitliche Eindellungen aufweist.

Typus: Holotypus, Tafel 4, Fig. 15, aufbewahrt in den Sammlungen der Geologisch-Paläontologischen Abteilung des Naturhistorischen Museums Wien.

Beschreibung: Bisher 4 lose, schwach und etwas unregelmäßig gekrümmte Bruchstücke vorhanden. Maximale Länge 12 mm, äußerer Röhrendurchmesser 1—1,5 mm.

Die keulige Verdickung, die für die Gattung charakteristisch ist, ist nur schwach ausgeprägt.

Vergleich: Sehr ähnlich ist *Ditrupa plana* (SOWERBY), die jedoch keine seitlichen Eindellungen aufweist.

Ditrupa cornea (LINNAEUS) weist, wenn überhaupt, nur sehr schwache Einschnürungen auf. Seitliche Eindellungen sind nicht vorhanden.

Ditrupa transsilvanica MEZNERICS unterscheidet sich schon durch ihren schlankeren und eleganteren Bau.

Stratigraphie: Stratum typicum sind die Burdigalschichten von Mold.

Vorkommen innerhalb Österreichs:

Locus typicus ist Eichberg bei Mold (Burdigal; selten).

Ditrupa transsilvanica MEZNERICS.

Tafel 4, Fig. 8—14.

Ditrupa transsilvanica MEZNERICS. I. MEZNERICS, 1944; p. 45; Tafel 2, Abb. 8.

— — — W. J. SCHMIDT, 1955 a; p. 41.

Diagnose: I. MEZNERICS, 1944, „Zylindrische, schlanke Wurmschale, dünnwandig, schwach gekrümmt, an beiden Seiten offen, gegen die Schalenöffnung sehr schwach, aber gleichmäßig konisch verbreitert und bei der Öffnung selbst plötzlich verengt. Oberfläche glatt, ohne sichtbare Querstreifung, außen von einer dunkel gefärbten Conchiolin-Schichte bedeckt. Die diagonale Streifung ist in Dünnschliffen der Schale auch bei der neuen Art gut zu sehen, doch schließt sie mit der Längsachse der Schale einen kleineren Winkel (Anm. d. Verf.: als *D. cornea*) ein, so daß sie fast parallel zu ihr verläuft."

Beschreibung: Die Röhren erreichen bis zu einigen Zentimetern Länge, der Durchmesser übersteigt kaum einmal 0,5 cm.

Vergleich: Die Röhren dieser Art sind schlanker als die von *Ditrupa cornea* (LINNAEUS). Die glattere Oberfläche ist kein sicheres Unterscheidungsmerkmal, da dieser Faktor zu sehr von dem Erhaltungszustand abhängt. Im Längsschliff der Röhren gibt der Winkel der äußeren Lamellen zur Röhrenachse ein gutes Unterscheidungsmerkmal.

Sehr ähnlich, jedoch etwas zarter, ist *Ditrupa bartonensis* WRIGLEY aus dem englischen Auversien und Bartonien.

Stratigraphie: Diese Art ist nur aus dem Torton bekannt.

Vorkommen innerhalb Österreichs:

Hleunigmühle im Lavanttal (Torton; selten), Möllersdorf (Torton; mittel), Neudorf an der March (Torton; mittel), Nußdorf (Torton; selten), Steinabrunn (Torton; selten).

Vorkommen außerhalb Österreichs:

Ungarn: Kostej (Torton; mittel), Lapugy (Torton; mittel).

Gattung: *Hydroides* GUNNERUS.
(*Eupomatus* PHILIPPI; *Eucarphus* MØRCH; *Polyphragma* QUATREFAGES.)

Diagnose: P. FAUVEL, 1927, „Tube blanc, opaque, avec ou sans carènes".

Beschreibung: Der äußere Durchmesser der runden Röhren geht kaum einmal unter 1 mm. Die Röhrenoberfläche weist keine Längsskulpturen auf. Auch die Querskulpturen beschränken sich auf mehr oder weniger deutliche Runzeln. Die Angehörigen dieser Gattung treten meist in Gesellschaftsform auf. Sie finden sich dann mehr oder weniger parallel und relativ gerade ausgestreckt, oder auch in einer Art Rifform, auf ihrer Unterlage wirr verschlungen aufgewachsen und erst in ihrem vordersten Abschnitt unregelmäßig und ineinander verschlungen aufgerichtet. Die eigentlichen Gesellschaftsformen können mitunter als selbständig gesteinsbildend angesprochen werden.

Vergleich: Die Röhren sind ähnlich denen der Gattungen *Filograna* OKEN und *Salmacina* CLAPARÈDE, unterscheiden sich jedoch wesentlich durch ihre Größe.

Hydroides pectinata (PHILIPPI).
Tafel 4, Fig. 19—22.

Eupomatus pectinatus PHILIPPI. R. A. PHILIPPI, 1844 c; p. 195.
Hydroides pectinata (PHILIPPI). O. A. L. MØRCH, 1863; p. 377.
Vermilia pectinata (PHILIPPI). A. QUATREFAGES, 1865; p. 533.
Serpula pectinata (PHILIPPI). E. GRUBE, 1872; p. 142.
— — — G. SEGUENZA, 1880; p. 367.
Hydroides pectinata (PHILIPPI). S. LO BIANCO, 1893; p. 85.
Protula intestinum (non LAMARCK) ROVERETO. G. ROVERETO, 1895 a; p. 152; Tafel 9, Fig. 12.
Hydroides pectinata (PHILIPPI). G. ROVERETO, 1898; p. 66.
Serpula gregalis (non EICHWALD) ROVERETO. G. ROVERETO, 1904 b; p. 14.
Serpula (Hydroides) pectinata (PHILIPPI). G. ROVERETO, 1904 b; p. 26; Tafel 4, Fig. 11.
Hydroides pectinata (PHILIPPI). I. IROSO, 1921; p. 49.
— — — W. J. SCHMIDT, 1954 a; p. 259; Abb. 1—2.

Diagnose: R. A. PHILIPPI, 1844 c, „Testa tereti, transversim rugosa, lineisque longotudinalibus obsoletis; diam. $3/4'''$".

Beschreibung: Nach W. J. SCHMIDT, 1954, „Der äußere Durchmesser der Röhren liegt bei 1 mm, die Wanddicke bei 0,2 mm. Ihre Länge kann über 10 cm hinausgehen. Die Röhrenoberfläche trägt rundum gehende, mehr oder weniger starke, dicht stehende Querrunzeln.

Hydroides pectinata (PHILIPPI) lebt normalerweise gesellig und es kann mitunter eine so bedeutende Anhäufung von Röhren auftreten, daß man dann von einer selbständigen Gesteinsbildung sprechen muß. Solche ‚Serpulite' finden sich wiederholt im tortonen und sarmatischen Leithakalk des Wiener Beckens und der Steiermark (z. B. BRANDL, 1952, A. PAPP & H. HÄUSLER, 1940).

Die Anfangsteile der Röhren sind in unregelmäßigen Windungen an eine Unterlage angeheftet. Basalsockel sind nur undeutlich entwickelt. Nach einigen Zentimetern heben sich die Röhren von der Unterlage ab und wachsen in die Höhe, wobei sie sich vielfach aneinander stützen. Sie verlaufen von da an normalerweise mehr oder weniger gerade oder nur schwach gekrümmt, die einzelnen Röhren stehen zueinander annähernd parallel.

Das Ausmaß der Krümmungen, sowohl in den angehefteten als auch in den freien Abschnitten geht vorwiegend auf den Einfluß der Standortsverhältnisse zurück. Stark bewegtes Wasser bedingt stärkere Krümmungen. Eingerollte, spiralige oder knäuelige Formen treten jedoch nicht auf.

Mitunter stehen die freien Röhren etwas isoliert voneinander, aber immer noch annähernd parallel. In diesem Fall finden sie ihre Stütze direkt im Sediment.

Bei vereinzelt auftretenden Röhrenbruchstücken handelt es sich wohl um umgeschwemmtes Material. Sie finden sich übrigens häufig in tonigen oder mergeligen Sedimenten, wobei dann schon der für *Serpulidae* ungünstige Lebensraum den Schluß auf eine Einschwemmung nahelegt.

Mitunter werden auch Serpulite aus kurzen Röhrenbruchstücken aufgebaut. Eine parallele Einordnung der Röhren ist schwach angedeutet. In diesem Fall kann es sich nur um eine Zusammenschwemmung handeln."

Vergleich: Nach W. J. SCHMIDT, 1954, „Obwohl es eine ganze Reihe ähnlicher *Serpulidae* gibt, sind Verwechslungen bei einer genaueren Untersuchung nicht zu befürchten.

Hydroides norvegica GUNNERUS unterscheidet sich durch die spiralige Aufrollung.

Hydroides uncinata (PHILIPPI) weist einen äußeren Durchmesser der Röhren von über 3 *mm* auf. Auch sind die einzelnen Querrunzeln stärker ausgeprägt und stehen nicht so dicht beisammen.

Filograna OKEN und *Salmacina* CLAPAREDÈ unterscheiden sich durch den bedeutend kleineren äußeren Durchmesser ihrer Röhren, maximal 0,5 *mm*. Auch sind die Querrunzeln schwächer entwickelt.

Ditrupa BERKELEY weisen eine charakteristische und regelmäßig auftretende bogenförmige Krümmung auf. Auch ihre keulige Mündungsform gibt ein gutes Unterscheidungsmerkmal. Die Röhrenoberfläche besitzt keine deutlichen Skulpturen. Die Röhren treten isoliert und nicht angeheftet auf.

Bei *Josephella* CAULLERY & MESNIL fehlen Skulpturen auf der Röhrenoberfläche ebenfalls oder treten doch sehr zurück. Ansonsten hilft hier das Aussehen der Röhrenoberfläche, die, ähnlich wie bei *Protula* RISSO, leicht verletzlich, entfernt an Birkenrinde erinnert."

Systematik: *Serpula gregalis* EICHWALD, zu der G. ROVERETO, 1904 b, ein Handstück mit *Hydroides pectinata* (PHILIPPI) aus der Sammlung der Geologisch-Paläontologischen Abteilung des Naturhistorischen Museums Wien stellte, ist deutlich unterschieden durch die glatte Röhrenoberfläche. Die Diagnose von E. EICHWALD, 1853, für *S. gregalis* lautet „Tubulo cylindraceo tenui, hinc inde contorto, elongato, gregatim conjuncto, extus laevissimo, cavitatis lumine rotundato; longitudo ½‴ et latitudo ½ ″″". Auch im folgenden Text weist EICHWALD auf die glatte Oberfläche hin „la surface des tubes est toute lisse". Die Röhren auf dem erwähnten Handstück weisen dichtstehende Querrunzeln auf.

Stratigraphie: In Österreich auf oberes Torton und unteres Sarmat (beginnende Aussüßung) beschränkt, in Italien aus dem Pliozän bekannt.

Bei dem von W. J. SCHMIDT, 1954 a, beschriebenen Handstück mit *H. pectinata* können keinerlei stratigraphische Angaben gemacht werden, da es sich um ein in der Nähe von Grieskirchen lose gefundenes Material handelt, das auch von einem Fundort außerhalb Österreichs stammen kann.

Vorkommen innerhalb Österreichs:

Enzesfeld (Torton; häufig), Gainfarn (Torton; häufig), Grinzing (Torton; häufig), Hollingsteinerberg bei Hollabrunn (Torton; häufig), Kleinhadersdorf, Sandgrube Mattner (Torton; mittel), Loretto (Torton; häufig), Mannersdorf (Torton; häufig), Matzen (Torton; häufig), Mühldorf im Lavanttal (Torton; häufig), Petronell (Torton; sehr häufig), Rauchstallbrunngraben (Torton; häufig), St. Anna (Torton; häufig), St. Georgen an der Peßnitz (Torton; mittel), Spielfeld, Stmk. (Torton; mittel), Walbersdorf (Torton; mittel); Bruck an der Leitha (Sarmat; mittel), Deutsch Altenburg (Sarmat; häufig), Feistritz, Jungfernsprung (Sarmat; mittel), Hartberg (Sarmat; sehr häufig), Hornstein (Sarmat; häufig), Loretto (Sarmat; sehr häufig).

Vorkommen außerhalb Österreichs:
Italien: Astigiano (Pliozän; mittel), Gravina (Pliozän; mittel).

Gattung: *Mercierella* FAUVEL.

Diagnose: P. FAUVEL, 1927, „Tube cylindrique".

Beschreibung und Vergleich: Die Röhren dieser Gattung unterscheiden sich eindeutig von allen anderen dadurch, daß sie sich in regelmäßigen Abständen trompetenförmig erweitern und dann neu ansetzen.

Mercierella ? *dubiosa* W. J. SCHMIDT.
Tafel 5, Fig. 1.

Mercierella ? *dubiosa* W. J. SCHMIDT. W. J. SCHMIDT, 1951 b; p. 79; Abb. 4.
— — — — 1955 a; p. 41.

Diagnose: W. J. SCHMIDT, 1951 b, „Die trompetenartigen Röhrenverdickungen finden sich in unregelmäßigen Abständen und sind nicht immer eindeutig von normalen Querwülsten zu unterscheiden. Wo sie deutlicher entwickelt sind, erheben sie sich an einer Seite mit einem schwachen Übergang, an der anderen Seite zeigt sich der Ansatz der Röhrenfortsetzung. Der äußere Röhrendurchmesser beträgt 0.75 *mm*. Das Ausmaß der trompetenartigen Verdickungen überschreitet $1/5$ des normalen äußeren Röhrendurchmessers nicht."

Beschreibung: W. J. SCHMIDT, 1951 b, „Die weißen, etwas kreidigen Röhren sind schwach und unregelmäßig gebogen. Die größte beobachtete Bruchstücklänge beträgt 4 *mm*.

Die Übergänge zwischen den trompetenartigen Verdickungen und normalen Querwülsten lassen die Gattungszuordnung zweifelhaft erscheinen, ebenso das unregelmäßige Auftreten der trompetenartigen Verdickungen, oft unmittelbar hintereinander, sowie ihre verhältnismäßig geringe Größe. In einem Falle konnte eine annähernd parallele Verwachsung dreier Röhren beobachtet werden. Da die Röhren sich jedoch nur an einzelnen Stellen unmittelbar berühren und auch an den Berührungsstellen die bei Gesellschaftsformen dort üblichen Röhrenverdünnungen nicht auftreten, dürfte es sich wohl um ein zufälliges Gebilde handeln.

Bisher sind nur lose Bruchstücke bekannt."

Vergleich: W. J. SCHMIDT, 1951 b, „Arten der Gattungen *Ditrupa* BERKELEY und *Hydroides* GUNNERUS unterscheiden sich durch das Fehlen der trompetenartigen Verdickungen.

Mercierella enigmatica FAUVEL unterscheidet sich durch die Größe und regelmäßige Anordnung der trompetenartigen Verdickungen, sowie das Fehlen nennenswerter Querwülste.

Ersteres gilt auch für Vergleiche mit *Mercierella roveretoi* W. J. SCHMIDT, wozu das Zurücktreten der normalen Querwülste kommt."

Systematik: Auf die fragliche Gattungszugehörigkeit wurde bereits in der Beschreibung hingewiesen.

Stratigraphie: Die Art ist nur aus dem Torton bekannt.
Vorkommen innerhalb Österreichs:
Kienberg (Torton; selten).

Mercierella roveretoi W. J. SCHMIDT.
Tafel 5, Fig. 2.

Mercierella roveretoi W. J. SCHMIDT. W. J. SCHMIDT, 1951 b; p. 80; Abb. 5.
— — — — 1955 a; p. 41.

Diagnose: W. J. SCHMIDT, 1951 b, „Eine Art der Gattung *Mercierella* FAUVEL mit sehr schwach ausgebildeten normalen Querwülsten und undeutlichen, nicht durchlaufend sichtbaren Längskanten".

Beschreibung: W. J. SCHMIDT, 1951 b, „Der äußere Durchmesser der Röhre beträgt 1 *mm*, die Länge des einzig vorhandenen Röhrenbruchstückes 4 *mm*. Es ist nur eine einzige trompetenförmige Querverdickung vorhanden, u. zw. an einem Ende des Bruchstückes. Der Neuansatz der Röhrenfortsetzung ist im Inneren der trompetenartigen Verdickung sichtbar.

Die Röhre ist weiß, kreidig und besitzt eine rauhe Oberfläche.

Die normalen Querwülste finden sich in unregelmäßigen Abständen und sind nur mehr schwach angedeutet.

Auch die Längskanten sind nur außerordentlich schwach und nicht durchlaufend entwickelt. Ihre Zahl ist nicht mit Sicherheit festzustellen, könnte jedoch bis zu 10 gehen. Sie sind über die gesamte Röhrenoberfläche verteilt."

Vergleich: W. J. SCHMIDT, 1951 b. „*Mercierella enigmatica* FAUVEL weist große Ähnlichkeit auf, unterscheidet sich jedoch durch das Fehlen der Längskanten und nennenswerter normaler Querwülste. Ist die Röhrenoberfläche nicht gut erhalten, dürfte eine Trennung schwierig sein. Einen Anhaltspunkt gibt vielleicht noch die steilere Ausbildung der trompetenartigen Verdickungen bei *M. enigmatica*."

Stratigraphie: Die Art ist nur aus dem Torton bekannt.
Vorkommen innerhalb Österreichs:
Kienberg (Torton; sehr selten).

Gattung: *Omphalopomopsis* SAINT-JOSEPH.
(*Janita* SAINT-JOSEPH).

Diagnose: P. FAUVEL, 1927, „Tube cylindrique, caréné".

Beschreibung und Vergleich: Die fossilen Röhren dieser Gattung können nur dann von denen der Gattung *Serpula* LINNAEUS, zum Teil auch von *Vermilia* LAMARCK unterschieden werden, wenn sie sich mit rezenten identifizieren lassen.

Vorkommen: Sichere Vertreter dieser Gattung sind aus dem österreichischen Bereich bisher nicht bekannt.

Gattung: *Placostegus* PHILIPPI.

Diagnose: R. A. PHILIPPI, 1844 c, „Deckel kalkig, eine flache Scheibe bildend, ganzrandig".

Auf den Körper des Tieres oder seine Röhre wird nicht eingegangen.

G. M. LEVINSEN, 1883, „Opaque tubes with thick walls (apex tapering into three strong teeth)".

P. FAUVEL, 1927, „Tube calcaire, translucide ou transparent, caréné".

Beschreibung und Vergleich: Die zur Gänze etwas durchsichtige Röhre unterscheidet sich deutlich von den opaken Röhren der übrigen Gattungen.

Placostegus polymorphus ROVERETO.

Tafel 5, Fig. 3—8.

Placostegus polymorphus ROVERETO. G. ROVERETO, 1895 a; p. 156; Tafel 9, Fig. 9.
— — — G. ALESSANDRI, 1897; p. 68.
— — — G. ROVERETO, 1898; p. 80.
— — — — 1904 b; p. 40; Tafel 4, Fig. 21 a—c.
— — — W. J. SCHMIDT, 1955 a; p. 42, 43.

Diagnose: G. ROVERETO, 1895 a, „A principio il tubo aderisce svolgendosi a spirale, ora conica ora piana, di tre giri al massimo; la presenza nel mezzo delle superficie situate tra le costole dentate di altra costola poco appariscente, sempre a margine intero".

G. ROVERETO, 1898, „Tubus triqueter, plerumque a latere dentatus; costis simpliciter marginatis fere obsoletis inter reliquas dentatas; diam. 1 *mm*, long. +6 *mm*".

Beschreibung: Die Röhren sind sowohl einfach verschlungen als auch mehr oder weniger gerade.

Ihr etwas transparentes Aussehen ist sehr charakteristisch.

Die aufliegenden Teile erhalten durch den Basalsockel einen dreieckigen Außenquerschnitt, die freien Röhrenteile sind mehr oder weniger rund.

Die Kerben an den Längsskulpturen sind sowohl ihrer Form als auch ihrer Verteilung nach unregelmäßig und können streckenweise die Längskiele in Knotenreihen auflösen.

Vergleich: Von *Pomatoceros triqueter* (LINNAEUS) und seinen Unterarten, sowie von *Pomatoceros dentatus* W. J. SCHMIDT unterscheidet am einfachsten das transparente Aussehen der Röhre. Auch die Auflösung der Längsskulpturen in Knotenreihen ist ein gutes Merkmal.

Stratigraphie: In Österreich nur aus dem Torton bekannt, in Italien aus dem Helvet.

Vorkommen innerhalb Österreichs:

Ehrenhausen (Torton; mittel), Kienberg (Torton; selten).

Vorkommen außerhalb Österreichs:

Italien: Rosignano (Helvet; selten).

Gattung: *Pomatoceros* PHILIPPI.

Diagnose: O. A. L. MØRCH, 1863, „T. calcaria triquetra, carinis basalibus concameratis".

G. M. LEVINSEN, 1883, „Tube smooth with faint transversal striae. Tooth strongly developped".

P. FAUVEL, 1927, „Tube calcaire, blanc, triquètre".

Beschreibung: Die Röhren sind fast durchwegs mit einem deutlichen Basalsockel aufgewachsen.

An der Oberseite findet sich immer ein deutlicher Längskiel, die übrige Skulptur ist verschieden.

Durch die Basalsockel sowie den deutlichen Längskiel ist der dreieckige äußere Röhrenquerschnitt bedingt.

Die Röhren sind mehr oder weniger gekrümmt mit allen Übergängen von gerade bis schlingenartig. Ihre Länge beträgt meist einige Zentimeter.

Der Zellenbau im Sockel ist nach Entfernung der Außenschicht deutlich sichtbar.

Vergleich: Röhren der Gattung *Pomatostegus* SCHMARDA, die unter Umständen ein ähnliches Aussehen haben, unterscheiden sich durch das Zurücktreten des Basalsockels und seines Zellenbaues sowie durch die beiderseitigen Perforationen der Röhre.

Pomatoceros dentatus W. J. SCHMIDT.

Tafel 5, Fig. 9.

Pomatocerus dentatus W. J. SCHMIDT. W. J. SCHMIDT, 1950; p. 161; Abb. 4.
— — — — 1955 a; p. 41.

Diagnose: W. J. SCHMIDT, 1950, „Eine Art der Gattung *Pomatoceros* PHILIPPI, bei welcher der Kamm deutliche, nach hinten abflachende Zacken zeigt. Die gesamte Röhre besitzt schwache Querrunzeln."

Beschreibung: W. J. SCHMIDT, 1950, „Die Röhre zeigt den üblichen, dreieckigen Querschnitt, sie ist anfangs mit einem Basalsockel aufgewachsen, hebt sich dann aber frei empor. Sie ist schwach gekrümmt."

Vergleich: W. J. SCHMIDT, 1950, „Von *Pomatoceros triqueter* (LINNAEUS) unterscheiden die charakteristisch ausgebildeten scharfen Zacken sowie die gekrümmten Querrunzeln".

Stratigraphie: Bisher nur aus dem Torton bekannt.

Vorkommen innerhalb Österreichs:

Nußdorf (Torton; sehr selten).

Pomatoceros triqueter (LINNAEUS).
Tafel 5, Fig. 10—12.

Serpula triquetra LINNAEUS. C. LINNAEUS, 1758; p. 3740.
— — — W. MARTINI, 1768; p. 68; Tafel 3, Fig. 5.
— — — I. BORN, 1780; p. 436; Tafel 18, Fig. 14.
— — — S. E. HANLEY, 1790; p. 3740.
— — — R. PULTNEY, 1813; p. 59; Tafel 12, Fig. 9.
Vermilia triquetra (LINNAEUS). H. M. BLAINVILLE, 1818; p. 329, 430; Tafel 1, Fig. 3.
Serpula triquetra LINNAEUS. J. SOWERBY, 1820 a; p. 12; Fig. 2.
Vermilia triquetra (LINNAEUS). B. C. PAYRAUDEAU, 1826; p. 22.
— — — A. BONELLI, 1827; p. 366.
Serpula triquetra LINNAEUS. W. WOOD, 1828; Tafel 38, Fig. 9.
Vermilia triquetra (LINNAEUS). H. G. BRONN, 1831; p. 129.
Serpula angulata (non DA COSTA) GOLDFUSS. A. GOLDFUSS, 1831; p. 240; Tafel 71, Fig. 5.
Serpula triquetra LINNAEUS. A. SCACCHI, 1835; p. 13.
Vermilia triquetra (LINNAEUS). J. B. P. A. LAMARCK, 1838; p. 633.
— — — J. SOWERBY, 1838 b; Tafel 31 (fide G. ROVERETO, 1898).
— — — — 1839 c; Fig. 7 (fide G. ROVERETO, 1898).
— — — E. SISMONDA, 1842; p. 14.
— — — W. WOOD, 1842; p. 458 (fide G. ROVERETO, 1904 b).
Vermilia cristata (non LAMARCK) CHENU. J. C. CHENU, 1843; Tafel 10, Fig. 1.
Pomatoceros triqueter (LINNAEUS). R. A. PHILIPPI, 1844 c; p. 194.
Serpula angulata (non DA COSTA) MÜNSTER. A. D'ARCHIAC, 1846 a; p. 207.
— — — — — 1850 a; p. 254.
Vermilia triquetra (LINNAEUS). RAYNEVAL & VAN DEN HECKE & PONZI, 1854; p. 13.
— — — G. MENEGHINI, 1857; p. 533, 643.
— — — P. DODERLEIN, 1862; p. 98.
Serpula angulata (non DA COSTA) MÜNSTER. O. SPEYER, 1862; p. 321, 333.
Pomatocerus triqueter (LINNAEUS). O. A. L. MØRCH, 1863; p. 408.
Vermilia triquetra (LINNAEUS). F. CAILLAUD, 1865; p. 55.
Vermilia miocenica SEGUENZA. G. SEGUENZA, 1880; p. 79, 196; Tafel 8, Fig. 4.
Vermilia (Serpula) triquetra (LINNAEUS). H. NYST, 1881; p. 234.
Vermilia triquetra (LINNAEUS). E. MARIANI & C. F. PARONA, 1887; p. 151.
— — — F. SACCO, 1890; p. 326.
Pomatoceros triqueter (LINNAEUS). SAINT-JOSEPH, 1894; p. 353; Tafel 13, Fig. 393—407.
— — — G. ROVERETO, 1895 a; p. 155; Tafel 9, Fig. 6.
Serpula triquetra LINNAEUS. A. LAMEERE, 1895; p. 193; Fig. 10.
Pomatoceros triqueter (LINNAEUS). K. MAYER-EYMAR, 1898; p. 71.
— — — G. ROVERETO, 1898; p. 75; Tafel 6, Fig. 11a.
— — — M. BLANCKENHORN, 1901; p. 380.
— — — A. SOULIER, 1902; p. 30; Fig. 7.
— — — G. ROVERETO, 1904 b; p. 35; Tafel 1, Fig. 3.
— — — P. FAUVEL, 1927; p. 370; Abb. 127a—k.
— — — W. J. SCHMIDT, 1950; p. 162.
— — — — 1955 a; p. 42, 43.

Nomenklatur: Von den verschiedenen Namen hat *Pomatoceros triqueter* (LINNAEUS) die Priorität.

Diagnose: C. LINNAEUS, 1758, „Testâ-repente, flexuosa, triquetrâ".

A. GOLDFUSS, 1831, „Serpula testa reflexa basi expansa, lateribus plana, crista dorsali elata plicata utrinque sulco exiguo circumscripta".

J. B. P. A. LAMARCK, 1838, „Testâ repente, flexuosa, triquetrâ; dorso carinâ simplici".

P. FAUVEL, 1927, „Tube blanc, triquètre à crête dorsale lisse ou dentelée, souvent prolongée en dent pointue au-dessus de l'ouverture. Tube contourné en spirale à la base, très variable de forme et de disposition".

Beschreibung: Die Röhren sind meist unregelmäßig gekrümmt und zur Gänze aufgewachsen. Sie erreichen eine Länge bis zu einigen Zentimetern, bei einem Durchmesser bis zu einigen Millimetern.

Die Querschnittszunahme ist deutlich und beträgt bis zu 1 *mm* auf 10 *mm* Länge.

Durch die stark ausgebildeten Basalsockel und den kräftigen, etwas unregelmäßigen Längskiel an der Röhrenoberseite, erhält die Röhre einen charakteristischen dreieckigen Außenquerschnitt. Die Seitenflächen sind dabei eben abfallend. Der Längskiel ist beidseitig von je einer schmalen Furche umsäumt, so daß es mitunter scheint, daß drei Längskiele vorhanden sind. Dies tritt jedoch meist nur in den Anfangsteilen der Röhre in Erscheinung.

Der breite Basalsockel zeigt einen sehr deutlichen Zellenbau in der Weise, daß ein langer Hohlraum zwischen Innen- und Außenseite der Röhre durch Querwände weiter gegliedert ist. Die entstehenden Zellen sind mehr breit als lang.

Sehr häufig findet man diese Art an der Innenseite von Muschelschalen. Hat sich ein Steinkern gebildet, so findet sich die Wurmröhre in diesen eingedrückt. Ist die Muschelschale weggelöst, zeigt sich daher die Unterseite der Wurmröhre auf dem Steinkern. Meist ist in diesem Falle die Unterseite der Röhre ebenfalls nicht mehr erhalten und der Zellenbau der Basalsockel wird dadurch sichtbar. Es ist dies eine sehr häufige Erscheinungsform der Art im Wiener Becken.

Schreitet die Auflösung weiter fort, wird auch die ganze Wurmröhre entfernt und es bleibt nur eine entsprechende Vertiefung im Steinkern erhalten.

Die Röhren treten mitunter in größerer Zahl auf, wobei sich die einzelnen Exemplare auch regellos übereinander legen.

Vergleich: Wegen des dreieckigen Querschnittes, des kräftigen Längskieles und vor allem wegen des charakteristischen Zellenbaues sind Verwechslungen kaum zu befürchten. Die Unterart *Pomatoceros triqueter bicanaliculata* (MÜNSTER) unterscheidet sich dadurch, daß ihr Längskiel niedriger und ihr Basalsockel breiter ist. Auch sind die beiden Längsfurchen, die den Längskiel begleiten, schärfer ausgeprägt.

Systematik: Die vielfache Beschreibung unter immer neuen Namen erklärt sich durch die vielfältigen Erscheinungsformen der Röhren.

Es sei hier insbesondere noch hingewiesen auf:

Serpula intricata PENNANT. T. PENNANT, 1777; p. 146; Abb. 157,
Serpula triquetoides DELLE CHIAJE. C. DELLE CHIAJE, 1822; Tafel 71, Fig. 15,
Serpula vermicularis CUVIER. G. L. CUVIER, 1830; Tafel 3, Fig. 2,
Serpula armata JOHNSTON. G. JOHNSTON, 1865; p. 272,
Serpula conica JOHNSTON. G. JOHNSTON, 1865; p. 271,
Vermilia porrecta MALMGREN. A. F. MALMGREN, 1865; p. 229,
Vermilia conigera QUATREFAGES. A. QUATREFAGES, 1865; p. 513,
Vermilia elongata QUATREFAGES. A. QUATREFAGES, 1865; p. 525,
Vermilia humilis QUATREFAGES. A. QUATREFAGES, 1865; p. 515,

Vermilia lamarckii QUATREFAGES. A. QUATREFAGES, 1865; p. 513,
Vermilia pennantii QUATREFAGES. A. QUATREFAGES, 1865; p. 514,
Vermilia socialis QUATREFAGES. A. QUATREFAGES, 1865; p. 516,
Vermilia tricuspis QUATREFAGES. A. QUATREFAGES, 1865; p. 530,
Vermilia trifida QUATREFAGES. A. QUATREFAGES, 1865; p. 528,

die von manchen Autoren als Synonyma von *P. triqueter* aufgefaßt, von anderen, wenigstens zum Teil, als Unterarten abgetrennt werden. Eine diesbezügliche Entscheidung könnte wohl nur das Studium der Originalmaterialien bringen, wozu ich bislang nicht in der Lage war.

Stratigraphie: Die Art ist sicher nur vom Torton bis zur Gegenwart bekannt. In Österreich bisher nur aus dem Torton. Das Vorkommen im italienischen Helvet erscheint fraglich.

Vorkommen innerhalb Österreichs:

Bischofwarth (Torton; selten), Deutsch Altenburg (Torton; mittel), Ehrenhausen (Torton; mittel), Enzesfeld (Torton; mittel), Grinzing (Torton; mittel), Hundsheim (Torton; mittel), Kalksburg (Torton; häufig), Pfaffenberg (Torton; selten), Rauchstallbrunngraben (Torton; häufig), Steinabrunn (Torton; mittel).

Vorkommen außerhalb Österreichs:

Atlantik (rezent; mittel).

Deutschland: Astrupp bei Osnabrück (Tertiär; mittel).

Italien: Colli Torinese (Helvet; ?); Astigiano (Pliozän; häufig), Masserano (Pliozän; häufig), Modinese (Pliozän; häufig), Dintorni del Cairo (Quartär; mittel).

Mittelmeer (rezent; mittel).

Nordsee (rezent; mittel).

Pomatoceros triqueter bicanaliculatus (MÜNSTER).

Tafel 5, Fig. 13.

Serpula bicanaliculata MÜNSTER. A. GOLDFUSS, 1831; p. 240; Tafel 71, Fig. 6a, b.
— — — J. C. CHENU, 1843; Tafel 11, Fig. 7.
Serpula crenulosa MAYER. K. MAYER, 1864; p. 86; Tafel 7, Fig. 66 (fide G. ROVERETO, 1904 b).
Serpula corrugata (non LINK, non GOLDFUSS) SCHAUROTH. C. SCHAUROTH, 1865; p. 259; Tafel 28, Fig. 6a (fide G. ROVERETO, 1904 b).
Pomatoceros triqueter bicanaliculata (MÜNSTER). G. ROVERETO, 1898; p. 76, Tafel 6, Fig. 12, 12 a.
— — — — 1904 b; p. 36; Tafel 2, Fig. 10.
— — — — W. J. SCHMIDT, 1955 a; p. 42, 43.

Diagnose: A. GOLDFUSS, 1831, „Serpula testa reflexa, lateribus convexiusculis, crista dorsali aequali utrinque canaliculo antice evanescente circumscripta".

G. ROVERETO, 1898, „Tubo a sezione triangolare con due creste laterali alla principale, che racchiudono due canali longitudinali".

Beschreibung: Die Röhren weisen einen ähnlichen Bau auf wie die der Art.

Vergleich: Die Unterschiede gegenüber der Art liegen darin, daß der Basalsockel breiter angelegt ist, daß der Längskiel niedriger und glatter ist, und daß die beiden ihn begleitenden Längsrinnen schärfer ausgebildet sind. Letzteres tritt wie bei der Art mehr oder weniger nur an den anfänglichen Röhrenteilen auf, während gegen die Mündung zu die Längsrinnen stark zurücktreten.

Ansonsten gilt das bei der Art Gesagte.

Stratigraphie: Vom Torton bis in die Gegenwart bekannt, in Österreich nur aus dem Torton. Das Vorkommen im italienischen Helvet erscheint fraglich.

Vorkommen innerhalb Österreichs:
Neudorf an der March (Torton; mittel).

Vorkommen außerhalb Österreichs:
Deutschland: Astrupp bei Osnabrück (Tertiär; mittel).
Italien: Colli Torinesi (Helvet; ?).
Mittelmeer: (rezent; mittel).

Gattung: *Pomatostegus* SCHMARDA.

Diagnose: P. FAUVEL, 1927, „Tube triquètre, caréné, souvent avec des perforations".

Beschreibung: Die Röhren besitzen nicht immer einen scharf dreieckigen Querschnitt, sondern können auch etwas abgerundet sein.

Meist herrscht ein Längskiel an der Oberseite der Röhre vor.

Charakteristisch sind die Perforationen, die sich jeweils in einer Längsreihe an den beiden Seitenwänden hinziehen.

Vergleich: Die Perforationen geben eine gute Handhabe zur Unterscheidung von *Pomatoceros* PHILIPPI.

Auch das Zurücktreten der Basalsockel und ihres Zellenbaues bei *Pomatostegus* SCHMARDA gibt einen Hinweis.

Pomatostegus comatus (ROVERETO).
Tafel 5, Fig. 14—17.

Vermilia comata ROVERETO. G. ROVERETO, 1895 a; p. 156—157; Tafel 9, Fig. 7, 8.
Serpula comata (ROVERETO). G. ROVERETO, 1904 b; p. 9.
Pomatostegus comatus (ROVERETO). W. J. SCHMIDT, 1955 a; p. 41.

Diagnose: G. ROVERETO, 1895 a, „So di un frammento del tipico Leythakalk di Gamlitz sono accostati due tubi di media grandezza; l'uno e intensamente rugoso in modo trasversale, con un solco sul dorso che da l'aspetto di una spartitura di capigliatura; l'altro presenta sul dorso due serie di piccoli fori, distanziati, i quali nelle specie viventi *(Vermilia)* appariscono quando il tubo e superficialmente eroso. Queste due forme consi dero quindi, benche con dubbio, una sola specie e do loro il nome die *Vermilia comata n. sp.*"

Beschreibung: An der Oberfläche eines Kalkblockes finden sich unregelmäßig gekrümmte Längswülste, die nach unten zu ohne scharfe Grenze in den Kalk übergehen. Ihr Durchmesser beträgt bis zu 3 *mm*, an Länge erreichen sie einige Zentimeter.

An einigen Stellen zeigt es sich, daß es sich um kalkige weiße Röhren mit breitem Basale handelt, die zur Gänze mit Sediment ausgefüllt und stellenweise auch überdeckt sind.

An der Oberseite der Röhren befindet sich ein kleiner Längskiel, von dem aus geschweifte Querrunzeln über die Seitenwände ziehen.

Wo die Oberfläche etwas beschädigt ist, tritt unter den Querrunzeln seitlich je eine Längsreihe von Poren hervor.

Stellenweise legen sich die einzelnen Röhren übereinander.

Vergleich: Die beiden Porenreihen unterscheiden deutlich von anderen *Serpulidae*.

Systematik: Wenngleich die Perforationen auch nicht durchlaufend an allen Exemplaren sichtbar, sondern stellenweise unter den Querrunzeln verborgen sind, erscheint die Zuweisung zur Gattung *Pomatostegus* SCHMARDA doch berechtigt.

Stratigraphie: Bisher nur aus dem Torton bekannt.

Vorkommen innerhalb Österreichs:
Gamlitz (Torton; selten).

Gattung: *Serpula* LINNAEUS.
(*Serpentula* NIELSEN)

Diagnose: J. B. P. A. LAMARCK, 1839, „Tubuli solidi, calcarii, irregulariter contorti, aggregati vel solitarii, affixi; apertura terminali rotundata, simplicissima".

J. SOWERBY, 1829, „Shell irregularly contorted, fixed by a part of its side; aperture simple".

P. FAUVEL, 1927, „Tube calcaire, opaque, cylindrique, à carénés plus ou moins nombreuses".

K. BRÜNNICH NIELSEN, 1931 *(Serpentula)*, „Tube comparatively short, more or less wound from side to side, cemented by most of its length to some foreign object. The thickness strongly increasing from the apex towards the aperture."

Beschreibung und Vergleich: Das von der Unterfamilie *Serpulinae* Gesagte gilt sinngemäß auch von der Gattung *Serpula*. Man wird ihr also alle Röhren zuweisen, die sich in den übrigen Gattungen dieser Unterfamilie nicht unterbringen lassen.

Wenn nur fossile Röhren vorliegen, die sich mit rezenten Röhren nicht identifizieren lassen, ist eine Unterscheidung der Gattung *Serpula* LINNAEUS von den Gattungen *Omphalopomopsis* SAINT-JOSEPH und, bei undeutlicher Kammausbildung, von *Vermilia* LAMARCK nicht immer mit Sicherheit möglich.

Serpula crispata REUSS.
Tafel 6, Fig. 1.

Serpula crispata REUSS. A. E. REUSS, 1860; p. 225; Tafel 3, Fig. 8 a, b.
— — — F. TOULA, 1893; p. 289.
— — — G. ROVERETO, 1904 b; p. 10.
— — — W. J. SCHMIDT, 1955 a; p. 41.

Diagnose: A. E. REUSS, 1860. „Unregelmäßig spiral aufgerollt, ohne deutlichen Basalsaum aufgewachsen und nur mit dem Ende sich frei erhebend. Über die Röhre verlaufen der Länge nach vier schmale Kiele, deren zwei innerste noch einen viel schmäleren und niedrigeren zwischen sich haben. Alle werden von gedrängten unregelmäßigen, in derselben Richtung noch fein linierten gebogenen Querfurchen durchzogen und dadurch ungleich gekerbt."

Beschreibung: Durch die Querfurchen erhält die gesamte Oberfläche ein knotiges Aussehen. Der äußere Röhrendurchmesser beträgt bis zu 2,5 *mm*, der Durchmesser des Lumens bis zu 1,5 *mm*.

Vergleich: Eine Verwechslung kann bei einem Röhrenknäuel mit *Serpula granoso* REUSS dann auftreten, wenn der Querschnitt der Röhre nicht deutlich sichtbar ist. *S. granosa* hat auch dort einen Basalsockel, wo sich ihre Windungen übergreifen, behält also durchwegs ihren dreieckigen Querschnitt.

Stratigraphie: Nur aus dem Torton bekannt.
Vorkommen innerhalb Österreichs:
Baden (Torton; selten).
Vorkommen außerhalb Österreichs:
Tschechoslowakei: Kralitz (Torton; selten), Rudelsdorf (Torton; selten).

Serpula curvata W. J. SCHMIDT.
Tafel 6, Fig. 2.

Serpula curvata W. J. SCHMIDT. W. J. SCHMIDT, 1950; p. 160; Abb. 3.
— — — — 1955 a; p. 41.

Diagnose: W. J. SCHMIDT, 1950, „Runde Röhre, schlingenartig verknäuelt. Deutliche Querrunzeln, an den Seiten nach rückwärts gebogen."

Beschreibung: Innerhalb des Röhrenknäuels ist ein Größerwerden des Röhrenquerschnittes von 0,7 *mm* auf 1 *mm* zu beobachten, wobei die aufgerollte Länge der betreffenden Röhrenteile 10 *mm* nicht übersteigen dürfte. Ein Basalsockel ist nur sehr undeutlich entwickelt.

Vergleich: Die Röhre ist ähnlich derjenigen von *Serpula traversa* W. J. SCHMIDT, unterscheidet sich jedoch dadurch, daß die Querrunzeln auch an den Seitenwänden auftreten. Auch der Verlauf der Querrunzeln ist etwas unterschiedlich.

Stratigraphie: Nur aus dem Torton bekannt.

Vorkommen innerhalb Österreichs:
Nußdorf (Torton; sehr selten).

Serpula discohelix SEGUENZA.
Tafel 6, Fig. 3, 4.

Serpula discohelix SEGUENZA. G. SEGUENZA, 1880; p. 78; Tafel 8, Fig. 5.
— — — G. ROVERETO, 1898; p. 62.
— — — — 1904 b; p. 11.
— — — W. J. SCHMIDT, 1955 a; p. 40.

Diagnose: G. SEGUENZA, 1880, „Conchiglia avvolta a spirale piana, con notevole regolarità ad una spoglia di serpulide, la quale è appianata al centro pel modo come si riuniscono gli avvolgimenti, l'ultimo soltante si rialza al di sopra del piano degli altri formando un margine irregolamente quadrangolare, perchè depresso superiormente; ed inoltre co stituisce intorno a sè una incrostazione sottile sulla conchiglia alla quale aderisce; gli avvolgimenti sono segnati inoltre da linee di accrescimento sottili, irregolari, flessuose".

Beschreibung: Die mehr oder weniger regelmäßigen Röhrenspiralen erreichen einen Gesamtdurchmesser von mehr als 1 *cm*. Der äußere Durchmesser der einzelnen Röhren beträgt annähernd 2 *mm*. Die Querschnittszunahme im Verlauf der Röhre ist sehr gering. Die Oberfläche der Röhren weist sehr feine Querrunzeln auf. Darüber hinaus macht die Röhrenoberfläche einen glatten, etwas porzellanartigen Eindruck. Ein Basalsockel ist nicht vorhanden. Lediglich die Auflagefläche ist etwas dünner ausgebildet, wodurch eine geringe Abplattung erzielt wird. Die aus dem Wiener Becken vorliegenden Exemplare besitzen eine gelblich-braune Farbe.

Vergleich: *Serpula subpacta* ROVERETO und *Serpula humulus* MÜNSTER unterscheiden sich durch den Längskiel an der Röhrenoberseite.

Systematik: Von G. ROVERETO, 1898, zu *Serpula anfracta* GOLDFUSS gestellt, vom gleichen Autor, 1904 b, wieder als selbständige Art abgetrennt. Letzteres mit Berechtigung, denn bei *S. anfracta* handelt es sich nach den Angaben von A. GOLDFUSS, 1833 (p. 242; Tafel 71, Fig. 13), lediglich um den Steinkern einer Wurmröhre, der keine speziellen Aussagen zuläßt.

Stratigraphie: Nur aus dem Helvet bekannt, das Torton von Poysdorf ist fraglich.

Vorkommen innerhalb Österreichs:
Poysdorf (Torton [Helvet?]; ?).

Vorkommen außerhalb Österreichs:
Italien: Cagliari (Helvet; mittel), S. Michele (Helvet; mittel).
Tschechoslowakei: Feldsberg (Helvet; selten).

Serpula discohelix subanfracta ROVERETO.
Tafel 6, Fig. 5, 6.

Serpula anfracta (non GOLDFUSS) ROVERETO. G. ROVERETO, 1895 a; p. 154; Tafel 9, Fig. 13.
— — — — 1898; p. 62; Tafel 6, Fig. 3, 3a—c.
Serpula discohelix subanfracta ROVERETO. G. ROVERETO, 1903; p. 103.
— — — — 1904 b; p. 11.
— — — W. J. SCHMIDT, 1955 a; p. 42, 43.

Diagnose: G. ROVERETO, 1904 b, „La *S. discohelix* tipica forma una spira di pochi giri, non molto aderenti fra loro; questa varietà invece presenta a principio un disco più o meno regolare di sei giri, quindi il sou tubo si sviluppa irregolarmente, formando una massa intracciata".

Beschreibung: Die Unterart ist etwas kleiner und der Gesamtdurchmesser ihres Röhrenknäuels erreicht kaum einmal 1 cm. Charakteristisch ist das starke Abweichen von der ebenen Spiralenform. Die feinen Querrunzeln sind etwas stärker ausgeprägt als bei der Art.

Aus dem Wiener Becken sind sowohl gelblich-braun gefärbte Exemplare mit glatter, porzellanartiger Oberfläche vorhanden (Feldsberg), als auch solche mit mehr kreidiger Oberfläche (Nußdorf).

Vergleich: Die Unterschiede gegenüber der Art finden sich in der ergänzenden Beschreibung, ansonsten gilt das bei der Art Gesagte.

Stratigraphie: Infraaquitan bis Torton, im Wiener Becken nur Helvet und Torton.

Vorkommen innerhalb Österreichs:
Brunn an der Schneebergbahn (Torton; selten), Hollingsteinerberg bei Hollabrunn (Torton; selten), Nußdorf (Torton; mittel), Wildon (Torton; selten).

Vorkommen außerhalb Österreichs:
Italien: Acqui (Infraaquitan; mittel); Fontanazzo in Sardegna (Aquitan; mittel); Colli Torinese (Helvet; häufig), Reggio Calabria (Helvet; häufig), Serravalle Scrivia (Helvet; häufig), Tonalbe in Sardegna (Helvet; häufig).
Tschechoslowakei: Feldsberg (Helvet; mittel).

Serpula fastigiata EICHWALD.
Tafel 6, Fig. 7, 8.

Serpula fastigiata EICHWALD. E. EICHWALD, 1830; p. 199.
— — — G. G. PUSCH, 1837; p. 181.
Serpula fascigiata (non EICHWALD) BRONN. H. G. BRONN, 1848; p. 1136.
Serpula fastigiata EICHWALD. E. EICHWALD, 1853; p. 50; Tafel 3, Fig. 4.
— — — O. A. L. MØRCH, 1863; p. 451.
Vermilia quinquelineata (non PHILIPPI) ROVERETO. G. ROVERETO, 1895 a; p. 156; Tafel 9, Fig. 5.
Serpula fastigiata EICHWALD. G. ROVERETO, 1904 b; p. 12.

Nomenklatur: Bei *S. fascigiata* BRONN handelt es sich wohl lediglich um einen Schreibfehler.

Diagnose: E. EICHWALD, 1830, „Tubus hinc inde parum contortus, per gradus fastigiatus, longitudinaliter sulcatus".

E. EICHWALD, 1853, „Tubulo elongato-conico, hinc inde nonnihil inflexo, per gradus propter incrementi strata fastigiato, ac longitudinaliter sulcato".

Beschreibung: Charakteristisch sind die Längskiele, von denen mindestens drei immer deutlich sichtbar sind, meist aber viel mehr (bis zu acht). Die ganze Röhre gewinnt dadurch einen etwas eckigen Querschnitt.

Die Längsstreifen sind nicht glatt durchlaufend, sondern mehr oder weniger unregelmäßig gekerbt.

Feine Querrunzeln sind an der ganzen Röhre vorhanden. Dazu kommen in unregelmäßigen Abständen derbe Querwülste (in der gleichen Größenordnung wie die Längsstreifen).

Basalsockel sind nur schwach entwickelt.

Die Zunahme des Röhrenquerschnittes ist sehr deutlich zu sehen. Bei einem Exemplar z. B. steigt der äußere Röhrendurchmesser von 0,5 mm auf 2 mm bei einer Röhrenlänge von 30 mm. Der Durchmesser des Lumens beträgt dabei an dem dicken Ende 1 mm.

Die Röhren kommen mitunter in solchen Mengen vor, daß sie fast eine Inkrustierung ihrer Unterlage darstellen.

In ihrem Verlauf passen sich die Röhren der Form des Untergrundes an, u. zw. so, daß eventuelle Vorsprünge bzw. Aufragungen umgangen werden.

Eingerollte Röhren wurden nicht beobachtet, dagegen sind regellose Schlingenbildungen häufig, besonders in den Anfangsteilen.

Die frei aufragenden Teile besitzen einen runden Querschnitt, die Basalsockel fehlen ihnen selbstverständlich. Die Längsskulptur wird sehr undeutlich und verschwindet mitunter fast völlig. Dafür tritt die Querskulptur mehr in den Vordergrund. Die aufragenden Teile sind selten auf eine größere Länge erhalten.

Vergleich: Sowohl frei aufragende Bruchstücke als auch die angehefteten allerersten Röhrenstadien, welch letztere fast skulpturlos sind, sind kaum bestimmbar.

Die normale Röhre unterscheidet sich durch die Vielzahl der Längskiele sowie durch ihre schlängelnde Längsform deutlich von anderen Formen.

Stratigraphie: Sicher nur im Torton nachgewiesen.

Vorkommen innerhalb Österreichs:
Brennhügel bei Nikolsburg (Torton; selten), Möllersdorf (Torton; häufig).

Vorkommen außerhalb Österreichs:
Rußland: Shukowze (Tertiär; mittel).
Tschechoslowakei: Grusbach (Helvet; ?); Nikolsburg (Torton; mittel; ?).

Serpula fuchsii ROVERETO.
Tafel 6, Fig. 9.

Serpula articulata (non SOWERBY) SEGUENZA. G. SEGUENZA, 1880; p. 78; Tafel 8, Fig. 3.
Serpula fuchsii ROVERETO. G. ROVERETO, 1895 a; p. 155; Tafel 9, Fig. 15.
— — — — 1904 b; p. 13.
— — — W. J. SCHMIDT, 1955 a; p. 42, 43.

Diagnose: G. ROVERETO, 1895 a, „Piccolo tubo affisso, con bocca semplice; parte dorsale levigata, parti laterali costolate trasversalmente, costole convesse".

Beschreibung: Da nur fragliche Bruchstücke zur Beschreibung vorlagen, muß sich die ergänzende Beschreibung vor allem auf die Abbildung von G. ROVERETO, 1895 a (Tafel 9, Fig. 15), stützen. Die Röhre bildet einen nicht ganz geschlossenen Kreis mit einem Gesamtdurchmesser von 3 *mm*. Der Röhrenquerschnitt erweitert sich dabei von zirka 0,2 *mm* auf 0,5 *mm*. Charakteristisch ist für die Röhre, daß sie regelmäßige Einschnürungen besitzt, wodurch ein perlschnurähnliches Aussehen erzielt wird.

Vergleich: Die Art ist in ihrer Form und in ihren Größenverhältnissen so charakteristisch, daß Verwechslungen kaum möglich sind.

Von *Ditrupa* BERKELEY unterscheiden die Krümmung sowie die regelmäßigen Einschnürungen.

Stratigraphie: In Österreich nur aus dem Torton bekannt.

Vorkommen innerhalb Österreichs:
Nußdorf (Torton; ?).

Vorkommen außerhalb Österreichs:
Italien: Ambuti (rezent; sehr selten).
Ungarn: Lapugy (Torton; sehr selten).

Serpula granosa REUSS.
Tafel 6, Fig. 10.

Serpula granosa REUSS. A. E. REUSS, 1860; p. 225; Tafel 3, Fig. 9 a, b.
— — — F. TOULA, 1893; p. 289.
— — — G. ROVERETO, 1903; p. 103.
— — — — 1904 b; p. 14.
— — — W. J. SCHMIDT, 1955 a; p. 41.

Diagnose: A. E. REUSS, 1860, „Zu einer niedergedrückten unregelmäßigen Spirale eingerollt und beiderseits mit einem mehr weniger breiten Lateralsaume aufgewachsen. Über den Rücken der im Querschnitte dreiseitigen, nicht sehr hoch gewölbten Röhre läuft eine schmale, aber tiefe Längsfurche, jederseits begrenzt von einem niedrigen gerunzelten

Kiele. Diese sowie die Mittelfurche tragen eine oft unterbrochene Reihe grober Körner. Nach außen neben den Kielen verlaufen auf den Seitenabhängen der Röhre noch ein bis drei nicht ganz regelmäßige Reihen von Körnern."

Beschreibung: Neben den Längsskulpturen und den beschriebenen „Körnern" treten auch feine Querrunzeln auf, wozu unregelmäßig verteilte gröbere Querwülste kommen. Von besonderer Bedeutung ist die Beibehaltung der Basalsockel auch dort, wo sich die einzelnen Schlingen nicht mehr auf die Unterlage legen, sondern sich übergreifen. Dadurch behält die Röhre auch in diesem Abschnitt ihren dreieckigen Querschnitt bei. Der äußere Durchmesser der Röhre an der Basis, also einschließlich der Basalsockel, beträgt bis zu 3 *mm*, der entsprechende äußere Durchmesser der Röhre der Höhe nach 1 *mm*, der Durchmesser des entsprechenden Lumens 0,5 *mm*.

Vergleich: Der dreieckige Röhrenquerschnitt auch dort, wo die Röhre nicht mehr auf der Unterlage aufliegt, sondern sich übergreift, kennzeichnet diese Art deutlich. Dazu kommt die breite Ausbildung des Basalsockels, die insbesondere von *Placostegus polymorphus* ROVERETO unterscheidet, mit dem ansonsten gewisse Ähnlichkeiten der Skulptur und Form vorhanden sind.

Von *Serpula crispata* REUSS unterscheiden die durchlaufenden „Körnerreihen" sowie der breite Basalsockel und vor allem der durchlaufende dreieckige Querschnitt.

Stratigraphie: Nur aus dem Torton bekannt.

Vorkommen innerhalb Österreichs:

Baden (Torton; selten).

Vorkommen außerhalb Österreichs:

Tschechoslowakei: Kralitz (Torton; mittel), Rudelsdorf (Torton; mittel).

Serpula gundavaënsis D'ARCHIAC.
Tafel 6, Fig. 11.

Serpula gundavaënsis D'ARCHIAC. A. D'ARCHIAC & J. HAIME, 1853; p. 339; Tafel 36, Fig. 11.
— — — C. SCHAUROTH, 1865; p. 259; Tafel 28, Fig. 5.
— — — K. MAYER, 1877; p. 97.
Serpula exilis (non TARAMELLI) MARINONI. C. MARINONI, 1877; p. 14 (pro parte) (fide G. ROVERETO, 1904 b).
Serpula cfr. gordialis SCHLOTHEIM. K. A. PENECKE, 1885; p. 352.
Serpula gundavaënsis D'ARCHIAC. K. MAYER, 1890; p. 172.
— — — E. RENEVIER, 1890; p. 388.
— — — P. OPPENHEIM, 1901 a; p. 278.
— — — G. ROVERETO, 1904 a; p. 14; Tafel 2, Fig. 11.
Serpula cfr. gundavaënsis D'ARCHIAC. G. DAINELLI, 1915; p. 402.
Serpula gundavaënsis D'ARCHIAC. R. FABIANI, 1915; p. 233.
— — — M. SCHLOSSER, 1925 a; p. 19.
— — — W. J. SCHMIDT, 1955 a; p. 42.

Diagnose: A. D'ARCHIAC, 1853, „Plus délié, cylindrique, filiforme, se replie plusieurs fois sur lui-même, comme la *Serpula gordialis* GOLDFUSS".

G. ROVERETO, 1904 b, „Cilindrica, filiforme, con una spira piana iniziale, ricorda gli hydroides".

G. DAINELLI, 1915, „Vari esemplari di tuboli cilindrici, ora quasi filiforme, ora di laggiori dimensioni che non superano pero un diametro di *mm*. 1,5; sempre aderenti ad un supporto, generalmente dato da individui di Nummulites o da Corallari; sono lisci, con qualche irregolare e tenue rigonfiamento sinuosi".

Beschreibung: Glatte Röhren, unregelmäßig verschlungen. Röhrendurchmesser 1—1,5 *mm*. Glatte Röhrenoberfläche. Kann Längen bis zu einigen Zentimetern erreichen. Zur Gänze aufgewachsen.

Vergleich: Sowohl *Serpula maeandrica* W. J. SCHMIDT als auch *Serpula spirographis* GOLDFUSS sind wesentlich kleiner.

Stratigraphie: Vom unteren Eozän bis zum mittleren Oligozän bekannt.

Vorkommen innerhalb Österreichs:
Greifenstein (Eozän; selten), Guttaring (Unteres bis Mittleres Eozän; selten).

Vorkommen außerhalb Österreichs:
Belgien: Nil-St. Vincent (Bruxelien; mittel).

Deutschland: Hammer bei Kressenberg (Unter- bis Mitteleozän; mittel), Rollgraben bei Kressenberg (Unter- bis Mitteleozän; mittel).

Indien: Chaîne d'Hala (Eozän; häufig).

Italien: Venetien (Eozän-Oligozän; mittel); Priabona (Priabon; selten), S. Orso bei Schio (Priabon; selten); Ligurien (Oligozän; mittel); Sasselo (Tongrien; mittel); Torricelli (Gombertohorizont; mittel).

Serpula hortensis (OPPENHEIM).
Tafel 6, Fig. 12, 13.

Serpula (Pomatoceros) hortensis OPPENHEIM. P. OPPENHEIM, 1901 a; p. 279; Tafel 9, Fig. 6.
Serpula hortensis (OPPENHEIM). G. ROVERETO, 1904 b; p. 15.
Serpula africana CHAVANNE. J. DARESTE DE LA CHAVANNE, 1910; p. 3; Tafel 2, Fig. 2.
Serpula hortensis (OPPENHEIM). R. FABIANI, 1915; p. 233.
Serpula (Protula) hortensis (OPPENHEIM). R. SIEBER, 1953; p. 367.
Serpula hortensis (OPPENHEIM). W. J. SCHMIDT, 1955 a; p. 42.

Diagnose: P. OPPENHEIM, 1901 a, „Die Röhre ist von mäßig dicken Wandungen umgeben und hat, wie ich mich an mehreren, von mir dann wieder zusammengeleimten Bruchstücken überzeugen konnte, ein kreisförmiges Lumen. Sie ist annähernd gerade, nur schwach gebogen und biegt nur an ihrem unteren Ende nach abwärts in eine andere Ebene herüber. Der entgegengesetzte, obere Pol ist durch ein Hinabgreifen der Schale von oben her fast deckelförmig geschlossen und läßt nur an der Ventralseite einen schmalen elliptischen Spalt frei. Die Oberfläche der Schale trägt zahlreiche, sehr zierliche Anwachsringe, welche häufig, aber nicht immer parallel orientiert sind und am unteren Ende infolge der Kreuzung durch schwache Längsstreifen kaum merklich geknotet werden. Die regelmäßigere, weniger knäuelartig gewundene Gestalt, das Fehlen der Randzacken und die einfachere Skulptur unterscheiden diese Form von der häufigeren *S. dilatata* D'ARCH. Höhe 33, Breite 4 *mm*."

Beschreibung: Den obigen Ausführungen von OPPENHEIM ist nichts hinzuzufügen. Das einzige aus Österreich bekannte Exemplar hat einen etwas geringeren Durchmesser (3,5 *mm*). Es handelt sich um ein 35 *mm* langes Bruchstück, zur Gänze aufgewachsen. Die Längsskulpturen treten stärker in Erscheinung als die Querskulpturen.

Vergleich: Siehe die obigen Ausführungen von OPPENHEIM.

Systematik: Bereits G. ROVERETO, 1904 b, trennt die Art von der Gattung, bzw. damals Untergattung *Pomatoceros* ab.

Stratigraphie: Nur aus dem Eozän bekannt.

Vorkommen innerhalb Österreichs:
Fuchsofen, Kärnten (Unteres bis Mittleres Eozän; sehr selten), Bruderndorf (Obereozän; ?).

Vorkommen außerhalb Österreichs:
Algerien: Guelma (Eozän; sehr selten).
Italien: Via degli Orti (Eozän; sehr selten).

Serpula lacera REUSS.

Tafel 6, Fig. 14.

Serpula lacera REUSS. A. E. REUSS, 1860; p. 225; Tafel 3, Fig. 10 a, b.
— — — F. TOULA, 1893; p. 289.
— — — G. ROVERETO, 1895 a; p. 155; Tafel 9, Fig. 11.
— — — — 1898; p. 61.
— — — — 1904 b; p. 16.
— — — W. J. SCHMIDT, 1954 b; p. 1.
— — — — 1955 a; p. 42, 43.

Diagnose: A. E. REUSS, 1860, „Es liegen nur kleine, gerade oder schwach gebogene Fragmente, wahrscheinlich Endstücke der Röhre vor, die nur eine schmale Anheftungsfläche zeigen. Sie tragen fünf Längskiele, drei hohe scharfe lamelläre am Rücken und zwei viel niedrigere auf den steil abfallenden Seiten. Alle werden durch gebogene ungleiche Querstreifen gekerbt. Die oberen drei Kiele erscheinen dadurch wellenförmig gebogen. In den tiefen Zwischenrinnen der Kiele sind die Querstreifen nur an den Seiten derselben, dagegen am Grunde beinahe gar nicht zu unterscheiden. Wohl aber nimmt man daselbst mitunter feine Längslinien wahr. Die zwei seitlichen Kiele sind viel niedriger, nicht blätterig und werden durch Querstreifen nur unregelmäßig gekörnt".

Beschreibung: Die Basalsockel sind nicht an allen Bruchstücken vorhanden. Da auch die Teile, an denen sie entwickelt sind, mehr oder weniger gerade verlaufen, ist eine besondere Einrollung nicht wahrscheinlich. Bei den Teilen ohne Basalsockel verteilen sich die Längsskulpturen fast über die gesamte Röhre. Das größte erhaltene Bruchstück ist 8 mm lang. Der äußere Röhrendurchmesser beträgt bis zu 1 *mm*, mit Berücksichtigung der Längskiele bis zu 1,5 *mm*. Der entsprechende Lumendurchmesser beträgt 0,8 *mm*.

Vergleich: *Serpula fastigiata* EICHWALD unterscheidet sich durch die größere Zahl von Längskielen und hat diese nicht so stark ausgeprägt. Außerdem weist *S. lacera* keine so hervorstechenden Querrunzeln auf.

Serpula crispata REUSS besitzt zwar eine ähnliche Skulptur, die Längslinien sind aber nicht so stark ausgeprägt und auch etwas unterschiedlich angeordnet. Die Tatsache und Art ihrer Aufrollung bietet ebenfalls einen Anhaltspunkt.

Stratigraphie: In Österreich und der Tschechoslowakei nur aus dem Torton bekannt, in Italien aus dem Helvet.

Vorkommen innerhalb Österreichs:
Gainfarn (Torton; selten), St. Stefan im Lavanttal, Bohrung (Torton; selten).

Vorkommen außerhalb Österreichs:
Italien: Colli Torinese (Helvet; selten).
Tschechoslowakei: Kralitz (Torton; mittel), Rudelsdorf (Torton; mittel).

Serpula maeandrica n. sp.

Tafel 6, Fig. 15—19.

Nomenklatur: Benannt nach den mäanderartigen Schlingen der Röhre.

Diagnose: Röhrendurchmesser 0,25 — 0,5 *mm*, Röhrenoberfläche glatt, zur Gänze aufgewachsen in eng nebeneinander liegenden Schlingen.

Typus: Holotypus, Tafel 6, Fig. 15, aufbewahrt in den Sammlungen der Geologisch-Paläontologischen Abteilung des Naturhistorischen Museums Wien.

Beschreibung: Die Röhren erreichen Längen bis zu einigen Zentimetern, ohne jedoch wesentlich im Querschnitt zuzunehmen. Die Schlingen übergreifen sich nur selten, sondern legen sich eng nebeneinander. Bisher nur auf Nummuliten aufgewachsen bekannt.

Vergleich: Die Größenverhältnisse und die eigenartigen mäanderartigen Schlingen unterscheiden von *Serpula gundavaënsis* D'ARCHIAC und *Serpula spirographis* GOLDFUSS.

Stratigraphie: Nur aus dem Eozän bekannt. Stratum typicum: Waschberg-Eozän.
Vorkommen innerhalb Österreichs:
Locus typicus: Waschberg (Eozän; mittel).

Für die Überlassung des Materials danke ich Herrn Dr. K. KÜPPER.

Serpula quinquenodosa W. J. SCHMIDT.
Tafel 6, Fig. 20.

Serpula quinquenodosa W. J. SCHMIDT. W. J. SCHMIDT, 1951 b; p. 81; Abb. 7.
— — — — 1955 a; p. 41.

Diagnose: W. J. SCHMIDT, 1951 b, „Eine Art der Gattung *Serpula* LINNAEUS mit drei Längsreihen von Knoten an der Röhrenoberseite, fast in einer Ebene, und an den beiden Seitenwänden der Röhre je einer weiteren Knotenreihe".

Beschreibung: W. J. SCHMIDT, 1951 b, „Es handelt sich um eine zu einem lockeren Knäuel zusammengerollte Röhre, bei der der Durchmesser der einzelnen Schlingen zirka 4 mm beträgt. Der äußere Röhrendurchmesser erreicht 1 mm. Die Röhrenoberfläche ist porzellanartig glatt und gelblich-weiß gefärbt. Die Höckerreihen sind nicht sehr regelmäßig ausgeprägt, was insbesondere von den seitlichen gilt. Die einzelnen Höcker entstehen durch das Zusammenwirken von Längskielen und Querrunzeln und beherrschen breitausladend die gesamte Röhrenoberfläche. Ein Basalsockel ist mehr oder weniger deutlich ausgebildet."

Vergleich: W. J. SCHMIDT, 1951 b, „Die Art weist große Ähnlichkeit mit *Vermilia quinquesignata* REUSS auf, insbesondere mit der Unterart *V. q. kienbergi* W. J. SCHMIDT. Unterschiedlich ist die lockerknäuelige Aufrollung, die deutliche Auflösung der Längsskulpturen in Knotenreihen, sowie die Anordnung der Längsskulpturen, nämlich zwei deutlich seitliche und drei an der Röhrenoberseite, fast in einer Ebene. Auch die glattere Röhrenoberfläche bei *S. quinquenodosa* gibt einen Hinweis zur Unterscheidung."

Stratigraphie: Nur aus dem Torton bekannt.
Vorkommen innerhalb Österreichs:
Steinabrunn (Torton; selten).

Serpula reussi ROVERETO.
Tafel 6, Fig. 21.

Serpula carinella (non SOWERBY) REUSS. A. E. REUSS, 1860; p. 224; Tafel 3, Fig. 7 a, b.
Serpula reussi ROVERETO. G. ROVERETO, 1903; p. 103.
— — — — 1904 b; p. 19.
— — — W. J. SCHMIDT, 1955 a; p. 41.

Nomenklatur: Da *S. carinella* schon vergeben war, wurde die Art von G. ROVERETO, 1904 b, in *S. reussi* umbenannt.

Diagnose: A. E. REUSS, 1860, „Diese Art kommt mit den zwei früher beschriebenen (Anm. d. Verf.: *Vermilia manicata* [REUSS] und *Vermilia quinquesignata* [REUSS]) im allgemeinen überein. Sie ist ebenfalls spiralförmig eingerollt und mittels eines schmalen ungleichen Saumes angewachsen. Auch hier erhebt sich die Schale in ungleichen Abständen zu wenig hohen, fast senkrechten kreisförmigen Falten — ehemaligen Mundwülsten. Zuweilen folgen zwei derselben beinahe unmittelbar hintereinander. Überdies verlaufen über den Rücken der Röhre der Länge nach drei schmale Leistchen oder vielmehr erhabene Streifen, welche durch die die ganze Röhre bedeckenden ungleichen kreisförmigen Anwachsstreifen schwach gekörnt werden."

Beschreibung: In mehr oder weniger losen Schlingen. Charakteristisch sind die drei Längsrippen, die der Quere nach durchlaufend bogenförmig verbunden sind. Der äußere Röhrendurchmesser beträgt bis zu 2 mm, der entsprechende Lumendurchmesser zirka 1 mm.

Vergleich: Verwechslungen sind möglich mit *Vermilia manicata* (REUSS) und *Vermilia quinquesignata* (REUSS), insbesondere wenn die Skulptur nicht gut erhalten ist. Von *V. quinquesignata* unterscheidet am deutlichsten der kräftige Basalsockel, von *V. manicata* die glattere Ausbildung der Oberfläche.

Stratigraphie: Nur aus dem Torton bekannt.

Vorkommen innerhalb Österreichs:
Gainfarn (Torton; sehr selten).

Vorkommen außerhalb Österreichs:
Rudelsdorf (Torton; selten).

Serpula sexta W. J. SCHMIDT.
Tafel 6, Fig. 22.

Serpula sexta W. J. SCHMIDT. W. J. SCHMIDT, 1951 b; p. 81; Abb. 6.
— — — — 1955a; p. 41.

Diagnose: W. J. SCHMIDT, 1951 b, „Eine Art der Gattung *Serpula* LINNAEUS mit sechs Längskielen, verteilt auf Seiten und Oberteil der Röhre".

Beschreibung: Der äußere Durchmesser der losen, einfach gekrümmten Röhrenbruchstücke beträgt nicht ganz 2 *mm*, ihre Länge bis zu 7 *mm*. An den konkaven Seiten der Röhre zeigt sich häufig eine Einbuchtung, die offenbar von einem anderen Röhrenteil herrührt. Basalsockel sind nicht sehr deutlich entwickelt. Querrunzeln treten in jeweils unregelmäßigen Abständen auf. Die Röhrenoberfläche ist, abgesehen von den schon erwähnten Skulpturelementen glatt.

Vergleich: *Vermilia quinquesignata* (REUSS) und *Serpula quinquenodosa* W. J. SCHMIDT sind durch die Zahl der Längsskulpturen eindeutig unterschieden.

Systematik: Diese Art fügt sich in die Diagnose von A. QUATREFAGES, 1855, für *Serpula compressa* QUATREFAGES ein, die jedoch einer Bestimmung allzu großen Spielraum läßt, weshalb sie von allen späteren Autoren aufgeteilt wurde. Die Diagnose von QUATREFAGES lautet „Tubus teres, carinis tenuibus 4—6 serratis, ore integor", ergänzt im Text „Le tube est arrondi et porte 4 à 6 crêtes três-minces, irrégulerement dentelées, qui nê dépassent pas les bords du tube l'orifice est entier circulaire".

Stratigraphie: Nur aus dem Torton bekannt.

Vorkommen innerhalb Österreichs:
Gainfarn (Torton; selten), Grinzing (Torton; ?), Steinabrunn (Torton; sehr selten).

Serpula spirographis GOLDFUSS.
Tafel 6, Fig. 23, 24.

Serpula spirographis GOLDFUSS. A. GOLDFUSS, 1833; p. 239; Tafel 70, Fig. 17.
— — — J. C. CHENU, 1842; Tafel 8, Fig. 17.
— — — O. A. L. MØRCH, 1863; p. 458.
— — — W. J. SCHMIDT, 1955a; p. 42.

Diagnose: A. GOLDFUSS, 1833, „Serpula testa laevi, postice in spiram discoideam covoluta, antice elongata copitata".

Beschreibung: Glatte Röhren, Durchmesser 0,5—1 *mm*, zur Gänze aufgewachsen, Anfangsteile in einer mehr oder weniger regelmäßigen Spirale eingerollt (zwei bis drei Umgänge), anschließend gerade oder nur schwach und unregelmäßig gekrümmt. Gesamtdurchmesser der anfänglichen Spirale 2—4 *mm*, der geraden Teile bis zu 10 *mm*. Bei erhaltener Mündung zeigt sich, daß die Röhre dort zu einem Knöpfchen verdickt ist.

Vergleich: Durch die spiraligen Anfangsteile und durch die Größenverhältnisse von *Serpula gundavaënsis* D'ARCHIAC und *Serpula maeandrica* W. J. SCHMIDT unterschieden.

Die lockere Aufrollung und die gänzliche Aufwachsung machen eine Zuordnung zu der Gattung *Rotularia* DEFRANCE nicht wahrscheinlich.

Stratigraphie: Cenoman bis Unteres Eozän.

Vorkommen innerhalb Österreichs:

Sonnberg bei Guttaring (Oberes Untereozän; selten).

Vorkommen außerhalb Österreichs:

Deutschland: Essen (Cenoman; mittel).

Serpula subpacta ROVERETO.
Tafel 7, Fig. 1—3.

Serpula corrugata (non LINK) GOLDFUSS. A. GOLDFUSS, 1831; p. 241; Tafel 71, Fig. 12 a—d.
— — — — J. C. CHENU, 1842; Tafel 8, Fig. 1.
— — — — A. D'ARCHIAC, 1850 a; p. 254.
— — — — O. SPEYER, 1862; p. 333.
— — — — O. A. L. MØRCH, 1863; p. 449.
— — — — V. HILBER, 1878; p. 552, 567.
Serpula subpacta ROVERETO. G. ROVERETO, 1903; p. 103.
— — — — 1904 b; p. 21.
Serpula corrugata (non LINK) GOLDFUSS. R. FABIANI, 1915; p. 233.
Serpula subpacta ROVERETO. W. J. SCHMIDT, 1955 a; p. 43.

Nomenklatur: Da *S. corrugata* schon vergeben war, benannte G. ROVERETO, 1904 b, die Art um in *S. subpacta*.

Diagnose: A. GOLDFUSS, 1831, „Serpula testa subtereti rugosa subcarinata elongata serpentina vel in spira convoluta, carina obsoleta nodulosa, rugis lateralibus confertis".

Beschreibung: Die Röhre ist meist zur Gänze mit unregelmäßigen Schlingen aufgewachsen, oft auch in sich selbst verknäuelt, mitunter ziemlich regelmäßig spiralig, sehr selten hebt sich das vordere Ende etwas in die Höhe. GOLDFUSS erwähnt für diesen Fall, daß sich in der Mitte der Unterseite der Röhre eine schwache Furche zeigt. Ein Basalsockel ist nur gering ausgebildet und ohne Zellenbau. Mitunter liegt jedoch die ganze Röhre etwas breitgequetscht auf der Unterlage. Der äußere Röhrendurchmesser beträgt bis zu 3 *mm*. Die Röhren erreichen eine Länge bis zu mehreren Zentimetern. Die sichtbaren Röhrenteile weisen dicht stehende Querrunzeln auf, die an der Oberseite durch einen knotigen Längskiel geteilt werden. Die Querrunzeln sind nach vorne leicht konkav gekrümmt. Dadurch, sowie durch den teilenden Längskiel gewinnt die Röhrenoberfläche das Aussehen von gescheiteltem Haar.

Vergleich: Durch den charakteristischen Längskiel kann man die Art von *Serpula subcorrugata* OPPENHEIM unterscheiden.

Serpula discohelix SEGUENZA unterscheidet sich durch die fehlenden deutlicheren Skulpturelemente der Röhrenoberfläche.

Serpula anfracta GOLDFUSS, die eine ähnliche Form der Aufrollung zeigt, ist auszuscheiden, da es sich bei dem von A. GOLDFUSS, 1831 (p. 242), beschriebenen Exemplar um einen Steinkern handelt, ohne spezifische Merkmale.

Stratigraphie: Gesichert nur aus dem Torton bekannt.

Vorkommen innerhalb Österreichs:

Ehrenhausen (Torton; selten), Gainfarn (Torton; häufig), Gamlitz (Torton; selten), Grinzing (Torton; mittel), Nußdorf (Torton; häufig), St. Margareten (Torton; mittel), Wildon (Torton; mittel).

Vorkommen außerhalb Österreichs:

Deutschland: Astrupp bei Osnabrück (Tertiär; mittel).

Tschechoslowakei: Feldsberg (Torton; selten).

Serpula traversa W. J. SCHMIDT.
Tafel 7, Fig. 4.

Serpula traversa W. J. SCHMIDT. W. J. SCHMIDT, 1950; p. 160; Abb. 2.
— — — — 1955 a; p. 41.

Diagnose: W. J. SCHMIDT, 1950, „Runde Röhre, schlingenartig gekrümmt, Durchmesser 0,8 *mm*, aufgerollte Länge, soweit erhalten, 10 *mm*. An der Oberseite einseitig abgeflachte Querhöcker, unregelmäßig, die sich an den Seitenwänden verlieren."

Beschreibung: Die Oberfläche der Röhren erscheint geglättet. Ein Basalsockel ist vorhanden. Durch ihn sowie durch die nur an der Oberseite deutlich sichtbaren Querhöcker gewinnt die Röhre stellenweise ein etwas dreieckig-ovales Aussehen. Die Querhöcker sind nach einer Seite abgeflacht. Dies erinnert entfernt an ineinandergeschobene Papierdüten.

Vergleich: Eine Verwechslung wäre möglich mit einem Steinkern einer Wurmröhre, die Querhöcker sind jedoch ein einwandfreies Unterscheidungsmerkmal.

Stratigraphie: Nur aus dem Torton bekannt.

Vorkommen innerhalb Österreichs:
Baden (Torton; sehr selten), Grinzing (Torton; selten).

Serpula trinodosa W. J. SCHMIDT.
Tafel 7, Fig. 5.

Serpula trinodosa W. J. SCHMIDT. W. J. SCHMIDT, 1950; p. 159; Abb. 1.
— — — — 1955 a; p. 41.

Diagnose: W. J. SCHMIDT, 1950, „Runde Röhre, schlingenartig gekrümmt, Durchmesser 0,7 *mm*, aufgerollte Länge, soweit erhalten, 5 *mm*. An der Oberseite der Röhre drei Längsreihen von Knoten. Zwischen ihnen und an den Seitenwänden leicht gekrümmte Querrunzeln."

Beschreibung: Die Querrunzeln sind nach rückwärts gekrümmt und mitunter gespalten. Ein Basalsockel ist in geringem Ausmaß vorhanden. Die Oberfläche erscheint glatt. Die einzelnen Knoten sind in ihrer Größe sehr unterschiedlich. Die Anordnung in drei Längsreihen wird nicht immer streng eingehalten und stellenweise kann sogar eine der drei Reihen fast völlig verschwinden.

Vergleich: *Serpula granosa* REUSS ist durch ihren dreieckigen Querschnitt verschieden, außerdem ist die Anordnung der Knotenreihen etwas abweichend.

Serpula crispata REUSS unterscheidet sich durch die Anzahl der Knotenreihen, durch die nicht so selbständig ausgebildeten einzelnen Knoten und durch die unterschiedlichen Größenverhältnisse.

Stratigraphie: Nur aus dem Torton bekannt.

Vorkommen innerhalb Österreichs:
Brunn an der Schneebergbahn (Torton; selten), Niederleis (Torton; selten).

Gattung: *Vermilia* LAMARCK.

Diagnose: J. B. P. A. LAMARCK, 1818, „Tubus testaceus, cylindraceus, postice sensim attenuatus, plus minusve contortus, repens, corporibus marinis latere affixus. Apertura rotunda; margine dento unico vel dentibus duobus tribusve saepè armato".

J. SOWERBY, 1829, „Shell variously curved, attached by its side; one or more teeth occur upon the edge of the aperture".

Beschreibung und Vergleich: In modernen zoologischen Arbeiten wird diese Gattung vielfach gänzlich aufgeteilt zwischen den Gattungen *Serpula* LINNAEUS und *Vermiliopsis* SAINT-JOSEPH. In der vorliegenden Arbeit wird wohl die Abtrennung der Gattung *Vermiliopsis* SAINT-JOSEPH durchgeführt, deren charakteristische Röhrenform (wie ineinandergesteckte Düten) in den meisten Fällen wohl auch bei fossilem Material eine deutliche Trennung rechtfertigt. Hingegen erscheint es bei fossilem Material auch nach wie vor gerechtfertigt, die übrigen Angehörigen der Gattung *Vermilia*, die die charakteristische Röhrenform von *Vermiliopsis* SAINT-JOSEPH nicht aufweisen, als gemeinsame Gruppe von der „Sammelgattung" *Serpula* zu trennen und sie weiterhin als selbständige Gattung *Vermilia* LAMARCK zu führen, auch wenn mitunter dadurch Schwierigkeiten in der Unterscheidung gegenüber *Serpula* LINNAEUS und vielleicht auch gegenüber *Omphalopomopsis* SAINT-JOSEPH eintreten sollten.

Die charakteristische Kammausbildung dürfte jedoch in den meisten Fällen eine ausreichende Handhabe bieten.

Vermilia manicata (REUSS).
Tafel 7, Fig. 6, 7.

Serpula manicata REUSS. A. E. REUSS, 1860; p. 223; Tafel 3, Fig. 5.
Bivoniopsis sulcolimax depressa SACCO. F. SACCO, 1896; p. 15; Tafel 2, Fig. 12 (fide G. ROVERETO, 1904 b).
Vermilia manicata (REUSS). G. ROVERETO, 1898; p. 70.
— — — — 1904 b; p. 33.
— — — W. J. SCHMIDT, 1955 a; p. 41.
— — — — 1955 b; p. 177.

Diagnose: A. E. REUSS, 1860, „Zuerst bildet die Röhre 2—2½ aufgewachsene spirale Umgänge und streckt sich dann in gerader Richtung aus. Das nicht aufgewachsene Ende ist etwas schräg auswärts gerichtet. An der Basis ist die Röhre beiderseits in einen flachen, scharfrandigen Saum ausgebreitet, durch welchen die Anheftungsfläche vergrößert wird. Das Lumen der Röhre ist überall kreisrund. Auf der oberen Fläche, die von dem Saume aus desto steiler ansteigt, je weiter die Röhre in ihrem Wachstum vorschreitet, erheben sich in ungleichen Abständen — bald sehr nahe stehend, bald wieder weiter voneinander entfernt, bis 0,5''' hohe, scharfe, beinahe senkrechte, manchettenförmige, lamelläre Querfalten, von denen ich eben den Namen der Spezies herleite. Die Schalenfläche ist von gedrängten, rundlichen, scharf hervortretenden Körnchen bedeckt, die oft mit den seitlich benachbarten zusammenfließen und überhaupt in unregelmäßige, gekrümmte und oftmals sich gabelförmig spaltende Querreihen geordnet sind. Diese reihenförmige Anordnung tritt besonders deutlich an den Seiten der Röhre und an dem flachen Basalsaum hervor, ja die Körner fließen dort oftmals teilweise zusammen, während die Reihen auf der Wölbung der Röhre, wo die Körner am schärfsten voneinander getrennt und am meisten entwickelt sind, weniger deutlich erscheinen."

Beschreibung: Beim ersten Umgang ist charakteristisch, daß dieser in der Mitte eine Öffnung freiläßt. Die Querschnittszunahme ist bei den Röhren deutlich, allerdings, wie meist, nur in den anfänglichen Teilen. Äußerer Durchmesser, zur Vermeidung von Unklarheiten wegen des Basalsockels der Höhe nach, 1,5 *mm*, nach 1½ Umgängen zirka 2,5 *mm*. Der äußere Durchmesser der mehr oder weniger geraden Röhrenteile steigt bis zu 4 *mm*, die Wandstärke bis zu 0,5 *mm*. Die aufgerollten Röhrenteile erreichen einen Gesamtdurchmesser bis zu 13 *mm*. Mehr oder weniger gerade Röhrenteile bis zu einer Länge von 15 *mm*.

Vergleich: *Vermilia praestigiosa* ROVERETO ist durch den schwächer ausgebildeten Basalsockel sowie durch die Art der Aufrollung (keine Öffnung) unterschieden.

Zusammen mit Röhrenbruchstücken von *Vermilia manicata* REUSS wurden äußerlich ähnliche Bruchstücke gefunden, die in ihrem Inneren radiäre Leisten besitzen. Eine Bestimmung dieser Funde war bisher nicht möglich. Jedenfalls sind sie durch ihre Innenleisten einwandfrei abzutrennen.

Systematik: Die regelmäßige Einrollung macht es notwendig, eine Zugehörigkeit zur Gattung *Rotularia* DEFRANCE in Betracht zu ziehen. Allerdings sprechen die Anfangsstadien der Röhre, die gänzliche Aufwachsung mit breitem äußerem Basale und der große, im Inneren der Scheibe freigelassene Raum wieder gegen eine solche Zuordnung. Auch die Altersstellung (Torton) wäre für *Rotularia* (mit sicheren Vertretern nahezu beschränkt auf Eozän) ganz ungewöhnlich. Ich habe daher diese nicht sehr häufige Art bei der Gattung *Vermilia* belassen.

Stratigraphie: Nur aus dem Torton bekannt.

Vorkommen innerhalb Österreichs:
Grinzing (Torton; sehr selten), Neudorf an der March (Torton; sehr selten).

Vorkommen außerhalb Österreichs:
Italien: Sant' Agata (Torton; mittel), Stazzano (Torton; mittel).
Tschechoslowakei: Rudolfsdorf (Torton; mittel).

Vermilia praestigiosa ROVERETO.
Tafel 7, Fig. 8.

Serpula placentula (non BEAN) REUSS. A. E. REUSS, 1860; p. 226; Tafel 3, Fig. 11.
— — — — F. TOULA, 1893; p. 289.
Vermilia placentula (non BEAN) REUSS. G. ROVERETO, 1898; p. 70.
Vermilia praestigiosa ROVERETO. G. ROVERETO, 1903; p. 103.
— — — — 1904 b; p. 33.
— — — W. J. SCHMIDT, 1955 a; p. 41.
— — — — 1955 b; p. 177.

Nomenklatur: Da *S. placentula* schon vergeben war (objektive Homonymie), benannte G. ROVERETO, 1904 b, die Art *V. praestigiosa*.

Diagnose: A. E. REUSS, 1860, „Bildet eine aufgewachsene, kreisrunde, flach niedergedrückte, am Rande ziemlich scharfwinkelige spirale Scheibe, deren einzelne Umgänge äußerlich schwer zu unterscheiden sind, indem sich jeder jüngere — äußere — mit einem dünnen Saume über den größten Teil des nächst inneren älteren Umganges hinüberlegt und damit verwachsen ist. Über die Oberfläche laufen sehr schmale und niedrige erhabene Längsstreifen, deren drei mittlere einander mehr genähert sind. Sie werden von sehr feinen queren Anwachsstreifen durchkreuzt. An manchen Exemplaren erheben sich einzelne derselben zu etwas höheren leistenartig vortretenden Falten."

Beschreibung: Gesamtdurchmesser der Röhrenscheibe bis zu 10 *mm*, Durchmesser des Lumens bis zu 1 *mm*.

Vergleich: Von *Spirorbis* DAUDIN unterscheiden die Größenverhältnisse.

Von eingerollten Teilen von *Vermilia manicata* (REUSS) unterscheidet der nicht so auffallende Basalsockel sowie die Art der Aufrollung; bei *V. manicata* läßt der erste Umgang eine zentrale Öffnung frei.

Systematik: Die regelmäßige Einrollung macht es notwendig, eine Zugehörigkeit zur Gattung *Rotularia* DEFRANCE in Betracht zu ziehen. Dagegen sprechen allerdings die anders entwickelten Anfangsteile der Röhre, die gänzliche Aufwachsung und das weite Übergreifen der einzelnen Windungen. Auch die Altersstellung (Torton) wäre für *Rotularia* (mit sicheren Vertretern nahezu beschränkt auf Eozän) sehr ungewöhnlich. Ich habe daher diese ziemlich seltene Art bei der Gattung *Vermilia* belassen.

Stratigraphie: Nur aus dem Torton bekannt.

Vorkommen innerhalb Österreichs:
Neudorf an der March (Torton, selten).

Vorkommen außerhalb Österreichs:
Tschechoslowakei: Kralitz (Torton; mittel), Rudelsdorf (Torton; mittel).

Vermilia quinquesignata (REUSS).
Tafel 7, Fig. 9, 10.

Serpula quinquesignata REUSS. A. E. REUSS, 1860; p. 224; Tafel 3, Fig. 6 a, b.
Serpula infundibulum (non LAMARCK) COPPI. F. COPPI, 1880; p. 225 (fide G. ROVERETO, 1904 b).
Vermilia infundibulum (non LAMARCK) SEGUENZA. G. SEGUENZA, 1880; p. 294, 367.
Vermilia calyptrata (non GRUBE) SEGUENZA. G. SEGUENZA, 1880; p. 196, 294 (fide G. ROVERETO, 1904 b).
Vermilia quinquesignata (REUSS). G. ROVERETO, 1898; p. 70; Tafel 6, Fig. 17 17a, b.
— — — — 1904 b; p. 34.
— — — L. DONCIEUX, 1926; p. 23; Tafel 2, Fig. 38, Tafel 3, Fig. 1—4.
— — — W. J. SCHMIDT, 1955 a; p. 43.

Diagnose: A. E. REUSS, 1860, „Sie stimmt mit der vorigen Species (Anm. d. Verf.: *Vermilia manicata* [REUSS]) in der Form überein; nur scheint sie stets etwas kleiner zu sein. Auch sie ist im Anfange spiral eingerollt und streckt sich erst gegen das Ende hin aus. Sie ist ferner ebenfalls vermöge eines wiewohl schmäleren Basalsaumes aufgewachsen. Die Schale erhebt sich auch in unbestimmten Abständen zu senkrechten aber niedrigen, nicht so deutlich blattartigen Querfalten, die in dem spiralförmigen Teile der Schale nur schwach, im Endteile aber stärker hervortreten. Auf dem Schalenrücken beobachtet man im Anfange drei erhabene Längslinien, zwischen welche zwei schwächere eingeschoben sind. Gegen das Ende hin werden dieselben sämtlich gleich groß und verwandeln sich in starke Längsstreifen. Außerdem zeigt die Schale ungleiche feine quere Anwachsstreifen, die gewöhnlich an dem Basalsaume und den zunächst darüberliegenden Schalenteilen am deutlichsten hervortreten. Zwischen den Längsstreifen werden sie nur hin und wieder, aber als entfernte, viel dickere Querstreifen sichtbar."

Beschreibung: Der äußere Röhrendurchmesser beträgt bis zu 3 *mm*, bei einem Durchmesser des Lumens von 1 *mm*. Der Gesamtdurchmesser des eingerollten Teiles beträgt bis zu 8 *mm*. Oft ist die Einrollung etwas oval verzogen. Die größte beobachtete Länge der mehr oder weniger geraden Röhrenteile beträgt bis zu 15 *mm*. Die Teile zwischen den Längsstreifen haben ein eigenartig „löcheriges" Aussehen, hervorgerufen durch häufige Querverbindungen jeweils zweier Längsstreifen (besonders gut sichtbar bei beschädigter Oberfläche). Auch die Seitenwände weisen eine ähnliche Oberflächenbeschaffenheit auf, allerdings nicht so stark.

Vergleich: Die „löcherige" Oberflächenbeschaffenheit, die fünf Längsstreifen sowie die starken Querwülste lassen eine Verwechslung nicht befürchten.

Stratigraphie: Vom Unteren Lutet bis Pliozän bekannt.

Vorkommen innerhalb Österreichs:
Hollingsteinerberg bei Hollabrunn (Torton; selten).

Vorkommen außerhalb Österreichs:
Frankreich: Fabrezan (Unteres Lutet; selten).
Italien: Colli Torinese (Helvet; selten); Modenese (Miozän und Pliozän; selten); Gravina (Pliozän; selten).
Tschechoslowakei: Rudelsdorf (Torton; mittel).

Vermilia quinquesignata kienbergi W. J. SCHMIDT.
Tafel 7, Fig. 11.

Vermilia quinquesignata kienbergi W. J. SCHMIDT. W. J. SCHMIDT, 1951 b; p. 82; Abb. 8.
— — — — — 1955 a; p. 41.

Diagnose: W. J. SCHMIDT, 1951 b; „Eine Unterart von *Vermilia quinquesignata* (REUSS) mit zurücktretenden Querskulpturen an den Röhren. Die Anfangsteile der Röhre sind nicht regelmäßig aufgerollt, sondern bilden einige ungleich große Schlingen. Der größte äußere Röhrendurchmesser beträgt 0,8 *mm*, der entsprechende Lumendurchmesser 0,4 *mm*."

Beschreibung: Die Gesamtanordnung der anfänglichen Schlingen ist etwas oval. Ihr Durchmesser beträgt zirka 3 *mm*. Soweit erkennbar, handelt es sich um maximal drei Schlingen, bevor der mehr oder weniger gerade Röhrenteil beginnt. Das größte vorhandene mehr oder weniger gerade Röhrenbruchstück ist 8 *mm* lang. Sämtliche Bruchstücke sind fast rein weiß und besitzen ein kreidiges Aussehen.

Vergleich: Die zurücktretenden Querskulpturen sowie der wesentliche Größenunterschied geben die Unterscheidungsmöglichkeiten gegenüber der Art.

Stratigraphie: Nur aus dem Torton bekannt.

Vorkommen innerhalb Österreichs:
Enzesfeld (Torton; mittel), Kienberg (Torton; selten).

Gattung: *Vermiliopsis* SAINT-JOSEPH.
(*Paravermilia* BUSH, *Metavermilia* BUSH.)

Diagnose: P. FAUVEL, 1927, „Tube blanc, avec ou sans carénés".

Beschreibung: Die Röhren sind normalerweise bei einer deutlichen Querschnittszunahme aus einzelnen kurzen Teilstücken aufgebaut, die wie Düten ineinandergeschoben erscheinen.

Vergleich: Verwechslungen sind bei der charakteristischen Röhrenform nicht zu erwarten. Ist diese charakteristische Röhrenform nicht vorhanden (wie bei manchen rezenten Arten), wird bei fossilem Material wohl eine Zuordnung zu der Gattung *Vermilia* LAMARCK vorgenommen werden müssen.

Vermiliopsis elegantula (ROVERETO).
Tafel 7, Fig. 12.

Serpula elegantula ROVERETO. G. ROVERETO, 1895 a; p. 155; Tafel 9, Fig. 14.
— — — — 1898; p. 61.
Serpula (Vermilia?) elegantula (ROVERETO). G. ROVERETO, 1904 b; p. 33.
Vermiliopsis elegantula (ROVERETO). W. J. SCHMIDT, 1955 a; p. 42, 43.

Diagnose: G. ROVERETO, 1895 a, „Orificio boccale imbutiforme; costole salienti a margine intero trasversali, minute costolature longitudinale a margine crenulato; larghezza alla bocca *mm*. 3, lunghezza totale *mm*. 15".

Beschreibung: Da kein vollständiges Exemplar zur Untersuchung vorlag, muß sich die Beschreibung vorwiegend auf die Abbildung von G. ROVERETO, 1895 a (Tafel 9, Fig. 14), stützen. Die Ränder der einzelnen ineinandergeschobenen Düten sind nicht besonders abstehend. Rund um die Röhre ist eine größere Zahl von Längskerben angeordnet, allerdings nicht sehr ausgeprägt. Die dazwischenliegenden erhöhten Röhrenteile erscheinen uneben. Die Querschnittszunahme ist bedeutend und geht innerhalb der vorhandenen 14 *mm* Länge von 1 auf 3 *mm*. Eine Krümmung der Röhre macht sich nur in ihren ersten Anfängen bemerkbar und erreicht nicht einmal das Ausmaß einer vollen Windung.

Vergleich: *Vermiliopsis infundibulum* (PHILIPPI) unterscheidet sich dadurch, daß sie größer ist, auch fehlen die Längskerben und schließlich stehen die Vorderteile der einzelnen Düten weiter von der Röhre ab.

Stratigraphie: Aus Helvet und Torton bekannt.

Vorkommen innerhalb Österreichs:
Kienberg (Torton; ?).

Vorkommen außerhalb Österreichs:
Italien: Colli Torinesi (Helvet; selten).
Ungarn: Lapugy (Torton; sehr selten).

Unterfamilie: *Spirorbinae* CHAMBERLIN.

Diagnose: P. FAUVEL, 1927, „Tube enroulé en spirale dextre ou sénestre".

Beschreibung: Die Richtung der Aufrollung wird in der Weise bestimmt, daß die Schale waagrecht, mit ihrer Mündung zum Betrachter aufgelegt wird u. zw. natürliche untere Seite (Anwachsseite) unten. Schaut die Mündung nach links, spricht man von linksgewunden, schaut sie nach rechts, von rechtsgewunden.

Diese Art der Aufstellung und Bezeichnung entspricht der Handhabung von rezentem Material allgemein in den großen zusammenfassenden Werken. Eine deutliche Klarstellung erscheint jedoch notwendig, da mitunter auch als Kriterium für Ober- und Unterseite die konkave oder konvexe Ausbildung einer Seite angesehen wurde, was völlig willkürliche Ergebnisse gibt oder auch die Wachstumsrichtung in Hinsicht auf den Uhrzeigersinn als Bezeichnung verwendet wurde, was unter Umständen bei richtiger Aufstellung zu einer umgekehrten Bezeichnung wie oben führt.

Die Bedeutung der Einrollungsrichtung wird dadurch stark eingeschränkt, daß man auch innerhalb der gleichen Art nur von einer „vorherrschenden" Einrollungsrichtung sprechen kann, denn es erwies sich bisher noch immer, daß mindestens 5% der untersuchten Exemplare einer Art, meist viel mehr, eine von der allgemeinen abweichende Einrollungsrichtung besitzen.

Inwieweit die Aufteilung in Untergattungen, die zu einem großen Teil auf dem Kriterium der Einrollungsrichtung basiert, bei dieser Sachlage aufrechterhalten bleiben kann, muß von den speziellen Bearbeitern rezenten Materials entschieden werden.

Die Spirale ist meist mehr oder weniger eben, mitunter (meist nach oben) etwas konvex bis trochoid.

Aberrante Formen können ihre Umgänge etwas auflockern und auch korkzieherartig in die Höhe wachsen, z. B. *Spirorbis aberrans* HOHENSTEIN (Mittlerer Muschelkalk) oder mitunter *Spirorbis (Dexiospira) heliciformis* EICHWALD (Torton).

Um einen mehr oder weniger großen echten Nabel finden sich zwei bis fünf, vorherrschend drei Umgänge.

Die Unterseite, mehr oder weniger abgeplattet, häufig den Formen der Unterlage angepaßt (stark konkav bei einer stengelförmigen Unterlage), ist ganz oder teilweise aufgewachsen.

Die Ober- und Außenseite weist mitunter verschiedene Skulpturen auf.

Sämtliche *Spirorbinae* sind nach P. FAUVEL, 1927, Hermaphroditen (muß offen bleiben für *Rotularia* DEFRANCE), nach G. GÖTZ, 1931, sind sie sowohl auf Algen, Tierschalen usw. aufgewachsen, als auch auf Gestein.

Das letzte Stück der Röhre kann etwas abstehen, oft auch in die Höhe. Die natürliche Röhrenmündung schaut fast immer nach oben.

Bei lose aufgefundenen Exemplaren ist die Unterseite meist nicht mehr erhalten.

Vergleich: Die regelmäßige Einrollung kennzeichnet diese Unterfamilie, wenngleich vereinzelt ähnliche Formen auch bei *Serpulinae (Vermilia)* vorkommen. Es ergeben sich aber dann immer andere eindeutige Unterscheidungskriterien.

Gattung: *Rotularia* DEFRANCE.
(*Spirulaea* [non PÉRON] BRONN, *Tubulostium* STOLICKA.)

Nomenklatur: Mehrere Autoren (O. A. L. MØRCH, 1863; G. ROVERETO, 1904 b; M. COSSMANN, 1912 b) weisen darauf hin, daß die Bezeichnung *Rotularia* bereits 1822 von J. V. F. LAMOUROUX für eine Coelenteratengattung verwendet wurde und daher hier ungültig sei. Keiner dieser Autoren macht nähere Angaben.

Ausführliche Nachforschungen von R. RUTSCH, 1939 a, A. WRIGLEY, 1951, und W. J. SCHMIDT, 1955 b, erbrachten keinerlei Hinweis auf die tatsächliche Existenz einer *Rotularia* LAMOUROUX 1822. Da auch in den Publikationen von LAMOUROUX aus anderen Jahren kein Hinweis auf eine Gattung *Rotularia* vorhanden ist, muß angenommen werden, daß es sich bei den Angaben der älteren Autoren um ein Mißverständnis handelt, möglicherweise um eine Verwechslung mit der Gattung *Rotula*, die in den Publikationen von LAMOUROUX öfters aufscheint.

Diagnose: F. DEFRANCE, 1827, „En général, ces corps sont régulièrement tournés sur euxmêmes comme les ammonites; dans quelques espèces le dernier tour enveloppe tous les précédens et dans d'autres la coquille se termine par un tuyanu droit".

F. STOLICZKA, 1868, „Testa libera solida sublevigata, planorboidea seu late conica, saepissime sinistrorse-, rare dextrorse-torta; anfractibus interne tubulosis externe callositate junctis, in superficie rotundatis seu carinatis; apertura valde atque abrupte contracta, tubulosa, rostriforme prolongate".

Beschreibung: Die Anfangsteile der Röhre sind sehr klein und zart, nur schwach und unregelmäßig gebogen. Sie sind zur Gänze aufgewachsen.

In einem nächsten Stadium legen sie sich in regelmäßigen Windungen, zwei bis vier, meist drei, übereinander, in der Mitte eine kleine Öffnung freilassend, dann erst legen sich seitlich die regelmäßigen und großen Windungen (zwei bis fünf, meist drei) herum, die die auffälligen, meist flachen, mitunter auch etwas konischen Scheiben bilden. Der letzte Teil der Röhre steht mehr oder weniger gerade ab.

Der Gesamtdurchmesser der Scheiben schwankt von einigen Millimetern bis zu einigen Zentimetern. Der abstehende Röhrenteil kann einige Zentimeter lang werden, bleibt jedoch meist unter 1 *cm*.

Vergleich: Von den übrigen *Spirorbinae* durch die Größenverhältnisse eindeutig unterschieden. Weiters dadurch, daß sie nur mit den juvenilen (zentralen) Röhrenteilen aufgewachsen sind.

Von *Vermetidae* durch den Schalenaufbau (zwei Schichten, mit der überaus charakteristischen äußeren Parabelschicht) eindeutig unterschieden, abgesehen von dem offenen Röhrenbeginn und den zur Gänze aufgewachsenen ersten Röhrenteilen. Eine spezielle Darstellung dieser Verhältnisse findet sich bei W. J. SCHMIDT, 1955 b.

Systematik: Die im vorhergehenden Abschnitt gebrachten Angaben berechtigten zur Aufstellung einer eigenen Gattung innerhalb der *Spirorbinae*, wobei jedoch letztere Zuweisung solange provisorisch bleiben muß, bis es gelingt, weitere systematische Kriterien zu finden.

Die erfolgten Zuteilungen einzelner Arten zu *Serpula* LINNAEUS durch J. B. P. A. LAMARCK, 1818, zu *Serpulites* SCHLOTHEIM durch E. F. SCHLOTHEIM, 1820, zu *Vermicularia* (non LAMARCK) SOWERBY durch G. A. MANTELL, 1822, zu *Spirorbis* DAUDIN durch J. C. CHENU, 1842, zu *Vermetus* ADANSON durch J. SOWERBY, 1828, zu *Mørchia* (non ADAMS) MAYER von K. MAYER-EYMAR, 1860, zu *Burtinella* MØRCH durch O. A. L. MØRCH, 1861, und Folgeautoren sind demnach nicht gerechtfertigt.

Die Unterscheidung einzelner Arten dieser Gattung ist mitunter sehr schwierig.

Rotularia clymenioides (GUPPY).
Tafel 8, Fig. 7—11.

Spirorbis clymenioides GUPPY. R. J. L. GUPPY, 1866; p. 572, 584; Tafel 26, Fig. 10.
— — — — 1867; p. 166 (fide R. RUTSCH, 1939 a).
— — — — 1874; p. 444.
Spirorbis (Rotularia) clymenioides (GUPPY). R. J. L. GUPPY, 1892; p. 523.
Spirorbis clymenioides GUPPY. H. DOUVILLE, 1898; p. 600.
— — — P. OPPENHEIM, 1901 a; p. 333.
— — — G. ROVERETO, 1904 b; p. 65.
Serpula clymenioides (GUPPY). C. J. MAURY, 1925; p. 160.
Serpula (Rotularia) clymenoides (non GUPPY) HARRIS & WARING. G. D. HARRIS & G. A. WARING, 1926; p. 104, 106; Tafel 18, Fig. 8, 9 (fide R. RUTSCH, 1939 a).

Serpula clymenioides (GUPPY). R. A. LIDDLE, 1928; p. 456.
— — — G. H. J. MOLENGRAAFF, 1929; p. 26;- Tafel 23.
Serpula cf. clymenoides (non GUPPY) WEISBORD. N. E. WEISBORD, 1934; p. 173.
Serpula clymenioides (GUPPY). C. SCHUCHERT, 1935; p. 701.
Tubulostium leptostoma clymenioides (GUPPY). R. RUTSCH in H. G. KUGLER, 1938; p. 220.
— — — — R. RUTSCH, 1939 a; p. 234; Tafel 12, Fig. 1—5.
— — — — — 1939 b; p. 517.
Rotularia clymenioides (GUPPY). W. J. SCHMIDT, 1955 a; p. 40.
— — — — 1955 b; p. 176.

Nomenklatur: Der Wechsel in der Schreibweise zwischen „*clymenioides*" und „*clymenoides*" dürfte wohl nur auf Unachtsamkeit zurückgehen.

Diagnose: R. J. L. GUPPY, 1866, „Tube coiled, discoidal, compressed, whorls usually three to four, flattened or even fused together, with sinuo-radiate lines of growth; periphery carinate; aperture constricted, circular; nucleus with an obsolete aperture nearly as large as the terminal one".

Beschreibung: R. RUTSCH, 1939 a, „Gehäuse planospiral, flach bis leicht aequiconcav, planorbisähnlich. Anfangswindungen zunächst trochoid-kegelförmig gewunden, wobei dieser äußerst kleine Kegel über die späteren planospiral aufgerollten Windungen kaum oder nicht vorragt. Der Nabel dieser kegelförmigen Anfangswindungen ist häufig als kleine Öffnung in der Mitte des Gehäuses sichtbar. Ende des Gehäuses in der Regel abgebrochen, wenn erhalten frei abstehend, mit runzelig-höckeriger Oberfläche, verengert. Mündung kreisrund.

Außenkiel nur ausnahmsweise scharf, (Anm. d. Verf.: Röhre) in der Regel gerundet bis fast rechteckig.

Bei den meisten Exemplaren ist beidseitig auf der Wand der Umgänge eine deutliche Furche ausgebildet, die der Nahtlinie, d. h. der Linie entspricht, auf welcher beim Weiterwachsen der neue Umgang den vorangehenden berühren würde. Diese Furche kann jedoch fehlen oder doch sehr undeutlich werden.

Sehr häufig sind kräftige, in dieser Spiralfurche geknickte und daher ein breites V bildende Anwachsrunzeln vorhanden.

Die größten Individuen erreichen einen Durchmesser von zirka 22 *mm* bei einer Dicke von zirka 3—4 *mm*, meist sind sie jedoch kleiner."

RUTSCH betont zwar in der Beschreibung die trochoid-kegelförmige Aufrollung der juvenilen Röhrenteile, in den beigegebenen Abbildungen ist dies jedoch nicht so deutlich. Vor allem ist auch ein ziemlich abrupter Größenübergang von den juvenilen Röhrenteilen zu den äußeren zu beobachten.

Vorwiegend linksgewunden.

Vergleich: Gegenüber *R. leptostoma* ist die unterschiedliche Ausbildung der juvenilen Röhrenteile geltend zu machen, die weniger deutliche Abwinkelung der Seitenwände und auch die Querrunzeln sind im allgemeinen nicht so stark ausgeprägt.

Große äußere Ähnlichkeit besteht zwischen *R. clymenioides* und *R. bognoriensis* (MANTELL). Unterschiede sind dadurch gegeben, daß der feststehende Endteil der Röhre bei *R. bognoriensis* oft wesentlich länger ist (wenn erhalten), daß trochoide Gehäuse, die bei *R. bognoriensis* nicht selten sind, nach den Angaben von R. RUTSCH, 1939 b, der ein großes Untersuchungsmaterial zur Verfügung hatte, bei *R. clymenioides* nicht vorkommen, schließlich, daß die bei beiden Arten angenähert viereckigen Röhren bei *R. bognoriensis* schräg zur Aufrollungsebene liegen, bei *R. clymenioides* parallel (damit im Zusammenhang auch die häufiger trochoide Aufrollung bei *R. bognoriensis*).

Hinsichtlich *Rotularia spirulaea* (LAMARCK) weist R. RUTSCH, 1939 a, auf den schärferen, höheren, stärker challösen Externkiel dieser Art hin, weiters daß bei ihr die spirale Furche an den Seitenwänden weniger deutlich ausgebildet ist und die trochoiden

Anfangswindungen häufig über die Windungsebene hervorragen, was bei *R. clymenioides* nicht der Fall ist. Auch kommen nicht selten trochoide Gehäuse bei *R. spirulaea* vor. Unterschiede durch den abstehenden Endteil der Röhre (wie sie R. J. L. GUPPY, 1866, anführt) sind nicht stichhältig, da diese Entwicklung bei beiden Arten auftritt.

Rotularia pseudospirulaea (OPPENHEIM) unterscheidet sich durch das Vorhandensein von vier scharfen Kielen, von denen sich zwei an der Oberseite der Röhren finden.

Systematik: *R. clymenioides* wurde von G. ROVERETO, 1904 b, unter der Bezeichnung *Spirorbis clymenioides* GUPPY mit *Rotularia spirulaea* (LAMARCK) gleichgesetzt und mit der gesamten Gattung den *Vermetidae* zugeordnet, während die meisten späteren Autoren an der Zuordnung zu den *Serpulidae* festhielten. Erst R. RUTSCH, 1938, besonders aber 1939, stellte die Form wieder zu den *Vermetidae* und begründete mit ihr seine Meinung über die ganze Gattung. Da kein Zweifel über die Zugehörigkeit von *Rotularia clymenioides* (GUPPY) zu der Gattung *Rotularia* DEFRANCE besteht, erübrigt sich hier ein nochmaliges Eingehen auf die systematische Stellung.

Von R. RUTSCH, 1938 und folgend, wurde *R. clymenioides* als Unterart zu *R. leptostoma* gestellt. Die im Abschnitt „Vergleich" angeführten Unterschiede, vor allem die unterschiedliche Entwicklung der juvenilen Röhrenteile, rechtfertigen jedoch eine selbständige Stellung.

Stratigraphie: Sowohl in Mittelamerika als auch in Österreich ist *Rotularia clymenioides* (GUPPY) nur aus dem Obereozän bekannt.

Vorkommen innerhalb Österreichs:
Bruderndorf (Obereozän; selten), St. Pankraz bei Salzburg (Obereozän; selten).

Vorkommen außerhalb Österreichs:
Barbados (Obereozän; ?).
Cuba: Loma Calisto (Obereozän; ?).
Curacao (Obereozän; mittel).
Trinidad: Farallon (Obereozän; häufig), Morne Roche Quarry (Obereozän; häufig), Naparima Hill (Obereozän; selten), Pointapier (Obereozän; selten), Soldado Rock (Obereozän; selten), Vista Bella Quarry (Obereozän; häufig).

Rotularia leptostoma (GABB).
Tafel 8, Fig. 1—6.

Spirorbis leptostoma GABB. W. M. GABB, 1860; p. 385; Tafel 67, Fig. 36.
— — — G. ROVERETO, 1904 b; p. 65.
Spirorbis (Tubulostium) leptostoma (GABB). B. C. RENICK & H. B. STENZEL, 1931; p. 105; Tafel 7, Fig. 29.
Tubulostium leptostoma (GABB). J. GARDNER, 1939; p. 19; Tafel 6, Fig. 4—6, 8—10, 14, 15.
— — — R. RUTSCH, 1939 a; p. 237.
Spirulaea leptostoma (GABB). B. F. HOWELL, 1946; p. 1205.
Rotularia leptostoma (GABB). A. WRIGLEY, 1951; p. 179.
— — — — W. J. SCHMIDT, 1955 a; p. 42.
— — — — 1955 b; p. 176.

Diagnose: W. M. GABB, 1860 (nach J. GARDNER, 1939), „Discoid: whorls three, carinated and partly enveloping the preceeding whorl; mouth contracted, circular and advanced at a tangent from the subjacent whorl; surface marked by irregular undulating transverse striae. Dimensions-Diameter 0,3 inch."

Beschreibung: Vorwiegend linksgewunden. Die Windungen sind flach oder schwach konisch angeordnet.

Die frühesten Teile der Röhre sind sehr dünn, glatt, mit Ausnahme schwacher Querrunzeln (Anwachsstreifen), unregelmäßig gebogen.

Bei einem Durchmesser von 1 bis 2 *mm* wird eine dichtere äußere Röhrenschicht entwickelt, wobei an den einander berührenden Röhrenteilen eine Verbindung auftritt.

Dann werden zwei oder drei Windungen regelmäßig kegelförmig übereinandergelegt, die beiden nächsten legen sich seitlich um diesen Konus herum und stellen den größten Teil der Gesamtschale.

Der Endteil der Röhre ist frei abstehend.

Die letzten Windungen weisen an der Oberseite starke Querrunzeln auf.

Die Seitenwände sind scharf abgesetzt, konkav und machen dadurch einen bicarinaten Eindruck.

Der Gesamtdurchmesser der Scheiben schwankt im Mittel zwischen 5 und 10 mm.

Vergleich: Bei *Rotularia clymenioides* (GUPPY) ist die Abwinkelung der Seitenwand nicht so stark ausgeprägt und auch die Querrunzeln treten nicht so stark in Erscheinung. Vor allem jedoch sind die juvenilen Windungen nicht so deutlich kegelförmig aufgerollt und setzen schärfer gegen die äußeren Windungen ab.

Rotularia bognoriensis (MANTELL) unterscheidet sich durch den längeren freien Röhrenteil (wenn erhalten), durch die häufiger trochoide Aufrollung und durch die zur Aufrollungsebene immer betont schräge Lage ihrer Röhrenkanten (bei *R. leptostoma* parallel).

Letzteres Unterscheidungsmerkmal muß auch im Vergleich mit *Rotularia pseudospirulaea* (OPPENHEIM) herangezogen werden, wenn deren Kiele nicht deutlich entwickelt oder erhalten sind.

Bei *Rotularia horatiana* (GARDNER) nähert sich die Achse der juvenilen Windungen mehr der Vertikalen und die der späteren mehr der Horizontalen (bei *R. leptostoma* ist ein allmählicher Übergang die Regel).

Stratigraphie: Sicher nur aus Mitteleozän bekannt.

Vorkommen innerhalb Österreichs:

Sonnberg bei Guttaring (nach freundlicher mündlicher Mitteilung von A. PAPP Oberes Untereozän; ?); Mattsee (Mitteleozän; selten).

Das Vorkommen vom Sonnberg muß als fraglich bezeichnet werden, da die entsprechenden Exemplare große Ähnlichkeit mit *R. pseudospirulaea* (OPPENHEIM) (mit schlecht erhaltenen Kielen) aufweisen.

Vorkommen außerhalb Österreichs:

U. S. A.: Caldwell County (Mitteleozän; mittel), Leona, Texas (Mitteleozän; mittel), Moseleys Ferry (Mitteleozän; häufig).

Rotularia pseudospirulaea (OPPENHEIM).
Tafel 8, Fig. 12—14.

Serpula (Rotularia) pseudo-spirulaea OPPENHEIM. P. OPPENHEIM, 1901 a; p. 149; Tafel 1, Fig. 3—5a.
— — — — G. ROVERETO, 1904 a; p. 75.
— — — — — 1904 b; p. 63.
Tubulostinum pseudospirulaeum (OPPENHEIM). G. DAINELLI, 1915; p. 545.
— — — R. RUTSCH, 1939 a; p. 236.
Rotularia pseudospirulaea (OPPENHEIM). W. J. SCHMIDT, 1955 a; p. 42.
— — — — 1955 b; p. 176.

Diagnose: Nach der Beschreibung von P. OPPENHEIM, 1901 a: Eine Art der Gattung *Rotularia* DEFRANCE mit mindestens vier scharfen Kielen, von denen sich stets zwei auf dem Rücken der ziemlich flachen Windungen befinden.

Beschreibung: Vorwiegend rechtsgewunden.

Die Aufrollungsform wechselt von flach bis zu fast kegelförmig. Gesamtdurchmesser von einigen Millimetern bis über einen Zentimeter.

Die vier Hauptkiele werden häufig von schwachen Längslinien begleitet.

Vergleich: Von den gekielten Arten von *Rotularia* unterscheidet sich *R. spirulaea* (LAMARCK) durch ihren einfachen Lateralkiel.

R. discoidea (STOLLICZKA) unterscheidet sich, abgesehen von den Kielen, durch die ziemlich deutlich abgesetzte, flache Seitenwand der Röhren, durch ihre, dadurch mitbedingt, stärker betonte Viereckigkeit und durch die zur Aufrollungsebene parallel orientierten Kanten (bei *R. pseudospirulaea* schräg).

Ähnlich verhält es sich auch mit *R. leptosoma* (GABB).

Systematik: Bisher von allen Autoren zu den *Vermetidae* gestellt, ohne daß sie speziell untersucht worden wäre. Da an ihrer Zugehörigkeit zur Gattung *Rotularia* DEFRANCE nicht zu zweifeln ist, erübrigt sich ein spezielles Eingehen auf ihre systematische Stellung.

Stratigraphie: Sicher bisher nur aus dem alpinen Eozän (Oberes Untereozän) bekannt.

Vorkommen innerhalb Österreichs:

Sonnberg bei Guttaring (nach freundlicher mündlicher Mitteilung von A. PAPP Oberes Untereozän; häufig).

Bei dem Vorkommen am Sonnberg ist mitunter eine Trennung von *R. leptostoma* (GABB) sehr schwierig (wenn die Kiele schlecht erhalten sind).

Vorkommen außerhalb Österreichs:

Ägypten (Eozän; ?).

Rotularia spirulaea (LAMARCK).
Tafel 8, Fig. 15—19.

Serpula spirulaea LAMARCK. J. B. P. A. LAMARCK, 1818; p. 366.
Serpulites nummularius SCHLOTHEIM. E. F. SCHLOTHEIM, 1820; p. 97.
Serpula spirulaea LAMARCK. A. GOLDFUSS, 1826; p. 241; Tafel 71, Fig. 8 a, b.
Spirulaea nummularia BRONN. H. G. BRONN, 1827; p. 544.
Rotularia complanata DEFRANCE. F. DEFRANCE, 1827; p. 322.
Vermicularia nummularia (Serpulites nummularius) (SCHLOTHEIM). G. MÜNSTER, 1828; p. 97.
Spirulaea nummularia BRONN. H. G. BRONN, 1829; p. 1150; Tafel 36, Fig. 16 a, b, c.
— — — 1831; p. 130.
Serpula (Spirulaea) nummularia (BRONN). H. G. BRONN, 1838 a; p. 1150; Tafel 36.
Serpula spirulaea LAMARCK. J. B. P. A. LAMARCK, 1838; p. 623.
— — — A: D'ARCHIAC, 1846 a; p. 206.
— — — H. G. BRONN, 1848; p. 1187.
— — — A. D'ARCHIAC, 1850 a; p. 427.
Vermetus spirulaeus (LAMARCK). H. G. BRONN, 1856; p. 435; Tafel 36, Fig. 16 a, b, c.
Serpula spirulaea LAMARCK. F. HAUER, 1858; p. 121.
Serpula spirulaea LAMARCK. K. E. SCHAFHÄUTL, 1863; p. 222; Tafel 53, Fig. 1, 2.
Vermetus spirulaeus (BRONN). C. SCHAUROTH, 1865; p. 250; Tafel 25, Fig. 10.
Serpula spirulaea LAMARCK. F. STOLICZKA, 1868; p. 237.
— — — T. TARAMELLI, 1869; p. 11 (fide G. ROVERETO, 1904 b).
— — — — 1870; p. 42.
Rotularia spirulaea (BRONN). F. BAYAN, 1873; p. 92.
Serpula spirulaea LAMARCK. C. MARINONI, 1877; p. 14 (fide G. ROVERETO, 1904 b).
— — — K. MAYER, 1877; p. 10, 97.
— — — G. A. PIRONA; p. 45.
— — — T. TARAMELLI, 1877; p. 43.
— — — C. MARINONI, 1879; p. 3.
Serpula spirulaea minor MARINONI. C. MARINONI, 1879; p. 9.
Serpula (Rotularia) spirulaea (LAMARCK). K. A. ZITTEL, 1880; p. 565; Abb. 405 h.
Serpula spirulaea LAMARCK. T. TARAMELLI, 1881; p. 102, 104.
— — — 1882; p. 465.
Serpula spirulea LAMARCK. K. A. PENECKE, 1885; p. 352.
Serpula spirulaea LAMARCK. V. SIMONELLI, 1887; p. 293.
— — — E. MARIANI, 1892; p. 12.
— — — T. TARAMELLI, 1893; p. 110.
Serpula (Rotularia) spirulaea (LAMARCK). K. A. ZITTEL, 1895; p. 205; Abb. 404 h.
Rotularia spirulaea (LAMARCK). O. MARINELLI, 1896; p. 61.
— — — G. ROVERETO, 1898; p. 64.

Serpula (Rotularia) spirulaea (LAMARCK). P. OPPENHEIM, 1901 a; p. 277; Tafel 18, Fig. 15.
— — — — 1901 b; p. 277.
Rotularia spirulaea (LAMARCK). A. LORENZI, 1902; p. 49 (fide G. ROVERETO, 1904 b).
— — — O. MARINELLI, 1902; p. 200.
Serpula spirulaea LAMARCK. E. FUGGER, 1904; p. 339, 345.
Serpula nummularia SCHLOTHEIM. E. FUGGER, 1904; p. 345.
— — — G. ROVERETO, 1904 a; p. 64.
Tubulostium spirulaeum (LAMARCK). G. ROVERETO, 1904 b; p. 74.
Tubulostium spirulaeum euganea ROVERETO. G. ROVERETO, 1904 b; p. 75; Tafel 3, Fig. 12.
Tubulostium spirulaeum (LAMARCK). R. FABIANI, 1908; p. 117.
Serpula spirulaea D'ARCHIAC. J. BOUSSAC, 1911; p. 37.
Tubulostium spirulaeum (LAMARCK). G. DAINELLI, 1915; p. 401, 544.
Serpula spirulaea LAMARCK. F. TOULA, 1918; p. 427; Tafel 25, Fig. 32.
— — — O. ABEL, 1920; p. 95; Abb. 118.
Serpula (Rotularia) spirulaea (LAMARCK). K. A. ZITTEL, 1924; p. 286; Abb. 451 h.
Serpula spirulaea LAMARCK. M. SCHLOSSER, 1925 a; p. 20.
— — — — 1925 b; p. 13.
— — — F. TRAUB, 1938; p. 21.
— — — R. RUTSCH, 1939 a; p. 231.
Rotularia spirulaea (LAMARCK). A. WRIGLEY, 1951; p. 179; Fig. 16, 17, 32.
— — — J. PIVETTEAU, 1952; p. 185; Abb. 21/1—2.
Serpula (Rotularia) spirulaea (LAMARCK). R. SIEBER, 1953; p. 367.
Rotularia spirulaea (LAMARCK). W. J. SCHMIDT, 1955 a; p. 42.
— — — — 1955 b; p. 176.

Nomenklatur: *S. spirulaea* hat eindeutig die Crivrität über *S. nummularia*.

Diagnose: J. B. P. A. LAMARCK, 1818, „Testa compressa, laeviuscula, subinaequali, in spiram discoideam margine acutam contorta; antica extremitate disfuncta".

A. GOLDFUSS, 1826, „*Serpula* testa compressa, laeviuscula, subrugosa, dextrorsum in spiram discoideam vel trochiformem margine acutam apice affixam covoluta, antice disiuncta, orificio orbiculari".

Beschreibung: Die Anfangsteile der Röhre (meist nicht erhalten) sind dünn und zart und unregelmäßig gekrümmt.

Um die folgenden, meist zwei bis drei, steil übereinander liegenden, dünnen Windungen (die eine Öffnung in ihrer Mitte freilassen) legen sich die rasch an Größe zunehmenden weiteren Windungen flach herum oder bilden einen flachen Konus. Dadurch entsteht die mehr oder weniger konkave Oberseite der Scheibe.

Der letzte Teil der Röhre (gewöhnlich in der Länge der halben letzten Windung) steht ab.

Die Röhrenoberfläche weist feine Runzeln auf, mitunter auch Andeutungen von Höckern. Oft machen jedoch die Röhren einen mehr oder weniger glatten Eindruck.

Ein scharfer Lateralkiel ist immer entwickelt.

Die Röhrenmündung ist rundlich und etwas verengt.

Einschnürungen und Erweiterungen der Röhre sind unregelmäßig verteilt.

Spuren der Anheftung sind meist erhalten, so daß der Aufrollungssinn ohne Schwierigkeiten festgestellt werden kann (vorwiegend dextral).

Die Größenverhältnisse variieren beträchtlich, der Gesamtdurchmesser der Scheiben reicht von 3 *mm* bis über 15 *mm*.

Vergleich: C. MARINONI, 1879, hat eine Unterart *Serpula spirulaea minor* abgetrennt. Da dies im wesentlichen bloß auf Grund von Größenunterschieden erfolgte, hat bereits G. DAINELLI, 1915, diese Unterart wieder der Art eingegliedert. Dies wohl mit Recht, da es alle Übergänge in der Größe, auch am gleichen Fundort, gibt.

G. ROVERETO, 1904 b, beschrieb eine Unterart *Tubulostium spirulaeum euganea* (p. 75 „La variazione cui acceno, e che denomino var. *euganea*, é stat da me riscontrata, benché molto raramente, nell' eocene del Nizzardo, del Vicentino e di Kressenberg, i suoi giri sono salienti in modo da formare una conchiglia trocoide e salarioide come quella del *T. Nyst.*"). Weder diese Beschreibung noch das beigegebene Bild (Tafel 3, Fig. 12, bei dem es sich entweder um ein schlecht präpariertes oder schlecht erhaltenes Exemplar handeln muß, denn man sieht kaum mehr als den äußeren Umriß) scheinen mir die Abtrennung einer Unterart zu rechtfertigen.

R. pseudospirulaea (OPPENHEIM) unterscheidet sich durch ihre vier Kiele.

R. leptostoma (GABB) weist überhaupt keinen Kiel auf, jedoch kann durch die Abwinkelung der Seitenwand ein solcher vorgetäuscht werden. Die Querrunzeln sind wesentlich stärker ausgebildet als bei *R. spirulaea*.

R. bognoriensis (MANTELL) ist als nichtgekielte Art deutlich unterschieden.

Systematik: Abgesehen von F. STOLICZKA, 1868, der die Zugehörigkeit dieser Art zu seiner Gattung *Tubulostium* (= *Rotularia*) als nicht sicher bezeichnet (jedoch nur, weil er kein Vergleichsmaterial zur Verfügung hatte), haben alle Autoren diese Art mit der gesamten Gattung in ihre jeweilige Systematik eingeordnet, so daß sich eine gesonderte Behandlung hier erübrigt.

Stratigraphie: Die Art ist aus dem gesamten Eozän beschrieben, erreicht ihren Kulminatspunkt jedoch im Obereozän. P. OPPENHEIM, 1901 a, schreibt, daß man sie im Priabonien „scheffelweise" findet.

Nur K. MAYER, 1877, erwähnt die Art auch aus dem Unteroligozän, u. zw. von Cassinelle, Piemont. Von sämtlichen Folgeautoren wird diese Angabe bezweifelt und angesichts der ansonsten weltweiten Beschränkung auf das Eozän dürfte es sich wohl auch um einen Irrtum handeln.

Ob die Art tatsächlich über das gesamte Eozän ausgedehnt ist oder nur auf bestimmte Stufen, kann nach der Literatur nur schwer entschieden werden, da die Unterschiede gegenüber ähnlichen Arten sehr gering sind und es nicht sicher erscheint, ob die Aufteilungsmöglichkeiten von allen Autoren berücksichtigt worden sind.

Vorkommen innerhalb Österreichs:

Sonnberg bei Guttaring (nach freundlicher Mitteilung von A. PAPP Oberes Untereozän; häufig); Kleinkogel (nach freundlicher mündlicher Mitteilung von A. PAPP Oberes Mittel- bis Unteres Obereozän; häufig); Gschliefgraben (Mitteleozän; mittel), Mattsee (Mitteleozän; sehr selten), Ohlsdorf (Mitteleozän; selten), Reinthal bei Gmunden (Mitteleozän; selten), Scharnstein bei Grünau (Mitteleozän; selten); Bruderndorf (Obereozän; mittel) *).

Vorkommen außerhalb Österreichs:

Deutschland: Adelholzen (Eozän; häufig), Blomberg (Eozän; mittel), Grünten (Eozän; mittel), Höllgraben bei Adelholzen (Eozän; häufig), Maurerschurf (Eozän; mittel), Sittenberg bei Eberstein (Eozän; mittel), Traunstein (Eozän; mittel), Trumsee (Eozän; mittel); Kressenberg (Unter- und Mitteleozän; häufig); Frauengrube (Mitteleozän; mittel), St. Pankratz bei Laufen (Mitteleozän; mittel); Elendgraben (Obereozän; mittel), Hallturm (Obereozän; mittel), Staufeneck (Obereozän; mittel).

Frankreich: Bayonne (Eozän; mittel), Montbard (Eozän; mittel); Bos d'Arros bei Pau (Untereozän; mittel); Biarritz (Obereozän; häufig).

Indien: Hyderabad (Eozän; ?).

Italien: Brendola (Eozän; mittel), Monte Berici bei Vicenza (Eozän; mittel), Rancona (Eozän; ?), Verona (Eozän; mittel), Vicenza (Eozän; mittel); Basani bei Campese (Untereozän; mittel), Campese (Untereozän; mittel), Rovereto (Untereozän; mittel), Torrente Laverda (Untereozän; mittel), Trento (Untereozän; mittel); San Giovanni Ilarione (Mitteleozän; mittel); Priabon (Obereozän; sehr häufig); Cassinelle in Piemont (Unteroligozän?; ?).

---
*) Herrn Dozent Dr. R. SIEBER und Herrn Dr. S. PREY danke ich herzlich für die Überlassung ihres oberösterreichischen Materials.

Jugoslawien: Albona (Eozän; mittel), Carpano (Eozän; mittel), Pinguente (Eozän; mittel); nach freundlicher mündlicher Mitteilung von O. KÜHN: Baška (Obereozän; mittel), Bribir im Vinodol (Obereozän; mittel), Drivenik im Vinodol (Obereozän; mittel), Krk (Obereozän; mittel).

Rumänien: Bats bei Klausenburg (Eozän; mittel).

Gattung: *Spirorbis* DAUDIN.

(Pileolaria CLAPARÈDE, *Janua* SAINT-JOSEPH, *Circeis* SAINT-JOSEPH, *Mera* SAINT-JOSEPH, *Spirorbides* CHAMBERLIN, *Spirorbella* CHAMBERLIN, *Spirorbula* NIELSEN.)

Diagnose: J. B. P. A. LAMARCK, 1839, „Tubus testaceus, in spiram orbicularem discoideam convolutus: inferna superficie plannulata et affixa".

G. M. LEVINSEN, 1883, „Tubes forming regular whorls, as a rule in their whole length, more seldom only with the apex, in such a way that the whorls either touch each other (by which snail-like tubes are formed), or the whorls are free; in the latter case either spirally ascending, or lying in the same plane".

P. FAUVEL, 1927, „Petit tube calcaire toujours enroulé à la base en spirale dextre ou sénestre, suivant les espéces".

Beschreibung und Vergleich: Von *Rotularia* DEFRANCE unterscheiden die Größenverhältnisse eindeutig. Diese ist überdies immer nur mit den juvenilen (zentralen) Röhrenteilen aufgewachsen.

Untergattung: *Spirorbis (Dexiospira)* CAULLERY & MESNIL.
(Spirorbis [Dexiorbis] CHAMBERLIN.)

Diagnose: P. FAUVEL, 1927, „Spirorbis à tube dextre".

Beschreibung und Vergleich: Die zweite Untergattung, die vorwiegend rechtsgewundene Röhren besitzt *(S. Paradexiospira)* CAULLERY & MESNIL, unterscheidet sich in ihrer Röhrenform nicht. Bei fossilem Material werden also wohl dort, wo sich dieses nicht an rezente Formen anschließen läßt, sämtliche rechtsgewundenen Röhren der Untergattung *S. (Dexiospira)* CAULLERY & MESNIL zugeordnet.

Spirorbis (Dexiospira) bilineatus W. J. SCHMIDT.
Tafel 8, Fig. 20, 21.

Spirorbis (Dexiospira) bilineatus W. J. SCHMIDT. W. J. SCHMIDT, 1951 b; p. 83; Abb. 9.
— — — — — 1955 a; p. 41.

Diagnose: W. J. SCHMIDT, 1951 b, „Eine Art der Untergattung *Spirorbis (Dexiospira)* CAULLERY & MESNIL, deren Röhre starke, dicht stehende, nach rückwärts konvexe Querrunzeln besitzt, die an der Röhrenoberseite jeweils zu zwei knotigen Längsreihen aufgewölbt sind".

Beschreibung: W. J. SCHMIDT, 1951 b, „Der Gesamtdurchmesser der drei vorhandenen Umgänge beträgt 1,5 mm. Der innerste Umgang läßt in der Mitte ein kleines Loch frei. Eine Zunahme des Röhrenquerschnittes macht sich insbesondere beim dritten Umgang bemerkbar. Ein Basalsockel ist nur sehr schwach entwickelt. Die Unterseite der Umgänge ist abgeplattet und glatt.

Vergleich: Von *Spirorbis (Dexiospira) heliciformis* (EICHWALD) dadurch unterschieden, daß nur zwei Längsskulpturen vorhanden sind.

Stratigraphie: Nur aus dem Sarmat bekannt.

Vorkommen innerhalb Österreichs:

Mühldorf im Lavanttal (Sarmat; selten), Neulerchenfeld (Sarmat; selten), Pötzleinsdorf (Sarmat; selten).

Spirorbis (Dexiospira) commutatus (ROVERETO).
Fig. 8, Tafel 22, 23.

Spirorbis simplex (non GRUBE) ROVERETO. G. ROVERETO, 1895 a; p. 151; Tafel 9, Fig. 16.
Spirorbis commutatus ROVERETO. G. ROVERETO, 1904 b; p. 59.
Spirorbis (Dexiospira) commutatus (ROVERETO). W. J. SCHMIDT, 1955 a; p. 41.

Diagnose: G. ROVERETO, 1895 a, „Disco piano destrorsa senza ornamentazioni; giri tre, diam. 1 *mm*".

Beschreibung: Der Gesamtdurchmesser der Scheibe beträgt zirka 1 *mm*. Die Röhrenoberfläche zeigt keine Skulpturen. Die einzelnen Umgänge liegen nebeneinander auf der Unterlage. Ein Basalsockel ist kaum entwickelt.

Vergleich: Von *Spirorbis (Laeospira) spirorbis* (LINNAEUS) unterscheidet neben der vorherrschenden Richtung der Aufrollung, daß deren Umgänge sich in starkem Ausmaß vergrößern und sich auch sehr stark übergreifen.

Von den übrigen in Frage kommenden Arten von *Spirorbis* unterscheidet die glatte Oberfläche.

Stratigraphie: Nur aus dem Sarmat bekannt.

Vorkommen innerhalb Österreichs:

Neulerchenfeld (Sarmat; selten), Paasdorf (Sarmat; selten).

Spirorbis (Dexiospira) heliciformis (EICHWALD).
Tafel 8, Fig. 24—26.

Spirorbis heliciformis EICHWALD. E. EICHWALD, 1830; p. 198.
— — — G. G. PUSCH, 1837; p. 181.
— — — E. EICHWALD, 1853; p. 52.
— — — G. ROVERETO, 1895 a; p. 154; Tafel 9, Fig. 18.
— — — — 1904 b; p. 59.
— — — A. PAPP, 1939; p. 334.
— — — E. JEKELIUS, 1944; p. 1.
Spirorbis (Dexiospira) heliciformis (EICHWALD). W. J. SCHMIDT, 1955 a; p. 43.

Diagnose: E. EICHWALD, 1830, „Tubus minimus, per longitudinem tenuiter sulcatus, in una planitie contortus, ultimo anfractu maximo, inferior facies laevis adglutinans, centro tamen perforato".

E. EICHWALD, 1853, „Tubulo minimo spiraliter contorto, costis longitudinalibus ornato, sulcis inter costas transversim striatis, anfractibus sensim majoribus ac varias planietis occupantibus, basique laevi fixis; latitudo vix linearis".

Beschreibung: Gesamtdurchmesser der Scheibe bis zu 4 *mm*, äußerer Röhrendurchmesser bis zu 1 *mm*; meist jedoch wesentlich kleiner (Gesamtdurchmesser zirka 1 *mm*).

Häufig ist die Unterseite stark konkav, so als ob sie einen dünnen Stiel umklammert hätte.

In seltenen Fällen ist die Spirale korkzieherartig aufgelockert.

Die Längskiele (fünf, oft jedoch nur drei deutlich zu sehen) und die dazwischenliegenden Querrunzeln sind sehr auffallend.

Der Röhrenquerschnitt ist rund, mit Andeutungen von Kanten durch die Längskiele.

Die ursprüngliche Röhrenmündung ist mitunter etwas erweitert und verdickt.

Vergleich: Schwierig ist mitunter die Trennung von *Vermetidae*, wenn diese ähnliche Größenverhältnisse aufweisen. Hier hilft die unterschiedliche Oberflächenbeschaffenheit, denn die mehr porzellanartige Oberfläche der *Vermetidae* hebt sich deutlich von der rauheren der *Spirobinae* ab.

Stratigraphie: Sicher nur aus dem Sarmat bekannt.

Vorkommen innerhalb Österreichs:

Forchtenau (Sarmat; mittel), Liesing (Sarmat; mittel), Mühldorf im Lavanttal (Sarmat; mittel), Neulerchenfeld (Sarmat; mittel), Paasdorf (Sarmat; häufig), Pirawarth (Sarmat; mittel), Pötzleinsdorf (Sarmat; mittel), Ritzing (Sarmat; häufig), Vöslau (Sarmat; häufig), Wiesen (Sarmat; häufig).

Vorkommen außerhalb Österreichs:

Rumänien: Soceni, Banat (Sarmat; häufig).

Rußland: Novo Constantinowo (Tertiär; mittel), Salisze (Tertiär; mittel), Ssiminowa (Tertiär; mittel), Tarnaruda (Tertiär; mittel), Zukowce (Tertiär; mittel); Boshek (Grobkalk; mittel), Holowtschyntze (Grobkalk; mittel); Kuntscha (Kalksand; mittel); Mendsibosh (über der Süßwasserformation von Stavnitza; mittel).

Untergattung: *Spirorbis (Paradexiospira)* CAULLERY & MESNIL.

Diagnose: P. FAUVEL, 1927, „Spirorbes à tube dextre".

Beschreibung und Vergleich: Die Röhren unterscheiden sich nicht von denen der zweiten Untergattung mit vorwiegend rechtsgewundenen Röhren, *S. (Dexiospira)* CAULLERY & MESNIL. Die fossilen Röhren, die sich nicht an rezente Formen anschließen lassen, werden daher wohl sämtlich der Untergattung *S. (Dexiospira)* CAULLERY & MESNIL zugeordnet.

Vorkommen: Sichere Angehörige der Untergattung *S. (Paradexiospira)* CAULLERY & MESNIL sind aus dem österreichischen Bereich nicht bekannt.

Untergattung: *Spirorbis (Leodora)* SAINT-JOSEPH.

Diagnose: P. FAUVEL, 1927, „Spirorbes à tube sénestre".

Beschreibung und Vergleich: Die Röhren sind von denen der beiden anderen vorwiegend linksgewundenen Untergattungen, *S. (Laeospira)* CAULLERY & MESNIL und *S. (Paralaeospira)* CAULLERY & MESNIL nicht zu unterscheiden. Die fossilen Röhren, die sich nicht an rezentes Material anschließen lassen, werden wohl sämtlich der Untergattung *S. (Laeospira)* CAULLERY & MESNIL zugeordnet.

Vorkommen: Sichere Vertreter der Untergattung *S. (Leodora)* SAINT-JOSEPH sind aus dem österreichischen Bereich bisher nicht bekannt.

Untergattung: *Spirorbis (Laeospira)* CAULLERY & MESNIL.
(Spirorbis [Sinistrella] CHAMBERLIN.)

Diagnose: P. FAUVEL, 1927, „Spirorbes à tube sénestre".

Beschreibung und Vergleich: Die zwei anderen Untergattungen, die vorwiegend linksgewundene Röhren besitzen, *S. (Paralaeospira)* CAULLERY & MESNIL und *S. (Leodora)* SAINT-JOSEPH, unterscheiden sich in ihrer Röhrenform nicht. Bei fossilem Material werden also wohl dort, wo sich dieses nicht an rezente Formen anschließen läßt, sämtliche linksgewundenen Röhren, der Untergattung *S. (Laeospira)* CAULLERY & MESNIL zugeordnet.

Spirorbis (Laeospira) declivis (REUSS).
Tafel 8, Fig. 27, 28.

Spirorbis declivis REUSS. A. F. REUSS, 1860; p. 226; Tafel 3, Fig. 12 a, b.
— — — F. TOULA, 1893; p. 289.
— — — G. ROVERETO, 1904 b; p. 55.
Spirorbis (Laeospira) declivis (REUSS). W. J. SCHMIDT, 1955 a; p. 41.

Diagnose: A. E. REUSS, 1860, „Die Schale dieser sehr kleinen, auf Austerschalen aufgewachsenen Species ähnelt sehr der *Serpula umbiliciformis* GOLDFUSS von Astrupp. Sie stellt eine aufgewachsene spirale Röhre von dreiseitigem Querschnitte, oben enge genabelt, dar. Auf dem schmalen Rücken der Röhre verläuft ein schmaler rundlicher Kiel, jederseits von einer feinen Furche begrenzt. Die nach innen gelegene ist etwas breiter und wird einwärts von einer feinen Leiste eingefaßt. Die Seitenwände der Röhre fallen nach außen steil ab. Mit bewaffnetem Auge bemerkt man auf ihnen und in den vorerwähnten Furchen äußerst feine Querlinien, die dem Rande der aufgewachsenen Basis zunächst in kleine Fältchen übergehen. Die Mündung vollkommener Exemplare ist etwas aufwärtsgerichtet, rund und verengt."

Beschreibung: Der Gesamtdurchmesser der Röhrenspirale beträgt zirka 2 *mm*, der äußere Durchmesser der Röhre zirka 0.25 *mm*.

Vergleich: Wegen der durch den Basalsockel bedingten auffallenden Form sowie wegen der charakteristischen Skulptur sind Verwechslungen nicht zu befürchten.

Stratigraphie: Nur aus dem Torton bekannt.

Vorkommen innerhalb Österreichs:

Mühldorf im Lavanttal (Torton; selten), Nußdorf (Torton; sehr selten).

Vorkommen außerhalb Österreichs:

Tschechoslowakei: Kralitz (Torton; selten), Rudelsdorf (Torton; selten).

Spirorbis (Laeospira) spirorbis (LINNAEUS).
Tafel 8, Fig. 29—31.

Serpula spirorbis LINNAEUS. C. LINNAEUS, 1758; p. 787.
Planorbis minimus PETIVER. J. PETIVER, 1767; Tafel 35, Fig. 8.
Serpula spirorbis LINNAEUS. L. M. MARTINI, 1768; p. 59; Tafel 3, Fig. 21 a, b.
Spirorbis nautiloides LISTER. M. LISTER, 1770; Tafel 553, Fig. 5.
Serpula spirorbis LINNAEUS. T. PENNANT, 1777; p. 145; Tafel 91, Fig. 155.
— — — E. DA COSTA, 1778; p. 22; Tafel 2, Fig. 11.
— — — O. F. MÜLLER, 1787; p. 8; Tafel 86, Fig. 1—3.
Spirorbis borealis DAUDIN. F. M. DAUDIN, 1800; p. 38 (fide O. A. L. MØRCH, 1863).
Serpula spirorbis LINNAEUS. E. DONOVAN, 1801; Tafel 9.
Spirorbis nautiloides LAMARCK. J. B. P. A. LAMARCK, 1801; p. 326 (fide O. A. L. MØRCH, 1863).
Serpula spirorbis LINNAEUS. DORSET, 1813; p. 59; Tafel 22, Fig. 11 (fide G. ROVERETO, 1904 b).
— — — G. BROCCHI, 1814; p. 32.
— — — S. BROOKES, 1815; p. 142; Tafel 9, Fig. 134.
Spirorbis borealis DAUDIN. H. M. BLAINVILLE, 1818; p. 301; Tafel 1, Fig. 2.
Spirorbis nautiloides LAMARCK. J. B. P. A. LAMARCK, 1818; p. 359.
— — — G. RISSO, 1826; p. 405.
— — — V. GUÉRIN in G. L. CUVIER, 1829; Tafel 1, Fig. 6.
Spirorbis (Serpula) spirorbis (LINNAEUS). E. BORSON, 1830; p. 632.
Serpula nautiloides (LAMARCK). H. G. BRONN, 1831; p. 130.
Spirorbis nautiloides LAMARCK. J. B. P. A. LAMARCK, 1838; p. 613.
— — — E. GRUBE, 1840; p. 90.
— — — P. CALCARA, 1841; p. 70.
— — — J. MORRIS, 1843; p. 67.
— — — M. HÖRNES, 1848; p. 30.
Spirorbis borealis DAUDIN. G. M. DAWSON, 1860; p. 26.
Spirorbis nautiloides LAMARCK. O. A. L. MØRCH, 1863; p. 463.
— — — G. JOHNSTON, 1865; p. 348.
— — — M. SARS, 1865; p. 30, 93.
— — — G. HAYEK, 1877; Fig. 732.
— — — G. SEGUENZA, 1880; p. 203.
Spirorbis borealis DAUDIN. J. T. CUNNINGHAM & RAMAGE, 1888; p. 674; Tafel 45, 46, Fig. 30.
— — — SAINT-JOSEPH, 1894; p. 345; Tafel 13, Fig. 381—386.
— — — M. CAULLERY & F. MESNIL, 1897a; p. 211; Tafel 9, Fig. 18.
— — — G. ROVERETO, 1898; p. 86, 87.
— — — J. F. WHITEAVES, 1901; p. 68.
— — — G. ROVERETO, 1904 b; p. 51, 52; Tafel 4, Fig. 7.
Spirorbis spirorbis (LINNAEUS). G. H. PIXELL, 1912; p. 795.
— — — R. SOUTHERN, 1914; p. 148.
Spirorbis borealis DAUDIN. F. BORG, 1917; p. 22; Fig. 5—11.
— — — E. RIOJA, 1923 a; p. 133; Fig. 146—252.
Spirorbis (Laeospira) borealis (DAUDIN). P. FAUVEL, 1927; p. 399; Abb. 135 e—n.
Spirorbis borealis (LINNAEUS). A. WRIGLEY, 1951; p. 180, 181; Fig. 18, 19.

Nomenklatur: *Planorbis minimus* PETIVER, *Spirorbis nautiloides* LISTER, *Spirorbis borealis* DAUDIN sind Synonyma.

Diagnose: J. B. P. A. LAMARCK, 1838, „Testa discoidea, subumbilicata, anfractibus supra rotundatis, laevibus, subrugosis".

P. FAUVEL, 1927, „Tube sénestre calcaire, souvent rugneux et empâté, décrivant 2 à 4 spires nautiloides autour d'un ombilic assez profond".

Beschreibung: Der Durchmesser der gesamten Scheibe erreicht kaum 3 *mm*. Der äußere Umgang ist bedeutend größer als die inneren und verdeckt diese zum großen Teil. Eine deutliche Skulptur ist nicht zu erkennen, jedoch ist die gesamte Röhre, sanft und groß verlaufend, rippelig gewellt. Ein Basalsockel ist nicht deutlich entwickelt, der Querschnitt der Röhre ist annähernd rund.

Vergleich: Durch den runden Querschnitt, das Fehlen einer charakteristischen Skulptur sowie die bedeutende Größenzunahme des letzten Umganges ist eine Verwechslung kaum zu befürchten.

Stratigraphie: Vom Torton bis zur Gegenwart bekannt.

Vorkommen innerhalb Österreichs:

Baden (Torton; selten), Mühldorf im Lavanttal (Torton; selten), Pfaffstätten (Torton; selten); Pötzleinsdorf (Sarmat; mittel), Wiesen (Sarmat; mittel).

Vorkommen außerhalb Österreichs:
Arktik (rezent; mittel).
Atlantik (rezent; mittel).
Nordsee (rezent; mittel).
Mittelmeer (rezent; mittel).
Italien: Reggio Calabrio (Astiano und Quartär; mittel); Nizza (Quartär; mittel); Monti Pellegrino, Palermo (Pleistozän; mittel).

Spirorbis (Laeospira) umbiliciformis (MÜNSTER).
Tafel 8, Fig. 32.

Serpula umbiliciformis MÜNSTER. A. GOLDFUSS, 1831; p. 240; Tafel 71, Fig. 7.
Spirorbis umbiliciformis (GOLDFUSS). J. C. CHENU, 1842; Tafel 1, Fig. 8.
Spirorbis umbiliciformis (MÜNSTER). O. A. L. MØRCH, 1863; p. 465.
Spirorbis umbiliciformis (GOLDFUSS). G. ROVERETO, 1895 a; p. 153; Tafel 2, Fig. 17.
— — — — 1898; p. 88.
Spirorbis umbiliciformis (MÜNSTER). G. ROVERETO, 1904 b; p. 58.
Spirorbis (Laeospira) umbiliciformis (MÜNSTER). W. J. SCHMIDT, 1955 a; p. 43.

Diagnose: A. GOLDFUSS, 1831, „Serpula testa sinistrorsum in discum umbilicatum regularem convoluta affixa carinata, carina acuta, orificio orbiculari".

G. ROVERETO, 1895 a, „Disco sinistrorso, regolare, conoide, ombilicato, superiormente carenato; carena dorsale, intera, acuta; anfratti due, l'esterno nasconde l'inerno; orificio orbicolare; diam. massimo 0.5 *mm*".

Beschreibung: Gesamtdurchmesser der Scheibe bis zu 4 *mm*, äußerer Röhrendurchmesser meist unter 1 *mm*, Lumendurchmesser meist unter 0,5 *mm*.

An der Oberseite findet sich ein flacher, stumpfer Kiel.

Der Röhrenquerschnitt ist annähernd dreieckig.

Vergleich: Durch die verhältnismäßig glatte Oberfläche sind Verwechslungen mit *Vermetidae* möglich. Hier bietet der dreieckige Röhrendurchschnitt oft eine große Hilfe.

Systematik: *Spirorbis (Laeospira) obtectus* (SEGUENZA), von G. ROVERETO, 1898 und 1904 b, hieher gestellt, zeigt auf der Abbildung der Originalarbeit (G. SEGUENZA, 1880; p. 127; Tafel 12, Fig. 13) keinen Kiel und weist außerdem einen Röhrendurchmesser von 1,5 *mm* auf. Auch der Röhrenquerschnitt ist verschieden.

Stratigraphie: Sicher nur aus dem Torton bekannt.

Vorkommen innerhalb Österreichs:
Mühldorf im Lavanttal (Torton; selten), Vöslau (Torton; selten).
Vorkommen außerhalb Österreichs:
Astrupp bei Osnabrück (Tertiär; selten).

Untergattung: *Spirorbis (Paralaeospira)* CAULLERY & MESNIL.

Diagnose: P. FAUVEL, 1927, „Spirorbes à tube sénestre".
Beschreibung und Vergleich: Die Röhren unterscheiden sich nicht von denen der beiden anderen Untergattungen mit vorwiegend linksgewundenen Röhren, *S. (Leodora)* SAINT-JOSEPH und *S. (Laeospira)* CAULLERY & MESNIL. Die fossilen Röhren, die sich nicht an rezente Formen anschließen lassen, werden wohl sämtlich der Untergattung *S. (Laeospira)* CAULLERY & MESNIL zugeordnet.
Vorkommen: Sichere Angehörige der Untergattung *S. (Paralaeospira)* CAULLERY & MESNIL sind aus dem österreichischen Bereich nicht bekannt.

Problematica.

Im folgenden werden einige Formen aus dem österreichischen Tertiär angeführt, deren Zuweisung zu den *Polychaeta* zwar sehr zweifelhaft erscheint, die aber bei einer zusammenfassenden Bearbeitung doch nicht übergangen werden sollen.

In die diesbezüglichen speziellen Diskussionen soll damit nicht eingegriffen werden. Es wurde jedoch versucht, im Literaturverzeichnis die entsprechenden Arbeiten möglichst weitgehend zur Verfügung zu stellen.

Zusammenfassende Angaben finden sich bei O. ABEL, 1935, H. BECKER & G. GÖTZINGER, 1932, T. FUCHS, 1895 und R. RICHTER, 1928.

Chondrites. Diese überaus häufigen Lebensspuren im Flysch stellen wahrscheinlich zusammengepreßte Ausfüllungen von Gängen und Röhren dar.

Man unterscheidet üblicherweise zwei Hauptformen:

C. furcatus (BRONGNIART), deren flachgedrückte Röhren eine Breite bis über 5 *mm* erreichen;

C. intricatus (STERNBERG), deren flachgedrückte Röhren in der Breite nicht über 1 *mm* hinausgehen.

Cylindrites. Röhrenausfüllungen von meist gewundenem Verlauf, bald vereinzelt, bald bündelartig, als Bündel mitunter verzweigt, Einzeldurchmesser bis zu einigen Zentimetern. Häufig im Flysch.

Fucoides. Sammelbezeichnung für „algenähnliche" Kriech- oder Fraßspuren. Vorwiegend im Flysch.

Helminthoidea. „Geführte Mäander" im Sinne von R. RICHTER, 1928, verschiedenste Größenverhältnisse, vorwiegend im Flysch.

Hieroglypha. Sammelbezeichnung für zylinderartige Bildungen verschiedenster Größenverhältnisse, vorwiegend aus dem Flysch.

Rhabdoglypha. Stabförmige, meist ziemlich gerade verlaufende Wülste, mit Durchmessern bis zu einigen Zentimetern. Die Oberseite ist unregelmäßig ausgebildet. Mitunter finden sich kurze seitliche Fortsätze. Vorwiegend aus dem Flysch.

Vermiglypha. Fadenförmige, unregelmäßige Wülste, meist nur wenige Millimeter dick, selten verzweigt. Vorwiegend aus dem Flysch.

Verzeichnis der im Alllgemeinen Teil angeführten Arten und Unterarten.

Caobangia billeti ZENKEWITSCH in: Biologie. Lebensraum.

Cornulites serpularius SCHLOTHEIM in: Stammesgeschichte.

Dybowscella baikalensis ZENKEWITSCH in: Biologie. Lebensraum.

— *godlewskii* ZENKEWITSCH in: Biologie. Lebensraum.

Ficopomatus macrodon SOUTHERN in: Biologie. Lebensraum.

Hamulus octocostatus (FRAAS) in: Röhren der *Serpulidae*. Röhrenbau und -struktur.

Hyalinoecia tubicola O. F. MÜLLER in: Röhren der *Serpulidae*. Querböden.

Hydroides pectinata (PHILIPPI) in: Biologie. Lebensdauer. — Wohnröhren. Dauer des Röhrenbaues. — Röhren der *Serpulidae*. Querböden. — Röhren der *Serpulidae*. Riffbildungen.

— *uncinata* (PHILIPPI) in: Wohnröhren. Dauer des Röhrenbaues.

Josephella (?) carinthiaca W. J. SCHMIDT in: Stammesgeschichte.

Lanice conchilega (PALLAS) in: Wohnröhren. Verzweigungen.

Leaena abyssorum McINTOSH in: Biologie. Lebensraum.

Manayunkia aestuaria BOURNE in: Biologie. Lebensraum.

— *speciosa* LEIDY in: Biologie. Lebensraum.

Marifugia cavatica ABSOLON in: Biologie. Lebensraum.

Mercierella enigmatica FAUVEL in: Biologie. Vergesellschaftung.

Nereis fucata E. MEYER in: Biologie. Vergesellschaftung.

Placostegus benthaliensis McINTOSH in: Biologie. Lebensraum.

Platynereis dumerilii AUDOUIN & MILNE-EDWARDS in: Biologie. Wachstum. — Biologie. Lebensdauer. — Wohnröhren. Gesponnene Röhren.

— *megalops* VERRILL in: Biologie. Wachstum.

Polydora ciliata (JOHNSTON) in: Biologie. Lebensraum.

Pomatoceros dentatus W. J. SCHMIDT in: Röhren der *Serpulidae*. Mündung.

— *triqueter* (LINNAEUS) in: Wohnröhren. Röhrenunterlage. Dauer des Röhrenbaues. — Röhren der *Serpulidae*. Sockel und Zellenbau.

Protula canavarii ROVERETO in: Röhren der *Serpulidae*. Querböden.

— *intestinum* (LAMARCK) in: Wohnröhren. Dauer des Röhrenbaues. — Röhren der *Serpulidae*. Querböden.

— *protensa* (LINNAEUS) in: Röhren der *Serpulidae*. Querböden.

— — *tortoniana* ROVERETO in: Röhren der *Serpulidae*. Querböden.

— *simplex* (LEA) in: Röhren der *Serpulidae*. Querböden.

Sabellaria molassica GÖTZ in: Röhren der *Serpulidae*. Riffbildungen.

Sabellarifex eiffliensis RICHTER in: Stammesgeschichte. — Röhren der *Serpulidae*. Riffbildungen.

Sabellarites trentonensis DAWSON in: Stammesgeschichte.

Serpula fastigiata EICHWALD in: Röhren der *Serpulidae*. Querböden.

— *gordialis* GOLDFUSS in: Röhren der *Serpulidae*. Längsform.

— *granosa* REUSS in: Röhren der *Serpulidae*. Sockel und Zellenbau.

— *heptagona* HAG in: Röhren der *Serpulidae*. Querböden.

— *infundibulum* DELLE CHIAJE in: Wohnröhren. Dauer des Röhrenbaues.

— *koralliophila* ROVERETO in: Wohnröhren. Röhrenunterlage.

— *pusilla* KING in: Stammesgeschichte.

— *raricosta* QUENSTEDT in: Wohnröhren. Röhrenunterlage.

— *tetragona* SOWERBY in: Röhren der *Serpulidae*. Längsform.

Serpulites isolatus PARKINSON in: Stammesgeschichte.
— *longissimus* MURCHISON in: Stammesgeschichte.
— *serratus* PARKINSON in: Stammesgeschichte.

Spirorbis amonius GOLDFUSS in: Stammesgeschichte.
— *carbonarius* MURCHISON in: Stammesgeschichte.
— *declivis* REUSS in: Röhren der *Serpulidae*. Mündung.
— *helix* KING in: Stammesgeschichte.
— *omphaloides* GOLDFUSS in: Stammesgeschichte.
— *permianus* KING in: Stammesgeschichte.
— *planorbites* MÜNSTER in: Stammesgeschichte.
— *pusillus* MARTIN in: Biologie. Lebensraum.
— *spirorbis* (LINNAEUS) in: Biologie. Lebensdauer.

Thelepus flabellum BAIRD in: Wohnröhren. Verzweigungen.

Vermilia manicata (REUSS) in: Röhren der *Serpulidae*. Querböden.
— *quinquesignata* (REUSS) in: Röhren der *Serpulidae*. Querböden.
— *praestigiosa* ROVERETO in: Röhren der *Serpulidae*. Sockel und Zellenbau.

Verzeichnis der im Speziellen Teil angeführten Gattungen, Untergattungen, Arten und Unterarten.

Apomatopsis SAINT-JOSEPH = *Apomatus* PHILIPPI.
Apomatus PHILIPPI.
Arenicola LAMARCK.
Arenicolites SALTER bei *Arenicola* LAMARCK.
Arthrophycus HARLAN.
Bivoniopsis sulcolimax depressa SACCO = *Vermilia manicata* (REUSS).
Chondrites furcatus (BRONGNIART).
— *intricatus* (STERNBERG).
Circeis SAINT-JOSEPH = *Spirorbis* DAUDIN.
Dentalium coarctatum (non LAMARCK) BROCCHI = *Ditrupa cornea* (LINNAEUS).
— — — — DE SERRES = *Ditrupa cornea* (LINNAEUS).
— *corneum* LINNAEUS = *Ditrupa cornea* (LINNAEUS).
— *incrassatum* SOWERBY = *Ditrupa cornea* (LINNAEUS).
— *incurvum* RENIER = *Ditrupa cornea* (LINNAEUS).
— *nigrofasciatum* EICHWALD = *Ditrupa cornea* (LINNAEUS).
— *sowerbyi* MICHELOTTI = *Ditrupa cornea* (LINNAEUS).
— *strangulatum* DESHAYES = *Ditrupa cornea* (LINNAEUS).
— *subulatum* THORPE = *Ditrupa cornea* (LINNAEUS).
Ditrupa BERKELEY.
— *bartonensis* WRIGLEY bei *Ditrupa transsilvanica* MEZNERICS.
— *cornea* (LINNAEUS).
— *incurva* (RENIER) = *Ditrupa cornea* (LINNAEUS).
— *moldica* W. J. SCHMIDT.
— *plana* (SOWERBY) bei *Ditrupa moldica* W. J. SCHMIDT.
— *subulata* DESHYAES = *Ditrupa cornea* (LINNAEUS).
— *transsilvanica* MEZNERICS.
Ditrupula NIELSEN = *Ditrupa* BERKELEY.
Ditrypa MØRCH = *Ditrupa* BERKELEY.
— *cornea* (LINNAEUS) = *Ditrupa cornea* (LINNAEUS).
Eucarphus MØRCH = *Hydroides* GUNNERUS.
Eupomatus PHILIPPI = *Hydroides* GUNNERUS.
— *pectinatus* PHILIPPI = *Hydroides pectinata* (PHILIPPI).
Filigrana MØRCH = *Filograna* OKEN.
Filograna OKEN.
Filogranula NIELSEN = *Filograna* OKEN.
Filipora FLEMING = *Filograna* OKEN.
Hydroides GUNNERUS.
— *norvegica* GUNNERUS bei *Hydroides pectinata* (PHILIPPI).
— *pectinata* (PHILIPPI).
— *uncinata* (PHILIPPI) bei *Hydroides pectinata* (PHILIPPI).
Janita SAINT-JOSEPH = *Omphalopomopsis* SAINT-JOSEPH.
Janua SAINT-JOSEPH = *Spirorbis* DAUDIN.
Josephella CAULLERY & MESNIL.
— *angulatella* W. J. SCHMIDT.
— *kühni* W. J. SCHMIDT.
— — *simplicissima* W. J. SCHMIDT.
— *prima* W. J. SCHMIDT = *Josephella kühni* W. J. SCHMIDT.

Lanice MALMGREN.
Mera SAINT-JOSEPH = *Spirorbis* DAUDIN.
Mercierella FAUVEL.
— ? *dubiosa* W. J. SCHMIDT.
— *enigmatica* FAUVEL bei *Mercierella* ? *dubiosa* W. J. SCHMIDT und *Mercierella roveretoi* W. J. SCHMIDT.
— *roveretoi* W. J. SCHMIDT.
Metavermilia BUSH = *Vermiliopsis* SAINT-JOSEPH.
Neomicrorbis ROVERETO.
Omphalopomopsis SAINT-JOSEPH.
Paravermilia BUSH = *Vermiliopsis* SAINT-JOSEPH.
Pectinaria LAMARCK.
Pileolaria CLAPARÈDE = *Spirorbis* DAUDIN.
Placostegus PHILIPPI.
— *polymorphus* ROVERETO.
Planorbis minimus PETIVER = *Spirorbis (Laeospira) spirorbis* (LINNAEUS).
Polydora BOSC.
— *ciliata* (JOHNSTON).
— *hoplura* (CLAPARÈDE).
Polyphragma QUATREFAGES = *Hydroides* GUNNERUS.
Pomatoceros PHILIPPI.
— *dentatus* W. J. SCHMIDT.
— *triqueter* (LINNAEUS).
— — *bicanaliculatus* (MÜNSTER).
Pomatocerus dentatus W. J. SCHMIDT = *Pomatoceros dentatus* W. J. SCHMIDT.
— *triqueter* (LINNAEUS) = *Pomatoceros triqueter* (LINNAEUS).
Pomatostegus SCHMARDA.
— *comatus* (ROVERETO).
Proterula NIELSEN = *Protula* RISSO.
Protula RISSO.
— *canavarii* ROVERETO.
— *crassa* (non SOWERBY) (BELLARDI) = *Protula extensa* (BRANDER).
— *extensa* (BRANDER).
— — (SOLANDER) = *Protula extensa* (BRANDER).
— *firma* (SEGUENZA) = *Protula protensa* (LINNAEUS).
— — *tortoniana* ROVERETO = *Protula protensa tortoniana* (ROVERETO).
— *graeca* (BRULLÉ) = *Protula intestinum* (LAMARCK).
— *intestinum* (LAMARCK).
— — (non LAMARCK) ROVERETO, 1895 a, Tafel 9, Fig. 4 = *Protula canavarii* ROVERETO.
— — — — — 1895 a, Tafel 9, Fig. 12 = *Hydroides pectinata* (PHILIPPI).
— — *grundica* W. J. SCHMIDT.
— *isseli* ROVERETO.
— *kephreni* (FRAAS) = *Protula extensa* (BRANDER).
— *kressenbergensis* (GÜMBEL) bei *Protula extensa* (BRANDER).
— *protensa* (LAMARCK) = *Protula protensa* (LINNAEUS).
— — (LINNAEUS).

Protula RISSO *tortoniana* (ROVERETO).
— *protula* (CUVIER) = *Protula intestinum* (LAMARCK).
— *simplex* (LEA).
— *tubularia* (non MONTFORT) ROVERETO, 1895 a, Tafel 9, Fig. 2 = *Protula protensa* (LINNAEUS).
— — — — — 1895 a, Tafel 9, Fig. 1, 10 ? = *Protula protensa tortoniana* (ROVERETO).
— *vincenti* ROVERETO.
— *(Psygmobranchus) protensa* (PHILIPPI) = *Protula protensa* (LINNAEUS).

Protulopsis SAINT-JOSEPH = *Protula* RISSO.
— *intestinum* (LAMARCK) = *Protula intestinum* (LAMARCK).

Psygmobranchus PHILIPPI = *Protula* RISSO.
— *firmus* SEGUENZA = *Protula protensa* (LINNAEUS).
— *protensus* (GMELIN) = *Protula protensa* (LINNAEUS).
— *simplex* (LEA) = *Protula simplex* (LEA).

Reticulatum RAIUS = *Filograna* OKEN.

Rotularia DEFRANCE.
— *bognoriensis* (MANTELL) bei *Rotularia clymenioides* (GUPPY), *Rotularia leptostoma* (GABB), *Rotularia spirulaea* (LAMARCK).
— *clymenioides* (GUPPY).
— *complanata* DEFRANCE = *Rotularia spirulaea* (LAMARCK).
— *discoidea* (STOLICZKA) bei *Rotularia pseudospirulaea* (OPPENHEIM).
— *horatiana* (GARDNER) bei *Rotularia leptostoma* (GABB).
— *leptostoma* (GABB).
— *pseudospirulaea* (OPPENHEIM).
— *spirulaea* (BRONN) = *Rotularia spirulaea* (LAMARCK).
— — (LAMARCK).

Sabella graeca BRULLÉ = *Protula intestinum* (LAMARCK).
— *intestinum* (LAMARCK) = *Protula intestinum* (LAMARCK).
— *protula* (non CUVIER) CALCARA = *Protula protensa* (LINNAEUS).
— — (CUVIER) = *Protula intestinum* (LAMARCK).

Salmacina CLAPARÈDE.

Serpentula NIELSEN = *Serpula* LINNAEUS.

Serpula LINNAEUS.
— *africana* CHAVANNE = *Serpula hortensis* (OPPENHEIM).
— *anfracta* GOLDFUSS bei *Serpula discohelix* SEGUENZA.
— — (non GOLDFUSS) ROVERETO = *Serpula discohelix subanfracta* ROVERETO.
— *angulata* (non DA COSTA) GOLDFUSS = *Pomatoceros triqueter* (LINNAEUS).
— — — — MÜNSTER = *Pomatoceros triqueter* (LINNAEUS).
— *armata* JOHNSTON bei *Pomatoceros triqueter* (LINNAEUS).
— *articulata* (non SOWERBY) SEGUENZA = *Serpula fuchsii* ROVERETO.
— *bicanaliculata* MÜNSTER = *Pomatoceros triqueter bicanaliculatus* (MÜNSTER).
— *carinella* (non SOWERBY) REUSS = *Serpula reussi* ROVERETO.
— *clymenioides* (GUPPY) = *Rotularia clymenioides* (GUPPY).
— *clymenoides* (non GUPPY) WEISBORD = *Rotularia clymenioides* (GUPPY).
— *comata* (ROVERETO) = *Pomatostegus comatus* (ROVERETO).
— *compressa* QUATREFAGES = vieldeutig, pro parte *Serpula sexta* W. J. SCHMIDT.
— *conica* JOHNSTON bei *Pomatoceros triqueter* (LINNAEUS).

Serpula corrugata (non LINK) GOLDFUSS = *Serpula subpacta* ROVERETO.
— — — — — ,non GOLDFUSS) SCHAUROTH = *Pomatoceros triqueter bicanaliculatus* (MÜNSTER).
— *crassa* (non SOWERBY) BELLARDI = *Protula extensa* (BRANDER).
— *crenulosa* MAYER = *Pomatoceros triqueter bicanaliculatus* (MÜNSTER).
— *crispata* REUSS.
— *curvata* W. J. SCHMIDT.
— *dilatata* D'ARCHIAC bei *Serpula hortensis* (OPPENHEIM).
— *discohelix* SEGUENZA.
— — *subanfracta* ROVERETO.
— *elegantula* ROVERETO = *Vermiliopsis* (ROVERETO).
— *exilis* (non TARAMELLI) MARINONI = *Serpula gundavaënsis* D'ARCHIAC.
— *extensa* BRANDER = *Protula extensa* (BRANDER).
— — SOLANDER = *Protula extensa* (BRANDER).
— *fascicularis* BLAINVILLE = *Protula protensa* (LINNAEUS).
— *fascigiata* (non EICHWALD) BRONN = *Serpula fastigiata* EICHWALD.
— *fastigiata* EICHWALD.
— *fuchsii* ROVERETO.
— *gordialis* GOLDFUSS bei *Serpula gundavaënsis* D'ARCHIAC.
— *granosa* REUSS.
— *gregalis* EICHWALD bei *Hydroides pectinata* (PHILIPPI).
— — (non EICHWALD) ROVERETO = *Hydroides pectinata* (PHILIPPI).
— *gundavaënsis* D'ARCHIAC.
— *hortensis* (OPPENHEIM).
— *humulus* MÜNSTER bei *Serpula discohelix* SEGUENZA.
— *infundibulum* (non LAMARCK) COPPI = *Vermilia quinquesignata* (REUSS).
— *intestinum* LAMARCK = *Protula intestinum* (LAMARCK).
— *intricata* PENNANT bei *Pomatoceros triqueter* (LINNAEUS).
— *kephren* FRAAS = *Protula extensa* (BRANDER).
— *kressenbergensis* (non GÜMBEL) DONCIEUX = *Protula extensa* (BRANDER).
— *lacera* REUSS.
— *libera* SARS = *Ditrupa cornea* (LINNAEUS).
— *maeandrica* W. J. SCHMIDT.
— *manicata* REUSS = *Vermilia manicata* (REUSS).
— *nautiloides* (LAMARCK) = *Spirorbis (Laeospira) spirorbis* (LINNAEUS).
— *pectinata* (PHILIPPI) = *Hydroides pectinata* (PHILIPPI).
— *placentula* (non BEAN) REUSS = *Vermilia praestigiosa* ROVERETO.
— *protensa* (non LINNAEUS) DEFRANCE = *Protula extensa* (BRANDER).
— — GMELIN = *Protula protensa* (LINNAEUS).
— — LINNAEUS = *Protula protensa* (LINNAEUS).
— — (non LINNAEUS) GRAVES = *Protula extensa* (BRANDER).
— — — — HÖRNES = *Protula protensa tortoniana* (ROVERETO).
— — — — STUR = *Protula protensa tortoniana* (ROVERETO).
— — LAMARCK = *Protula protensa* (LINNAEUS).
— *proterva* (non LAMARCK) FERRETTI = *Protula protensa* (LINNAEUS).
— *protula* CUVIER = *Protula intestinum* (LAMARCK).
— *quinquenodosa* W. J. SCHMIDT.
— *quinquesignata* REUSS = *Vermilia quinquesignata* (REUSS).
— *reussi* ROVERETO.

Serpula sexta W. J. SCHMIDT.
- *simplex* (LEA) = *Protula simplex* (LEA).
- *spirographis* GOLDFUSS.
- *spirorbis* LINNAEUS = *Spirorbis (Laeospira) spirorbis* (LINNAEUS).
- *spirulaea* D'ARCHIAC = *Rotularia spirulaea* (LAMARCK).
- — LAMARCK = *Rotularia spirulaea* (LAMARCK).
- *spirulaea minor* MARINONI = *Rotularia spirulaea* (LAMARCK).
- *subcorrugata* OPPENHEIM bei *Serpula subpacta* ROVERETO.
- *subpacta* ROVERETO.
- *tenuis* (non SOWERBY) ETHERIDGE = *Protula extensa* (BRANDER).
- — — — VINCENT & RUTOT = *Protula extensa* (BRANDER).
- *toilliezi* NYST & LE HON = *Protula extensa* (BRANDER).
- *traversa* W. J. SCHMIDT.
- *trinodosa* W. J. SCHMIDT.
- *triquetoides* DELLE CHIAJE bei *Pomatoceros triqueter* (LINNAEUS).
- *triquetra* LINNAEUS = *Pomatoceros triqueter* (LINNAEUS).
- *umbiliciformis* MÜNSTER = *Spirorbis (Laeospira) umbiliciformis* (MÜNSTER).
- *vermicularis* CUVIER bei *Pomatoceros triqueter* (LINNAEUS).
- *(Hydroides) pectinata* (PHILIPPI) = *Hydroides pectinata* (PHILIPPI).
- *(Pomatoceros) hortensis* OPPENHEIM = *Serpula hortensis* (OPPENHEIM).
- *(Protula) hortensis* (OPPENHEIM) = *Serpula hortensis* (OPPENHEIM).
- *(Rotularia) clymenoides* (non GUPPY) HARRIS & WARING = *Rotularia clymenioides* (GUPPY).
- — — *pseudospirulaea* OPPENHEIM = *Rotularia pseudospirulaea* (OPPENHEIM).
- — — *spirulaea* (LAMARCK) = *Rotularia spirulaea* (LAMARCK).
- *(Spirulaea) nummularia* (BRONN) = *Rotularia spirulaea* (LAMARCK).
- *(Vermilia?) elegantula* (ROVERETO) = *Vermiliopsis elegantula* (ROVERETO).

Serpulites nummularius SCHLOTHEIM = *Rotularia spirulaea* (LAMARCK).
Spiramella BLAINVILLE = *Protula* RISSO.
Spirorbella CHAMBERLIN = *Spirorbis* DAUDIN.
Spirorbides CHAMBERLIN = *Spirorbis* DAUDIN.
Spirorbis DAUDIN.
- *aberrans* HOHENSTEIN bei *Spirorbinae*.
- *borealis* DAUDIN = *Spirorbis (Laeospira) spirorbis* (LINNAEUS).
- — (LINNAEUS) = *Spirorbis (Laeospira) spirobis* (LINNAEUS).
- *clymenioides* GUPPY = *Rotularia clymenioides* (GUPPY).
- *commutatus* ROVERETO = *Spirorbis (Dexiospira) commutatus* (ROVERETO).
- *declivis* REUSS = *Spirorbis (Laeospira) declivis* (REUSS).
- *leptostoma* GABB = *Rotularia leptostoma* (GABB).
- *nautiloides* LAMARCK = *Spirorbis (Laeospira) spirorbis* (LINNAEUS).
- — — LISTER = *Spirorbis (Laeospira) spirorbis* (LINNAEUS).
- *heliciformis* EICHWALD = *Spirorbis (Dexiospira) heliciformis* (EICHWALD).
- *simplex* (non GRUBE) ROVERETO = *Spirorbis (Dexiospira) commutatus* (ROVERETO).
- *spirorbis* (LINNAEUS) = *Spirorbis (Laeospira) spirorbis* (LINNAEUS).
- *umbiliciformis* GOLDFUSS = *Spirorbis (Laeospira) umbiliciformis* (MÜNSTER).
- — — (MÜNSTER) = *Spirorbis (Laeospira) umbiliciformis* (MÜNSTER).
- *(Dexiorbis)* CHAMBERLIN = *Spirorbis (Dexiospira)* CAULLERY & MESNIL.

Serpula (Dexiospira) CAULLERY & MESNIL.
— — *bilineatus* W. J. SCHMIDT.
— — *commutatus* (ROVERETO).
— — *heliciformis* (EICHWALD).
— *(Leodora)* SAINT-JOSEPH.
— *(Laeospira)* CAULLERY & MESNIL.
— — *borealis* (DAUDIN) = *Spirorbis (Laeospira) spirorbis* (LINNAEUS).
— — *declivis* (REUSS).
— — *obtectus* (SEGUENZA) bei *Spirorbis (Laeospira) umbiliciformis* (MÜNSTER).
— — *spirorbis* (LINNAEUS).
— — *umbiliciformis* (MÜNSTER).
— *(Paradexiospira)* CAULLERY & MESNIL.
— *(Paralaeospira)* CAULLERY & MESNIL.
— *(Rotularia) clymenioides* (GUPPY) = *Rotularia clymenioides* (GUPPY).
— *(Serpula) spirorbis* (LINNAEUS) = *Spirorbis (Laeospira) spirorbis* (LINNAEUS).
— *(Sinistrella)* CHAMBERLIN = *Spirorbis (Laeospira)* CAULLERY & MESNIL.
— *(Tubulostium) leptostoma* (GABB) = *Rotularia leptostoma* (GABB).

Spirorbula NIELSEN = *Spirorbis* DAUDIN.

Spirulaea (non PÉRON) BRONN = *Rotularia* DEFRANCE.
— *leptostoma* (GABB) = *Rotularia leptostoma* (GABB).
— *nummularia* BRONN = *Rotularia spirulaea* (LAMARCK).

Taonurus SAPORTA.

Teredo simplex LEA = *Protula simplex* (LEA).

Tubercularia (non PLANC) BLAINVILLE = *Filograna* OKEN.

Tubipora KOEHLREUTER = *Filograna* OKEN.

Tubularia BLANC = *Filograna* OKEN.

Tubulostium STOLICZKA = *Rotularia* DEFRANCE.
— *leptostoma* (GABB) = *Rotularia leptostoma* (GABB).
— — *clymenioides* (GUPPY) = *Rotularia clymenioides* (GUPPY).
— *nysti* GALEOTTI = *Rotularia nysti* (GALEOTTI) bei *Rotularia spirulaea* (LAMARCK).
— *pseudospirulaeum* (OPPENHEIM) = *Rotularia pseudospirulaea* (OPPENHEIM).
— *spirulaeum* (LAMARCK) = *Rotularia spirulaea* (LAMARCK).
— — *euganea* ROVERETO = *Rotularia spirulaea* (LAMARCK).

Vermetus protensus (GMELIN) = *Protula protensa* (LINNAEUS).
— *spirulaeus* (BRONN) = *Rotularia spirulaea* (LAMARCK).
— — (LAMARCK) = *Rotularia spirulaea* (LAMARCK).

Vermicularia nummularia (SCHLOTHEIM) = *Rotularia spirulaea* (LAMARCK).

Vermilia LAMARCK.
— *calyptrata* (non GRUBE) SEGUENZA = *Vermilia quinquesignata* (REUSS).
— *comata* ROVERETO = *Pomatostegus comatus* (ROVERETO).
— *conigera* QUATREFAGES bei *Pomatoceros triqueter* (LINNAEUS).
— *cristata* (non LAMARCK) CHENU = *Pomatoceros triqueter* (LINNAEUS).
— *elongata* QUATREFAGES bei *Pomatoceros triqueter* (LINNAEUS).
— *humilis* QUATREFAGES bei *Pomatoceros triqueter* (LINNAEUS).
— *infundibulum* (non LAMARCK) SEGUENZA = *Vermilia quinquesignata* (REUSS).
— *lamarckii* QUATREFAGES bei *Pomatoceros triqueter* (LINNAEUS).
— *manicata* (REUSS).
— *miocenica* SEGUENZA = *Pomatoceros triqueter* (LINNAEUS).

Vermilia pectinata (PHILIPPI) = *Hydroides pectinata* (PHILIPPI).
 — *pennantii* QUATREFAGES bei *Pomatoceros triqueter* (LINNAEUS).
 — *placentula* (non BEAN) (REUSS) = *Vermilia praestigiosa* ROVERETO.,
 — *porrecta* MALMGREN bei *Pomatoceros triqueter* (LINNAEUS).
 — *praestigiosa* ROVERETO.
 — *quinquelineata* (non PHILIPPI) ROVERETO = *Serpula fastigiata* EICHWALD.
 — *quinquesignata* (REUSS).
 — — *kienbergi* W. J. SCHMIDT.
 — *socialis* QUATREFAGES bei *Pomatoceros triqueter* (LINNAEUS).
 — *tricuspis* QUATREFAGES bei *Pomatoceros triqueter* (LINNAEUS).
 — *trifida* QUATREFAGES bei *Pomatoceros triqueter* (LINNAEUS).
 — *triquetra* (LINNAEUS) = *Pomatoceros triqueter* (LINNAEUS).
 — *(Serpula) triquetra* (LINNAEUS) = *Pomatoceros triqueter* (LINNAEUS).
Vermiliopsis SAINT-JOSEPH.
 — *elegantula* (ROVERETO).
 — *infundibulum* (PHILIPPI) bei *Vermiliopsis elegantula* (ROVERETO).

Tabellarische Übersicht der österreichischen Vorkommen.

PALÄOGEN

	Eozän			Oberes Untereozän	Unter- bis Mitteleozän			Mitteleozän						Oberes Mittel- bis Unteres Obereozän	Obereozän	
	Greifenstein	Tullnerbach	Waschberg	Sonnberg	Dobranberg	Fuchsofen	Guttaring	Gschliefgraben	Haidhof	Mattsee	Ohlsdorf	Radstadt	Reinthal	Scharnstein bei Grünau	Kleinkogel	Bruderndorf	St. Pankraz
Taonurus sp.		S S															
Protula extensa (BRANDER)									S	S					S		
— *vincenti* ROVERETO				S								?					
Serpula gundavaënsis D'ARCHIAC.	S				S		S										
— *hortensis* (OPPENHEIM)						S S	S									?	
— *maeandrica* W. J. SCHMIDT			M														
— *spirographis* GOLDFUSS				S													
Rotularia clymenioides (GUPPY)																S	S
— *leptostoma* (GABB)				?					S								
— *pseudospirulaea* (OPPENHEIM)				H													
— *spirulaea* (LAMARCK)				H		M			S S	S			S	S	H	M	

95

Literaturverzeichnis.

ABDERHALDEN E., siehe EHRENBERG K., 1929.
ABEL O.: Grundzüge der Paläobiologie. — Stuttgart 1912.
— Lehrbuch der Paläozoologie. — Jena 1920.
— Ein Lösungsversuch des Flyschproblems. — Anz. österr. Akad. Wiss., math.-naturw. Kl., *62*. Wien 1925.
— Amerikafahrt. — Jena 1926.
— Fossile Mangrovesümpfe. — Paläont. Zschr., *8*. Berlin 1926.
— Lebensbilder aus der Tierwelt der Vorzeit. — Jena 1927.
— Aufklärung der Kriechspuren im Greifensteiner Sandstein. — Anz. Österr. Akad. Wiss., math.-naturw. Kl., *66*. Wien 1929.
— Vorzeitliche Lebensspuren. — Jena 1935.
ABILDGAARD S.: Zoologica Danica. *4*. — Kopenhagen 1806.
ABRARD R.: Le Lutétien du Bassin de Paris. — Angers 1925.
ABSOLON K. & HRABE S.: Über einen neuen Süßwasserpolychäten aus den Höhlengewässern der Herzegowina. — Zool. Anz., *88*. Leipzig 1930.
ADAMS A. H.: Description of a New Genus and Species of Mollusk. — Proc. Zool. Soc. London, *28*. London 1860 a.
— On some New Genera and Species of *Mollucsa* from Japan. — Ann. Mag. Nat. Hist., (3) *5*. London 1860 b.
ADANSON M.: Histoire naturelle de Sénégal coquillages. — Paris 1757.
AGASSIZ L.: Nomenclatoris zoologici index universalis. — Soloduri 1848.
AGASSIZ A. A Visit of the Bermudas. — Mem. Mus. Comp. Zool. Harvard, *26*. Harvard 1894—1895.
ALDROVANDI U.: De reliquis animalibus exanguibus. — Bononiae 1642.
ALESSANDRI G.: La pietra da cantoni. — Mem. Soc. Ital. Sc. Nat., *6*. Milano 1897.
ALLEN E. J.: *Polychaeta* of Plymouth and the South-Devon Coast. — Journ. Mar. Biol. Ass. Plymouth, n. s., *10*. Plymouth 1915.
ANDRÉE K.: Geologie des Meeresbodens. — Leipzig 1920.
— Bedeutung und zeitliche Verbreitung von *Arenicoloides* BLANCKENHORN und verwandten Formen. — Paläont. Zsch., *8*. Berlin 1926.
ANKEL W. E.: *Prosobranchia*. — Tierwelt der Nord- und Ostsee, *9*. Leipzig 1937.
ANNENKOVA N. P.: The Fresh-water and Brack-water *Polychaeta* of the USSR. — Lenin Ac. Agric. Sci., Inst. Fish. Sci. Explor. Leningrad 1930.
ANNENKOVA-CHLOPINA N. P.: Neues über die Verbreitung einiger Arten der Polychaeten. — C. R. Acad. Sci. USSR, 1924. Leningrad 1925.
ARCHIAC A. D': Description des fossiles des environs de Bajonne. — Mém. Soc. Géol. France, (1) *2*/(2) *2/3*. Paris 1835/1846/1850 a.
— Histoire des progrès de la Géologie, *3*. — Paris 1850 b.
— Sur les fossiles recueillés par M. POUECH dans le terrain tertiaire du départment de l'Ariège. — Bull. Soc. Géol. France, (2) *16*. Paris 1859.
— Paléontologie de la France. — Paris 1868.
ARCHIAC A. D' & HAIME J.: Description des animaux fossiles du groupe nummulitique de l'Inde. — Paris 1853.
ARDUINI V.: Conchiglie di Albenga. — Att. Soc. Lig. Sc. Nat. Geogr., *5*. Genova 1895.
ASHWORTH J. H.: Catalogue of the *Chaetopoda* in the British Museum. A. *Polychaeta*. — London 1912.
ATLAS Aquarium Neopolitanum. — Napoli 1883 (fide G. ROVERETO, 1898).
AUDOUIN J. V. & MILNE-EDWARDS H.: Recherches pour servir à l'histoire naturelle des côtes de la France. — Ann. Sci. Nat., *1—5*. Paris 1832—1834.
AUGENER H.: Bemerkungen über einige Polychaeten von Roscoff. — Zool. Anz., *36*. Leipzig 1910.
— Beitrag zur Kenntnis verschiedener Anneliden und Bemerkungen über die nordischen *Nephthys*-Arten und deren epitoke Formen. — Arch. Naturgesch., Abt. A, *78*. Berlin 1912.
— *Polychaeta*. In: Die Fauna Südwest-Australiens, *4/5*. — Jena 1913/1914.
— *Polychaeta*. In: Beiträge zur Kenntnis der Meeres-Fauna West-Afrikas, *2*. — Berlin 1918.
— *Polychaeta*. In: Zoologische Ergebnisse der ersten Lehr-Expedition der Dr. P. Schottländerschen Jubiläums-Stiftung. — Mitt. Zool. Mus. Berlin, *12*. Berlin 1925 a.
— Über westindische und einige andere Polychaeten-Typen von GRUBE·(OERSTED), KRØYER, MØRCH und SCHMARDA. — Publ. Univ. Zool. Mus. København, *39*. København 1925 b.
— Über das Vorkommen von *Spirorbis*-Röhren an Einsiedlerkrebsen. — Zool. Anz., *68*. Leipzig 1926.

AVNIMELECH M.: Etudes géologiques dans la région de la Shéphélah. — Trav. Lab. Géol. Grenoble, *19*. Grenoble 1936.
— Upper Cretaceous Serpulids and Scaphopods from Palestine. — Bull. Geol. Dept. Hebr. Univ., *3*. Jerusalem 1941.
BAIRD W.: On New Tubicolous Annelids in the Collections of the British Museum. — Journ. Zool. Linn. Soc. London, *8*. London 1865.
BARROIS C.: Sur les Spirorbes du Terrain Houiller de Bruay. — Annal. Soc. Géol. Nord, *33*. Lille 1904.
BATHER F. A.: Fossil Representativs of the Lithodomous Worm *Polydora*. — Geol. Mag., (5) *6*. London 1909.
— Some Fossil Annelid Burrows. — Geol. Mag., (5) *7*. London 1910.
— Upper Cretaceous Terebelloids from England. — Geol. Mag., (5) *8*. London 1911.
— The Distribution of „*Terebella*" *cancellata*. — Geol. Mag., (8) *6*. London 1919.
BAYAN F.: Terrain tertiaire de la Vénétie. — Bull. Soc. Géol. France, (3) *27*. Paris 1870.
— Études faites dans la collection de l'École des Mines sur des fossiles nouveaux ou mal connus, *2*. — Paris 1873.
BEADLE L. C.: Adaption to Changes of Salinity in the Polychaetes. — Journ. Exper. Biol., *14*. Edinburgh 1937.
BEAUCHAMP P. M. DE: Quelques remarques sur la bionomie marine des îles Chausey. — Bull. Soc. Zool. France, *48*. Paris 1923.
BECKER H. siehe GÖTZINGER G. & BECKER H.
BELLARDI L.: Catalogue des fossiles nummulitiques de Nice. — Mém. Soc. Géol. France, (2) *4*. Paris 1853.
— Fossili nummulitici d'Egitto. — Mem. R. Accad. Sc. Torino. Torino 1855.
BENEDEN P. J. VAN: Recherches sur la faune littorale de la Belgique. — Bull. Acad. R. Sc. Belg., (2) *32*. Bruxelles 1861.
BENHAM W. B.: *Archiannelida, Polychaeta* and *Myzostomaria*. — Cambridge Nat. Hist., *2*. Cambridge 1901.
BERKELEY J. M.: Description of the Animal of Two British *Serpulidae*. — Zool. Journ., *3*. London 1827—1828.
— Observations upon the *Dentalium subulatum*. — Zool. Journ., *5*. London 1832—1833.
BERNARD H. M.: A Suggested Origin of the Segmented Worms and the Problem of Metamerism. — Ann. Mag. Nat. Hist., *6*. London 1900.
BIANCO E. R. siehe LO BIANCO E. R.
BIANCO S. siehe LO BIANCO S. und RIOJA E. & LO BIANCO S.
BIEDERMANN W.: Physiologie der Stütz- und Skelettsubstanzen. In WINTERSTEIN H.: Handbuch der vergleichenden Physiologie. *3*. — Jena 1914.
BINARD A. & JEENER R.: Recherches sur la morphologie du système nerveux des Annélides. — Bull. Acad. R. Belg., Cl. Sci. Bruxelles 1926.
BLAINVILLE H. DE: In: Dictionnaire des Sciences Naturelles. — Paris 1816—1830.
BLANCKENHORN M.: Geologie Aegyptens. — Berlin 1901.
BOBRETZKY N.: Annélides. In: Matériaux pour la faune de la Mer Noire. — Mém. Soc. Natur. Kiew, *1*. Kiew 1870.
— siehe auch MARION A. F. & BOBRETZKY N.
BOETTGER O. siehe BÖTTGER O.
BØGGILD O. B.: The Shell Structure of the Molluscs. — K. Danske Vidensk. Selsk. Skrift., Naturvidensk. Mathem. Afd., *9*. Kopenhagen 1930.
BOGSCH L.: Tortonische Fauna von Nógrádszakál. — Mitt. Jb. Ung. Geol. R. A., *31*. Budapest 1936.
— Tortonische Fauna von sandiger Fazies aus der Umgebung des Szentkuter Klosters bei Mátraverebély. — Mitt. Jb. Ung. Geol. R. A., *36*. Budapest 1943.
BOHN G.: Sur les mouvements respiratoires musculaires des Annélides marins. — C. R. Soc. Biol., *56*. Paris 1904.
BONANNI F.: Ricreatione dell' occhiv e della mente nell' observationi delle chiocciole. — Roma 1681.
BONELLI A.: Denominationes ineditae testaceorum Musei zoologici Taurinensis. — Torino 1827.
BORG F.: Über die *Spirorbis*-Arten Schwedens nebst einem Versuch zu einer neuen Einteilung der Gattung *Spirorbis*. — Zool. Bidr. Uppsala, *5*. Uppsala 1917.
BORN I.: Testacea Musei Caesarei Vindobonensis. — Wien 1870.
BORSON E.: Catalogue de la collection minéralogique de l'Université de Turin. — Torino 1830.
BÖTTGER O.: Über die nachweisbaren Spuren des Lebens der Thier- und Pflanzenwelt in der Vorzeit. — Ber. Offenbacher Vereins Naturk., *8*. Offenbach/Main 1867.
— Die Tertiärfauna von Pebas am oberen Marañon. — Jb. Geol. R. A. Wien, *28*. Wien 1878.
BOUSSAC J.: Études stratigraphiques et paleontologiques sur le Nummulitique de Biarritz. — Annal. Hébert, *5*. Paris 1911.

BRANDER G.: Fossilia Hantoniensia collecta et in Musaeo Britannico deposita. — London 1776.
BRANDL W.: Neue geologische Beobachtungen im Tertiärgebiet von Hartberg. — Mitt. Naturw. Ver. Stmk., *81/82*. Graz 1952.
BROCCHI G.: Conchiglia fossile subappennina. — Milano 1814 (ed. SILVESTRI, 1845).
BROECK E. VAN DEN: Dépôts pliocènes des environs d'Auvers. — Annal. Soc. Malac. Belg., *11*. Bruxelles 1876.
BRONGNIART A.: Histoire des végétaux fossiles. — Paris 1828.
BRONN H. G.: Verzeichnis der bei dem Heidelberger Mineralien-Komptoir verkäuflichen Konchylien-, Pflanzenthier- und andern Versteinerungen. — Zsch. Miner., *2*. Frankfurt/Main 1827.
— Lethaea geognostica. — Stuttgart 1829 (2. Aufl. 1834—1838 a, 3. Aufl. 1853—1856).
— Italiens Tertiär-Gebilde. — Heidelberg 1831.
— Notizen über das Vorkommen der Tegelformation und ihrer Fossilreste in Siebenbürgen und Galizien nach den von Geheimrat J. v. HAUER erhaltenen Mitteilungen. — N. Jb. Min. Geogn. Geol. Petrefaktenk., herausgeg. v. K. C. LEONHARD & H. G. BRONN. Stuttgart 1837 b.
— Index palaeontologicus. — Stuttgart 1848.
BROOKES S.: Introduction to the Study of Conchology. — London 1815.
BRULLÉ G. A.: Les animaux articulés. In: Expedition scientifique de Morée. *3*. — Paris 1832.
BRÜNNICH NIELSEN K. siehe NIELSEN K. BRÜNNICH.
BRUNOTTE C.: Recherches anatomiques sur une espèce du genre *Branchiomma*. — Trav. Stat. Zool. Cette 1888.
BUETSCHLI O. siehe BÜTSCHLI O.
BULLEN A.: The Serpuline „Atolls" or „Boilers". — Geol. Mag., (5) *8*. London 1911.
BUSH K. J.: Tubiculous Annelids of the Tribes Sabellides and Serpentides from the Pacific Ocean. In: Harriman Alaska Expedition, with Cooperation of Washington Academy of Sciences, *12*. — New York 1904.
— Notes on the Relation of two Genera of Tubiculous Annelids, Vermilia LAMARCK 1818 and *Pomatoceros* PHILIPPI 1844. — Amer. Journ. Sci., *23*. New Haven 1907.
BÜTSCHLI O.: Erwiderung auf N. HOLMGRENs Kritik in Bd. 24, S. 205—208 dieser Zeitschrift. — Anat. Anz., *24*. Jena 1904.
CAILLIAUD F.: Catalogue des Radiaires, des Annélides, des Cirrhipèdes et des Mollusques marins, terrestres et fluviatiles recueillis dans le département de la Loire-Inférieure. — Nantes 1865.
CALCARA P.: Memoria sopra alcune chonchiglie fossili rivenute nella contrada d'Altavilla. — Palermo 1841.
CALMAN W. T.: Marine Boring Animals Injurious to Submerged Structures. — Econ. Ser., Brit. Mus. Nat. Hist., *10*. London 1922.
CARAZZI D.: Revisione del genere *Polydora* BOSC e cenni su due specie che vivono sulle ostriche. — Mitt. Zool. Stat. Neapel, *11*. Napoli 1893.
CARPENTER P.: Monograph of the *Caecidae*. — Proc. Zool. Soc. London, *26*. London 1858.
CAULLERY M.: Sur le genre *Pallasia* QFG. et la région prostomiale des Sabellariens. — Bull. Soc. Zool. France, *38*. Paris 1913.
— Sur les formes larvaires des Annélides de la famille des Sabellariens. — Bull. Soc. Zool. France, *39*. Paris 1914.
— Notes préliminaires sur les Polychaetes Sédentaires du „Siboga". — Bull. Soc. Zool. France, *40*. Paris 1915.
— Sus les Térébelliens de la sous-famille des *Polycirridae* MALMGREN. — Bull. Soc. Zool. France, *41*. Paris 1916.
— siehe auch MESNIL F. & CAULLERY M.
CAULLERY M. & MESNIL F.: Sur deux Serpuliens nouveaux. — Zool. Anz., *19*. Leipzig 1896.
— Études sur la morphologie comparée et la phylogénie des espèces chez les Spirorbes. — Bull. Sc. France Belg., *30*. Paris 1897a.
— Sur un cas de ramification chez une Annélide (*Dodecaceria concharum* OERSTED). — Zool. Anz., *20*. Leipzig 1897 b.
— Sur les Spirorbes; asymétrie de ces Annélides et enchainement phylogénétique des espèces du genre. — C. R. Acad. Sci. Paris, *124*. Paris 1897 c.
— Dimorphisme évolutif chez les Annélides Polychètes. — C. R. Hebdom. Soc. Biol. Paris, *81*. Paris 1918 a.
— Un cas de gynandromorphisme chez une Annélide Polychète *(Spio martinensis)*. — Bull. Biol. France Belg., *52*. Paris 1918 b.
CAYEUX L.: Introduction à l'étude pétrographique de roches sédimentaires. — Paris 1916.

CHAMBERLIN R. V.: The *Annelida Polychaeta*. In: Rep. Sc. Res. Exped. U. S. Fish. St. „Albatros". — Mem. Mus. Comp. Zool. Harvard, *48*. Cambridge 1919.

CHARRIER H.: Note sur les Annélides Polychètes de la région de Tanger. — Bull. Soc. Sc. Nat. Maroc., *1*. Rabat & Paris 1921.

CHAVANNE J. DARESTE DE LA: Fossiles Tertiaires de la Région de Guelma. — Mater. Cart. Géol. Algér, (1) *4*. Alger 1910.

CHENU J. C.: Illustrations conchyliologiques. — Paris 1842—1855.

— Manuel de Conchyliologie et de Paléontologie conchyliologique. — Paris 1859/60.

CHENU J. C. & DEMAREST: Histoire naturelle des Annelés. — Paris 1859.

CHIAJE C. DELLE siehe DELLE CHIAJE C.

CHIGI L.: Organi escretori e glandole tubipare delle Serpulacee. — Foligno 1890.

CLAPARÈDE É.: Recherches anatomiques sur les Annélides observées dans les Hébrides. — Mém. Soc. Phys. Hist. Nat. Genève, *16*. Genève 1861.

— Beobachtungen über Anatomie und Entwicklungsgeschichte wirbelloser Thiere an der Küste der Normandie angestellt. — Leipzig 1863.

— Glanures zootomiques parmi les Annélides de Port-Vendres. — Mém. Soc. Phys. Hist. Nat. Genève, *17*. Genève 1864.

— De la structure des Annélides. — Arch. Sci., *30*. Paris 1867.

— Annélides Chétopodes du Golfe du Naples. — Mém. Soc. Phys. Hist. Nat. Genève, *19/20*. Genève 1868/1870.

— Recherches sur la structure des Annélides Sédentaires. — Mém. Soc. Phys. Hist. Nat. Genève, *22*. Genève 1873.

CLARKE J. M.: Criskany Fauna of Becraft Mountain. — Mem. N. Y. State Mus., *3*. Albany 1900.

— Some Devonic Worms. — Ann. Rep. N. Y. State Mus., *56*. Albany 1902.

— The Beginnings of the Dependent Life. — Bull. N. Y. State Mus., *221*. Albany 1908.

— Early Devonic History of New York and Eastern North America. — Mem. N. Y. State Mus., *9*. Albany 1909.

— Organic Dependence and Disease. — Bull. N. Y. State Mus., *221/222*. Albany 1921.

COCCONI G.: Aggiunta alla enumerazione sistematica dei Molluschi miocenici e pliocenici delle provincie di Parma e Piacenza. — Parma 1881.

CONRAD T. A.: Fossils of the Tertiary Formations of the United States. 3. — Philadelphia 1845.

— Catalogue of the Eocene *Annulata*. — Proc. Acad. Nat. Sc. Philadelphia. Philadelphia 1865.

— Check List of the Invertebrate Fossils of North America. — Smithson. Misc. Coll. Washington 1866.

CONTI S.: Stratigrafia e paleontologia della Val Solda (Lago di Lugano). — Mem. Descrit. Carta Geol. Ital., *30*. Roma 1954.

COPPI F.: Catalogo dei fossili miocenici e pliocenici del Modenese. — Modena 1874.

— Del terreno tabiano modenese e de' suvi fossili. — Boll. R. Comit. Geol. Ital., *11*. Roma 1880.

CORI C. J.: Der Naturfreund am Meeresstrand. — Wien 1928 (2. Aufl.).

CORNWALL J. E.: Rockborers and Tide Pools. — Canad. Field. Natur. Ottawa 1923.

COSMOVICI L. C.: Glandes génitales et organs ségmentaires des Annélides Polychètes. — Arch. Zool. Exper. Génér., (1) *8*. Paris 1880.

COSSMANN M.: Essais de paléoconchologie comparée. 9. — Paris 1912 a.

— Rectifications de nomenclature. — Rev. Crit. Paléoz. Palépht., *16*. Paris 1912 b.

COSSMANN M. & O'OGORMAN G.: Le gisement Cuisien de Gan. — Pau 1923.

COSTA E. DE siehe DA COSTA E.

COSTA O. G.: Description de quelques Annélides nouvelles du Golfe de Naples. — Annal. Sc. Natur., Zool., (2) *16*. Paris 1841.

— Paleontologia del Regno di Napoli. — Napoli 1854—1856.

— Descrizione di alcuni Annelidi del Golfo di Napoli. — Annuario Mus. Zool. Napoli, *1*. Napoli 1862 a.

— Illustrazione iconografica degli Annellidi rari o poco conocsiuti del golfo di Napoli. — Annuar. Mus. Zool. Napoli, *2/4/7*. Napoli 1862/1864/1867 b.

COUVRIER M.: Structure microscopique du test de quelques scaphopods. — Ann. Inst. Oceanogr., n. s. *7*. Paris 1929.

CROSSLAND C.: On the Marine Fauna of Zanzibar and British East Africa. — Proceed. Zool. Soc. London, *1/2/3*. London 1903/1904 a.

— The *Polychaeta* of the Maldive Archipelago. — Proceed. Zool. Soc. London, 2. London 1904 b.

CUNNINGHAM J. T. & RAMAGE: The *Polychaeta Sedentaria* of the Firth of Forth. — Trans. R. Soc. Edinburgh, *33*. Edinburgh 1888.

CUVIER G. L.: Le Règne Animal. — Paris 1816—1817 (2. Aufl. 1829—1830).

CUVIER G. L.: siehe auch GUERIN V. und MILNE-EDWARDS H. & QUATREFAGES A.
CUVILLIER J.: Revisione du Nummulitique Egyptien. — Mém. Inst. Egypte, *16*. Cairo 1930.
CZIZEK J. siehe HÖRNES M., 1848.
DA COSTA E.: The British Conchology. — London 1778.
DACQUÉ E.: Vergleichende biologische Formenkunde der fossilen niederen Tiere. — Berlin 1921.
— Das fossile Lebewesen. — Verständl. Wissensch., *4*. Berlin 1928.
DAINELLI G.: L'Eocene Friulano. — Firenze 1915.
DALL H.: *Mollusca*. In: Reports on the Results of Dredging in the U. S. Coast Survey Steamer „Blacke".— Bull. Mus. Comp. Zool. Harvard, *18*. Cambridge 1889.
— Tertiary Fauna of Florida. — Trans. Wagn. Free Inst. Sc. Philadelphie, *3*. Philadelphia 1892.
D'ARCHIAC A. siehe ARCHIAC A. D'.
DAUDIN F. M.: Rec. 1800 (fide O. A. L. MØRCH, 1863).
DAWSON G. M.: On the Tubicolous Marine Worms of the Gulf of St. Lawrence. — Canad. Natur. Geol., *5*. Montreal 1860.
— Note on Supposed Burrows of Worm in the Laurentian Rocks of Canada. — Quart. Journ. Geol. Soc. London, *22*. London 1866.
— On Burrows and Tracks of Invertrebrate Animale in Palaeozoic Rocks. — Quart. Journ. Geol. Soc. London, *46*. London 1890.
DE BLAINVILLE H. siehe BLAINVILLE H. DE.
DEFRANCE D. F.: In: Dictionnaire des Sciences Naturelles. *46*. — Paris 1827 (1816—1830).
DE LA MARMORA A. siehe MENEGHINI G.
DELESSERT A.: Recueil de coquilles decrites par LAMARCK. — Paris 1841.
DELLE CHIAJE C.: Memoria sulla storia e notomia degli animali sensa vertebre del Regno di Napoli. *2*.— Napoli 1822—1829.
— Descrizione e notomia degli animali invertebrati della Sicilia citeriore osservati vivi negli anni 1822—1830. — Napoli 1841.
DELVAUX M.: Cour au mond Saint-Aubert et exploration de la grande tranchée d'Ormont à Kain. — Annal. Soc. Malac. Belg., *19*. Bruxelles 1884.
DELWALQUE siehe NYST H.
DEMAREST siehe CHENU J. C. & DEMAREST.
DERICHS F.: Über Flysch-Chondriten. — Senckenbergiana, *10*. Frankfurt/Main 1928.
DE SERRES M. siehe SERRES M. DE.
DESHAYES G. P.: Monographie du genre Dentale. — Mém. Soc. Hist. Nat. Paris, *2*. Paris 1826.
— Hist. nat. d. vers. In: Encyclopédie méthodique. *2*. — Paris 1830.
— Expédition scientifique de Morée. *3*. — Paris 1832.
— Appendix. Zu C. LYELL: Principles of Geology. — London 1833.
— Traité élémentaire de Conchyliologie. — Paris 1843—1850.
— Description des animaux sans vertèbres du bassin de Paris. — Paris 1860—1866.
— siehe auch LAMARCK J. B. P. A.
DEUSSEN A.: Geology of the Coastal Plain of Texas West of Brazos River. — Prof. Pap. U. S. Geol. Surv., *126*. Washington 1924.
DILLWYN L.: Descriptive Catalogue of Recent Shells. *2*. — London 1817.
DITLEVSEN H.: Polychaete Annelider. — Meddel. Grønland, *7*. København 1914.
DIXON F.: The Geology and Fossils of the Tertiary and Cretaceous Formations of Sussex. — London 1850.
DODERLEIN P.: Cenni geologici intorno la giacitura dei terreni miocenici superiori. — Att. Congr. Sc. Ital., *10*. Torino 1862.
DOFLEIN F. siehe HESSE R. & DOFLEIN F.
DOLLFUS R. P.: Contribution a la faune des invertébrés de Rockall. — Bull. Inst. Océan. Monaco, *438*. Monaco 1924.
— Sur l'attaque de la coquille des bigourneaux *(Littorina littorea)* d'Hollande par *Polydora*. — Rev. Trav. Sc. Téchn. Pech. Mar., *5*. Paris 1932.
DONCIEUX L.: Catalogue desriptif des fossiles nummulitiques de l'Aude et de l'Hérault. *3*. — Annal. Univ. Lyon, Sc. Méd., n. s. *45*. Lyon & Paris 1925.
DONOVAN E.: Natural History of British Shells. — London 1799—1803.
DORSET: Catalog. — 1813 (fide G. ROVERETO, 1904 b).
DOUVILLÉ H.: Sur l'âge des couches traversées par le Canal de Panama. — Bull. Soc. Géol. France, (3) *26*. Paris 1898.
— Perforations d'Annélides. — Bull. Soc. Géol. France, (4) *7*. Paris 1907.
— Les Orbitoides de l'île de la Trinité. — C. R. Acad. Sc. Paris, *164*. Paris 1917.

DRASCHE R.: Beiträge zur Entwicklung der Polychaeten. 1/2. — Wien 1884/1885.
DUMORTIER E.: Études paléontologiques sur les dépots Jurassiques du bassin du Rhône. — Lyon 1864.
EHLERS E.: Die Borstenwürmer, *Annelida Polychaeta*. — Leipzig 1864—1868 a.
— Über eine fossile Eunicee aus Solenhofen *(Eunicites avitus)*, nebst Bemerkungen über fossile Würmer überhaupt. — Zsch. Wiss. Zool., *18*. Leipzig 1868 b.
— Über fossile Würmer aus dem lithographischen Schiefer in Bayern. — Paläontographica, *17*. Cassel 1869.
— Beiträge zur Kenntnis der Verticalverbreitung der Borstenwürmer im Meere. — Zsch. Wiss. Zool., *24/25*. Leipzig 1874/1875.
— Polychaeta. In: Reports on the Results of Dredging in the U. S. Coast Survey Steamer „Blacke". — Mem. Mus. Comp. Zool. Harvard, *15*. Cambridge 1887.
— Polychaeten. In: Hamburger Magalhaensische Sammelreise. — Hamburg 1897.
— Die Polychaeten-Sammlungen der deutschen Südpolar-Expedition 1901—1903. *3*. — Berlin 1913.
EHRENBERG K.: Erhaltungszustand und Vorkommen der Fossilreste und die Methoden ihrer Erforschung. In: E. ABDERHALDEN: Handbuch der biologischen Arbeitsmethoden. Abt. 10. — Berlin & Wien 1929.
— Über einige Lebensspuren aus dem Oberkreideflysch von Wien und Umgebung. — Palaeobiologica, *7*. Wien 1941.
EICHWALD K. E.: Naturhistorische Skizze von Lithauen, Volhynien und Podolien in geognostisch-mineralogischer, botanischer und zoologischer Hinsicht entworfen. — Wilna 1830.
— Lethaea Rossica ou Paléontologie de la Russie. — Stuttgart 1853.
EISIG H.: Monographie der Capitelliden des Golfes von Neapel und der angrenzenden Meeresabschnitte nebst Untersuchungen zur vergleichenden Anatomie und Physiologie. — Fauna Flora Golf. Neapel, *16*. Berlin 1887.
— Zur Systematik, Anatomie und Morphologie der Ariciiden nebst Beiträgen zur generellen Systematik. — Mitt. Zool. Stat. Neapel, *21*. Napoli 1914.
ELIASON A.: *Polychaeta*. In: Biologisch-faunistische Untersuchungen aus dem Öresund. *5*. — Arb. Zool. Inst. Lund, *5*. Lund 1920.
ELLIS J.: The Natural History of Corallines. — London 1755.
ELSLER E.: Deckel und Brutpflege bei *Spirorbis*. — Zsch. Wiss. Zool., *87*. Leipzig 1907.
ETHERIDGE R.: In LOWRY J. W.: Chart of Characteristic British Tertiary Fossils. — London 1866.
— A Contribution to the Study of the British Carboniferous Tubicolar *Annelida*. — Geol. Mag., (2) *7*. London 1880.
ETTINGSHAUSEN C.: Die fossilen Algen des Wiener- und Karpathen-Sandsteins. — Sitz. Ber. Österr. Akad. Wiss., math.-naturw. Kl., *48*. Wien 1863.
FABIANI R.: Palaeontologia dei Colli Berici. — Mem. Soc. Ital. Sc., *15*. Milano 1908.
— Monografia sui terreni terziario del Veneto. I. Paleogene del Veneto. — Mem. Istit. Geol. R. Univ. Padova, *3*. Padova 1915.
FAGE L.: Les formes épitoques des Euniciens. — C. R. Acad. Sc. Paris, *181*. Paris 1925 a.
— Sur une Annélide Polychète *(Iphitime cuenoli* FAUVEL) commensale des Crabes. — Bull. Soc. Zool. France, *50*. Paris 1925 b.
— Remarques à propos de la distribution géographique d'un Annélide Polychète: l'*Hesione pantherina* (RISSO) dans le golfe de Gascogne. — Feuille Natur., n. s. *39*. Paris 1926.
FAGE L. & LEGENDRE R.: Essais de pêche à la lumière dans la Baie de Concarneau. — Bull. Inst. Océan. Monaco, *431*. 1923.
FAOUGI H.: Tube Formation in *Pomatoceros triqueter* L. — Journ. Marin. Biol. Assoc. Unit. Kongd., *17*. Plymouth 1931.
FAUVEL P.: Cataloge des Annélides Polychètes de Saint-Vaast-la-Houche. — Bull. Soc. Linn. Normand., (4) *9*. Caen 1896.
— Clymenides et Branchiomaldane sont des stades postlarvaires d'*Arenicola*. — Bull. Soc. Linn. Normand., (5) *2*. Caen 1898 a.
— Les stades postlarvaires des Arénicoles. — C. R. Acad. Sc. Paris, *127*. Paris 1898 b.
— Observations sur l'*Arenicola ecaudata* JOHNSTON. — Bull. Soc. Linn. Normand., (5) *2*. Caen 1898 c.
— Observations sur les Arénicoliens. — Mém. Soc. Nat. Sc. Math. Cherbourg, *31*. Cherbourg 1899 a.
— Sur les stades Clymenides et Branchiomaldane des Arénicoles. — Bull. Sc. France Belg., *32*. Paris 1899 b.
— Annélides Polychètes de la Casamance. — Bull. Soc. Linn. Normand., (5) *5*. Caen 1901.
— Le tube des Pectinaires. — Mem. Pontif. Accad. Nuov. Linc., *21*. Roma 1903.
— Premiére note préliminaire sur les Annélides des campagnes de l'„Hirondelle" et de la „Prinzesse Alice". — Bull. Inst. Océan. Monaco, *107*. 1907.

FAUVEL P.: Variation sabelliforme du *Spirographis spallanzanii* Viv. à Saint-Vaast-la-Hougue. — Bull. Mus. Hist. Nat. Paris, 7. Paris 1908.
- Deuxième note préliminaire sur les Polychètes de l'„Hirondelle". — Bull. Inst. Océan. Monaco, *142*. 1909.
- Sur quelques Serpuliens de la Manche et de la Méditerranée. — C. R. Ass. Franc. Avanc. Sc., Congr. Lille. Lille 1910.
- Annélides Polychètes. — Campagne Arctique du Duc d'Orléans de 1907. Bruxelles 1911 a.
- Annélides Polychètes du Golfe Persique. — Arch. Zool. Exper. Génér., (5) *6*. Paris 1911 b.
- Troisième note préliminaire sur les Polychètes de l'„Hirondelle". — Bull. Inst. Océan. Monaco, *194*. 1911 c.
- Annélides Polychètes. In: Campagne du „Pourquoi Pas". Island et Jan Mayen. — Bull. Mus. Hist. Nat. Paris, 2. Paris 1913.
- Quatriènne note préliminaire sur les Polychètes de l'„Hirondelle". — Bull. Inst. Océan. Monaco, *269*. 1913.
- Annélides Polychètes de San-Thomé. — Arch. Zool. Expér. Génér., (5) *54*. Paris 1914 a.
- Annélides Polychètes non pélagiques. — Rés. Sc. Camp. Prince Albert I de Monaco, *46*. 1914 b.
- Annélides Polychètes des Iles Falkland. — Arch. Zool. Expér. Génér., (5) *55*. Paris 1916 a.
- Annélides Polychètes pélagiques. — Rés. Sc. Camp. Prince Albert I de Monaco, *48*. 1916 b.
- Annélides Polychètes de l'Australie méridionale. — Arch. Zool. Expér. Génér., (5) *56*. Paris 1917.
- Annélides Polychètes de Madagascar, de Djibouti et du Golfe Persique. — Arch. Zool. Expér. Génér., (5) *58*. Paris 1919 a.
- Annélides Polychètes nouvelles de l'Afrique Orientale. — Bull. Mus. Hist. Nat. Paris, *1*. Paris 1919.
- Annélides Polychètes de Madagascar. — Ark. Zool., *13*. Stockholm 1921.
- Annélides Polychètes de l'Expedition d'Oxford au Spitzberg. — Annal. Mag. Nat. Hist., (9) *9*. London 1922.
- Annélides Polychètes des Iles Gambier et de la Guyane Francaise. — Mem. Pont. Accad. Nuovi Lincei, (2) *6*. Roma 1923 a.
- Polychètes Errantes. — Faune de France, *5*. Paris 1923 b.
- Sur quelques Polychètes de l'Angola Portugaise. — Medd. Goteborg Mus. Zool. Avdel., *20*. Goteborg 1923 c.
- Sur un nouveau Serpulien d'eau saumâtre, *Mercierella n. g. enigmatica n. sp.* — Bull. Soc. Zool. France, *48*. Paris 1923 d.
- Tableaux analytiques des Annélides Polychètes des côtes de France. II. — Bull. Inst. Océan. Monaco, *424*. 1923 e.
- Bionomie et distribution géographique des *Annélides Polychètes*. — Livre Cinquantenaire Univ. Cathol. Angers. Angers 1925 a.
- L'opercule de *Mercierella enigmatica* FAUVEL et la prétendue incubation operculaire. — Bull. Mus. Hist. Nat. Paris, *3*. Paris 1925 b.
- Sur la faune de la Rance et la présence de *Mercierella enigmatica* FAUVEL. — Bull. Soc. Zool. France, *50*. Paris 1925 c.
- Tableaux analytiques des Polychètes des côtes de France. III. — Bull. Inst. Océan. Monaco, *453*. 1925 d.
- Polychètes sédentaires. — Faune de France, *16*. Paris 1927.

FEDOTOV D. M.: *Protomyzostomum polynephris* und sein Verhältnis zu *Gorgonocephalus eucnemis* M. et Tr. — St. Petersburg 1914.

FERRETTI A. A.: Le formazioni pliocenici a Montegibbio (provincie di Modena). — Roma 1879.

FERRONNIERE G.: Contribution à l'étude de la faune de la Loire-Inférieure. — Bull. Soc. Sc. Nat. Ouest France, *8*. Nantes 1898.
- Études biologiques sur les zones supralittorales de la Loire-Inférieure. — Bull. Soc. Sc. Nat. Ouest France, (2) *1*. Nantes 1901.

FEWKES J. W.: On the Development of Certain Worm Larvae. — Bull. Mus. Comp. Zool. Harvard, *11*. Cambridge 1883.
- The Larval Forms of *Spirorbis borealis*. — Amer. Natur., *19*. Philadelphia 1885.

FISCHER P.: Manuel de Conchyologie. — Paris 1887.

FISCHER-OOSTER C.: Die fossilen Fucoiden der Schweizer Alpen. — Bern 1858.

FLEMING E.: On the British Testaceous Annelids. — Edinburgh Philos. Journ., *12*. Edinburgh 1825.

FONTANNES F.: Mollusch. plioc. de la vallée du Rhone et du Roussilon. *1*. — Paris 1879—1882.

FORBES E.: Report on the Fossil Invertebrata from Southern India. — Trans. Geol. Soc. London, (2) *2*. London 1856.

FOURTAU R.: Terr. éoc. et olig. d'Égypte. — Bull. Soc. Géol. France, (3) *28*. Paris 1900.

FRAAS E.: Der Petrefaktensammler. — Stuttgart 1910 a.
— „Rankensteine" aus dem Rhätquarzit von Vierenberg bei Schötmar. — Jahresber. Niedersächs. Geol. Ver. Hannover, *3*. Hannover 1910 b.
FRAAS O.: Geologisches aus dem Orient. — Jahreshefte Ver. vaterländ. Naturkunde, *23*. Stuttgart 1867.
FRIEDRICH H.: *Polychaeta*. — Tierwelt d. Nord- u. Ostsee, *6/6b*. Leipzig 1930/1938.
— Polychaetenstudien. — Kieler Meeresforsch., *1*. Kiel 1937.
FRIČ A.: Studien im Gebiet der böhmischen Kreideformation. V. Priesener Schichten. — Arch. Nat. Landesdurchforsch. Böhm., *9*. Prag 1893.
FUCHS B.: Terebellen aus dem Weißjura Schwabens. — Zentralbl. Min. Geol. Paläont., Abt. B. Stuttgart 1935.
FUCHS T.: Studien über Fucoiden und Hieroglyphen. — Denkschr. Österr. Akad. Wiss., math.-naturw. Kl., *62*. Wien 1895.
— Kritische Besprechung einiger im Verlauf der letzten Jahre erschienenen Arbeiten über Fukoiden. — Jb. Geol. R. A. Wien, *54*. Wien 1904.
GAAL T.: Beiträge zur mediterranen Fauna des Osztroski-Vepor-Gebirges. — Földt. Közlöny, *35*. Budapest 1905.
— Geologische Notizen von Hunyaddobra und Umgebung. — Földt. Közlöny, *42*. Budapest 1912.
GABB W. M.: Descriptions of New Species of American Tertiary and Cretaceous Fossils. — Journ. Acad. Nat. Sc. Philadelphia, (2) *4*. Philadelphia 1860.
GALEOTTI H.: Mémoire sur la constitution géognostique de la province de Brabant. — Mém. R. Acad. Sc. Belg., *12*. Bruxelles 1837.
GARDNER J.: *Vermes*. Upper Cretaceous. — Maryland Geol. Surv. Baltimore 1916.
— The Midway Group of Texas. — Univ. Texas Bull., *3301*. Austin 1933.
— Notes on Fossils from the Eocene of the Gulf Province. I. The Annelid Genus *Tubulostium*. — U. S. Geol. Surv. Prof. Pap., *193 B*. Washington 1939.
GARDNER J. S. & KEEPING H. & MONCKTON H. W.: Upper Eocene. — 1888 (fide R. RUTSCH, 1939 a).
GERTH H.: Over het voorkomen van deksels van een *Serpula*-soort in het Oligoceen van Zuid-Limburg. — Geol. Mijnbouw, n. s. *3*. Den Hague 1941.
— Die von Sipunculiden bewohnten lebenden und jungtertiären Korallen und der wurmförmige Körper von *Pleurodictyum*. — Paläont. Zsch., *25*. Stuttgart 1952.
GEYN W. A. E. VAN DE & VLERK J. M. VON DER: A Monograph on the *Orbitoididae* Occurring in the Tertiary of America. — Leidsche Geol. Meded., *7*. Leyden 1935.
GIARD A.: Sur les *Wartelia* genre nouveau d'Annélides considérées à tort comme des embryons de Térebelles.— C. R. Acad. Sc. Paris, *86*. Paris 1878.
— Le Laboratoire de Wimereux en 1889 recherches fauniques. — Bull. Sc. France Belg., *22*. Paris 1890.
— Contribution à la faune du Pas-de-Calais et de la Manche. — C. R. Soc. Biol., *46*. Paris 1894.
— Sur une faunule caractéristique des sables à Diatomées d'Ambleteuse. — C. R. Soc. Biol., *56*. Paris 1904.
GIEBEL C. G.: Allgemeine Paläontologie. — Leipzig 1852.
— Deutschlands Petrefacten. — Leipzig 1852.
— Beiträge zur Paläontologie. — Jahresber. Naturw. Ver. Halle, *5*. Berlin 1853.
— Herr von Koenen und die Latdorfer Conchylienfauna. — Zsch. gesamt. Naturw., *12*. Halle/Saale 1866.
GINANNI G.: Opere postume. — Venezia 1757.
GIRARD C.: *Arenicola natalis*. — Proceed. Boston Soc. Nat. Hist., *5*. Boston 1856.
GMELIN J. F.: Caroli a Linné Systema Naturae. *1*. — Leipzig 1789.
GOETTE A.: Zur Entwicklungsgeschichte der Würmer. — Zool. Anz., *80*. Leipzig 1881.
— Abhandlungen zur Entwicklungsgeschichte der Tiere. — Leipzig 1882/1884.
GOLDFUSS A.: Petrefacta Germaniae. — Düsseldorf 1826—1833.
GORMAN G. O' siehe O'GORMAN G.
GOSSE P. H.: A Manuel of Marine Zoology. — London 1855 a.
— Notes on some New or Little Known Marine Animals. — Annal. Mag. Nat. Hist. (2) *16*. London 1855 b.
GÖTTE A. siehe GOETTE A.
GÖTZ G.: Bau und Biologie fossiler Serpuliden. — N. Jb. Min. Geol. Pal., Bb. *66*, Abt. B. Stuttgart 1931.
GÖTZINGER G.: Aufnahmsbericht Blatt Tulln, Baden-Neulengbach. — Verh. Geol. B. A. Wien 1925. Wien 1925.
GÖTZINGER H. & BECKER H.: Neue Fossilfunde aus dem Wienerwaldflysch. — Anz. Österr. Akad. Wiss., mat.-naturw. K., *69*. Wien 1932.
— Zur geologischen Gliederung des Wienerwaldflysches. — Jb. Geol. B. A. Wien, *82*. Wien 1932.

GOURRET P.: Documents sur les Térébellacés et les Ampharétiens du Golfe de Marseille. — Mém. Soc. Zool. France, *14*. Paris 1901.
— Sur quelques Annélides Sédentaires *(Hydroides, Pomatoceros* et *Hermella)* du Golfe de Marseille. — C. R. Ass. Franc. Avanc Sc., Congr. Ajaccio. 1902.
GRAFF L.: Das Genus *Myzostoma*. — Leipzig 1877.
GRATELOUP: Catalogue zoologique renfermant les débris fossiles des animaux vertebrés et invertebrés, decouverts dans les differents étages des terrains, qui constituent les formations géognostiques du bassin de la Gironde. — Bordeaux 1838.
GRAVES P. G.: Essai sur la topograph. — 1847 (fide G. ROVERETO, 1904 b).
GRAVIER C.: Sur un Sabellarien vivant sur un Brachiopode *(Sabellaria alcocki)*. — Bull. Mus. Hist. Nat. Paris, *7*. Paris 1906 a.
— Contribution à l'étude des Annélides Polychètes de la Mer Rouge. *3/4*. — Nouv. Arch. Mus. Paris, *8/10*. Paris 1906/1908 b.
— Sur la morphologie et l'évolution des Sabellariens. — C. R. Acad. Sc. Paris, *146*. Paris 1908 c.
— Contribution à l'étude de la morphologie et de l'évolution des Sabellariens. — Annal. Sc. Nat. Zool., (9) *9*. Paris 1909.
— Annélides Polychètes. In: Deuxième Expedition antarctique francaise 1908—1910 commandée par le Dr. Charcot. — Paris 1911.
— La ponte et l'incubation chez les Annélides Polychètes. — Annal. Sc. Nat. Zool., (10) *6*. Paris 1923.
— Sur la répartition géographique d'une Annélide Polychète récemment connue *(Mercierella enigmatica* FAUVEL). — C. R. Soc. Biogéogr., *2*. Paris 1925.
GRAY J. E.: Monograph of *Teredo*. — Philos. Mag., n. s. *10*. London 1831.
GREGORIO A.: Faune éocéne d'Alabama. — Annal. Géol. Paléont., *7/8*. Palermo 1890.
GRILL R.: Der Flysch, die Waschbergzone und das Jungtertiär um Ernstbrunn (Niederösterreich). — Jahrb. Geol. B. A. Wien, *96*. Wien 1953.
— siehe auch SCHAFFER F. X. & GRILL R.
GRIPP K.: Über einen „geführte Mäander" erzeugenden Bewohner des Ostseelitorals. — Senckenbergiana, *9*. Frankfurt/Main 1927.
GROSS W.: Zur Conodontenfrage. — Senckenbergiana, *35*. Frankfurt/Main 1954.
GRUBE E.: Anatomie und Physiologie der Kiemenwürmer. — Königsberg 1838.
— Actinien, Echinoderm und Würmer des Adriatischen und Mittelmeeres. — Königsberg 1840.
— Beschreibung neuer oder wenig bekannter Anneliden. — Arch. Naturgesch., *12/14/21/26/29*. Berlin 1846/1848/1855/1860/1863 a.
— Die Gattung *Sabellaria*. — Arch. Naturgesch., *14*. Berlin 1848 b.
— Die Familien der Anneliden mit Angabe ihrer Gattungen und Arten. — Arch. Naturgesch., *17*. Berlin 1851.
— Ein Ausflug nach Triest und Quarnero. — Berlin 1861 c.
— Mitteilungen über Aufenthaltsorte der Anneliden. — Königsberg 1861 d.
— Mitteilungen über die Serpeln mit besonderer Berücksichtigung ihrer Deckel. — Jahresber. Schles. Ges. Vaterländ. Kultur, *39*. Breslau 1861—1862 e.
— Die Eigentümlichkeiten des Körperbaues, die Systematik und Verbreitung der Sabellen. — Jahresber. Schles. Ges. Vaterländ. Kultur, *40*. Breslau 1862 f.
— Die Insel Lussin und ihre Meeresfauna. — Breslau 1864 a.
— Untersuchungen über die Entwicklung der Anneliden. — Königsberg 1884 b.
— Beschreibungen neuer, von der „Novarra" Expedition mitgebrachter Anneliden. — Verh. Zool. Bot. Ges. Wien, *16*. Wien 1867.
— Beschreibungen einiger von GEORG RITTER VON FRAUENFELD gesammelter Anneliden und Gephyreen des Rothen Meeres. — Verh. Zool. Bot. Ges. Wien, *18*. Wien 1868.
— Anneliden des Rothen Meeres. — Monatsber. K. Preuss. Akad. Wiss. Berlin 1869 a.
— Mitteilungen über Saint-Vaast-la-Hougue und seines Meeres, besonders seine Anneliden-Fauna. Schrift. Schles. Ges. Naturw. Med. Breslau 1869 b.
— Über zwei neue Anneliden von St. Malo *(Mellina palmata, Ereutho serrisetis)*. — Jahresber. Schles. Ges. Vaterländ. Kultur, *47*. Breslau 1869 c.
— Bemerkungen über Anneliden des Pariser Museums. — Arch. Naturg., *36*. Berlin 1870.
— Mitteilungen über St. Malo und Roscoff. — Abh. Schles. Ges. Vaterländ. Kultur. Breslau 1872.
— Descriptiones Annulatorum novorum Mare Ceylonicum habitantium. — Proc. Zool. Soc. London, *42*. London 1874.
— Anneliden Ausbeute S. M. S. „Gazelle". — Monatsber. K. Preuß. Akad. Wiss. Berlin 1877.
GUALTIERI N.: Index testarum conchigliorum. — Florentiae 1742.
GUEMBEL (C.) W. siehe GÜMBEL (C.) W.
GUÉRIN V.: In: CUVIER G. L.: Iconographie du règne animale. — Paris 1829—1843.

GÜMBEL (C.) W.: Geognostische Beschreibung des bayrischen Alpengebirges und seines Vorlandes. — Gotha 1861.
— Die Nummuliten führenden Schichten des Kressenberges in bezug auf ihre Darstellung in der Lethaea Geognostica von Südbayern. — N. Jahrb. Min. etc. Stuttgart 1865.
— Abriß der geognostischen Verhältnisse der Tertiärschichten bei Miesbach und des Alpengebietes zwischen Tegernsee und Wendelstein. — München 1875.
— Die Miocän-Ablagerungen im oberen Donaugebiet. I. Die miocänen Ablagerungen im oberen Donaugebiet und die Stellung des Schliers von Attnang. — Abhandl. aus d. Sitz. Ber. math.-phys. Cl. K. Bayer. Akad., 2. München 1887.
— Geologie von Bayern. I. Grundzüge der Geologie. — Kassel 1884—1888.
— Geologie von Bayern. II. Geologische Beschreibung von Bayern. — Kassel 1894.
— Vorläufige Mitteilung über Flyschalgen. — N. Jahrb. Min. etc. Stuttgart 1896.

GUPPY R. J. L.: On the Relations of the Tertiary Formations of the West Indies. — Quart. Journ. Geol. Soc. London, *22*. London 1866.
— Proceedings Sc. Assoc. Trinidad, *3*. 1867 (fide R. RUTSCH, 1939 a).
— On the West Indian Tertiary Fossils. — Geol. Mag., (2) *1*. London 1874.
— The Tertiary Microzoic Formations of Trinidad, West Indies. — Quart. Journ. Geol. Soc. London, *48*. London 1892.

HAACK W.: Zur Stratigraphie und Fossilführung des Mittleren Buntsandsteins in Norddeutschland. — Jb. Preuß. Geol. L. A., *42*. Berlin 1921.

HAAS F.: Eine eigenartig ausgebildete Kolonie von *Stylophorae pistilata*. — Senckenberg Festschr. Frankfurt/Main 1914.

HAECKER V.: Die pelagischen Polychaeten- und Achaeten-Larven der Plankton-Expedition. — Ergebn. Plankton Exped., *2*. Kiel 1898.

HAGENOW F.: Monographie der Rügenschen Kreideversteinerungen. II. Abt. — N. Jahrb. Min. etc. Stuttgart 1840.

HAIME J. siehe ARCHIAC A. D' & HAIME J. und MILNE-EDWARDS H. & HAIME J.

HALAVÁTS G.: Obermediterrane Fauna von Oberlapugy. — Földt. Közlöny, *6*. Budapest 1876.

HANLEY S. E.: Ipsa Linnaei conchyglia. — London 1790 (1855).

HANSEN G. A.: Oversigt over de Norske Serpula-Arte. — Arch. Math. Naturvid., *3*. Oslo 1878.
— Anneliden fra den Norske Nordhavs Expedition. — Nytt. Mag. Naturvid., *25*. Oslo 1880.

HÄNTZSCHEL W.: Sternspuren von Krebsen und Köcherbauten von Würmern in der sächsischen Kreide. — Sitz. Ber. Abh. Naturw. Ges. Isis, *1930*. Dresden 1931.
— *Annelida*. — Fortschr. Paläont., *1*. Berlin 1937.
— Quergliederung bei rezenten und fossilen Wurmröhren. — Senckenbergiana, *20*. Frankfurt/Main 1938.

HARGITT C. W.: Experiments on the Behavior of Tubiculous Annelids. — Journ. Exper. Zool., *3*. Baltimore & Philadelphia 1906.
— Further Observations on the Behavior of Tubiculous Annelids. — Journ. Exper. Zool., *7*. Baltimore & Philadelphia 1909.
— Observations on the Behavior of Tubiculous Annelids. — Biol. Bull. Woods Hill, *22*. Boston 1912.

HARMS W.: Beobachtungen über den natürlichen Tod der Tiere. Erste Mitteilung: Der Tod bei *Hydroides pectinata* PHIL., nebst Bemerkungen über die Biologie dieser Würmer. — Zool. Anz., *40*. Leipzig 1912.

HARRIS G. D. & WARING G. A.: The Geology of the Island of Trinidad. — Johns Hopkins Univ. Stud. Geol., *7*. Baltimore 1926.

HASWELL W. A.: Jottings from the Biological Laboratory of Sydney University. *Polydora (Leucodora) polybranchia*. — Proceed. Linn. Soc. N. S. Wales, *9*. Sydney 1885a.
— The Marine Annelids of the Order *Serpulea*. — Proceed. Linn. Soc. N. S. Wales, *9*. Sydney 1885b.

HAUER F.: Ueber die Eocengebilde im Erzherzogthume Oesterreich und in Salzburg. — Jb. Geol. R. A. Wien, *9*. Wien 1858.

HAUER J. siehe BRONN H. G., 1837.

HAUSER A. & URREGG H.: Die Kalke, Marmore und Dolomite Steiermarks. 2. Kalke (Mergel) der Neuzeit und des Mittelalters der Erde. — Die bautechn. nutzb. Gest. Stmks., *4*. Graz 1950.

HAYEK G.: Handbuch der Zoologie. — Wien 1877.

HECKE VAN DEN siehe RAYNEVAL & VAN DEN HECKE & PONZI.

HEER O.: Flora fossilis Helvetiae. — Zürich 1876—1877.

HEIDER K. siehe Nomenclator animalium generum et subgenerum.

HEMPELMANN F.: *Polychaeta*. In W. KÜKENTHAL: Handbuch der Zoologie. 2. — Berlin 1934.
— Dr. H. G. BRONNs Klassen und Ordnungen des Tierreichs. 4. Band, III. Abteilung, 2. Buch. *Polychaeta* 1. Lieferung. — Leipzig 1937.

HEMPELMANN F. & WAGLER E.: Abt. Würmer. In: Brehms Tierleben. *1.* — Leipzig 1918 (4. Aufl.).
HERPIN R.: Essaimage et dévelopment d'un Eunicien et d'un Syllidien. — C. R. Acad. Sc. Paris, *179*. Paris 1924.
— Remarques systématiques sur deux Térébelliens des côtes de France *(Nicolea zostericola* OERSTED sec. GRUBE et *Nicolea venustula* MONTAGU). — Bull. Soc. Zool. France, *50*. Paris 1925.
HESSE R. siehe Nomenclator animalium generum et subgenerum.
HESSE R. & DOFLEIN F.: Tierbau und Tierleben, in ihrem Zusammenhang betrachtet. — Leipzig 1914.
HESSLE C.: Zur Kenntnis der Terebellomorphen Polychaeten. — Zool. Bidr. Uppsala, *5*. Uppsala 1917.
HILBER V.: Die Miocaenablagerungen um das Schiefergebirge zwischen den Flüssen Kainach und Sulm in Steiermark. — Jb. Geol. R. A. Wien, *28*. Wien 1878.
HINDE G. J.: On Annelid Jaws from the Cambro-Silurian, Silurian and Devonian Formations in Canada. — Quart. Journ. Geol. Soc. London, *36/37*. London 1879/1880.
— On Annelid Remains from the Silurian Strata of the Isle of Gotland. — Bihang. K. Svensk. Vet. Akad. Handl., *7*. Stockholm 1882.
HISINGER W.: Versuch einer mineralogischen Geographie von Schweden. (Übersetzung von K. A. BLÖDE.) — Freyberg 1819 (verm. Aufl. Leipzig 1826).
HOFSOMMER A.: Die Sabelliden-Ausbeute der „Poseidon" Fahrten und die Sabelliden der Kieler Bucht. — Wiss. Meeresunt., Abt. Kiel, n. F. *15*. Berlin 1913.
HOHENSTEIN V.: Beiträge zur Kenntnis des Mittleren Muschelkalkes und des Unteren Trochitenkalkes am östlichen Schwarzwaldrand. — Geol. Paläont. Abhandl., n. F. *12*. Jena 1913.
HON M. H. LE siehe LE HON M. H.
HÖRNES M.: Verzeichnis der Fossilreste des Tertiär-Beckens von Wien. In CZIZEK J.: Erläuterungen zur geognostischen Karte der Umgebungen Wiens. — Wien 1848 (1849).
— Bericht über die Bereisung mehrerer Fundorte von Tertiärpetrefakten im Wiener Becken. — Jb. Geol. R. A. Wien, *1/2*. Wien 1850/1851 a.
— Die fossilen Mollusken des Tertiärbeckens von Wien. — Jb. Geol. R. A. Wien, *2*. Wien 1951 b.
— Die fossilen Mollusken des Tertiaer-Beckens von Wien. — Abhandl. Geol. R. A. Wien, *3/4*. Wien 1856/1870.
— Tertiär Studien. — Jb. Geol. R. A. Wien, *24*. Wien 1874.
— Elemente der Palaeontologie. — Leipzig 1884.
HORST R.: De Anneliden der Zuiderzee. — Tijdschr. Nederl. Dierk. Ver., (2) *11*. Leyden 1909.
— Twee Sedentaire Polychaeten uit het brakke water van Nederland. — Zool. Meded. Rijks Mus. Nat. Hist. Leiden, *4*. Leyden 1919.
— Polychaete Anneliden uit het Alkmaarder Meer. — Zool. Meded. Rijks. Mus. Nat. Hist. Leiden, *5*. Leyden 1919.
— Polychaete Anneliden. — Flora Fauna Zuidersee. Leyden 1922.
HORUSITZKY H.: Agrargeologische Verhältnisse der Umgebung von Pozsony. — Budapest 1917.
HOWELL B. F.: *Hamulus*, „*Falcula*" and other Cretaceous *Tubicola* of New Jersey. — Proceed. Acad. Nat. Sc. Philadelphia, *95*. Philadelphia 1943.
— Tubiculous Annelid Genus *Spirulaea (Tubulostium* of Authors) in Eogene of Coastal Plain. — Bull. Geol. Soc. Amer., *57*. New York 1946.
HRABE S. siehe ABSOLON K. & HRABE S.
HUBRECHT A. A. W.: Die Abstammung der Anneliden und Chordaten und die Stellung der Ctenophoren und Plathelminthen im System. — Jen. Zsch. Naturw., *32*. Jena 1904.
HUMMEL K.: Tierfährtenbilder vom Tropenstrand. — Natur u. Mus., *60*. Frankfurt/Main 1930.
HUXLEY T. A.: On a Hermaphrodite and Fissiparous Species of Tubicolous Annelids. — Edinburgh New Philos. Journ., n. s. *1*. Edinburgh 1855.
INTOSH W. C. Mc siehe McINTOSH W. C.
IROSO I.: Richerchi sui nefridi di *Hydroides pectinata*. — Bull. Soc. Natural. Napoli, *27*. Napoli 1914.
— Revisione dei Serpulidi e Sabellidi del Golfo di Napoli. — Publ. Staz. Zool. Napoli, *3*. Napoli 1921.
JACOBI R.: Anatomisch-histologische Untersuchungen der Polydoren der Kieler Bucht. — Kiel 1883.
JANOSCHEK R.: Das Inneralpine Wiener Becken. In SCHAFFER F. X.: Geologie von Österreich. — Wien 1952 (2. Aufl.).
JAY J.: Catalogue of the Shells. — New York 1852.
JEENER R. siehe BINARD A. & JEENER R.
JEFFREYS J. G.: British Conchology. *3*. — London 1862—1869.
JEKELIUS E.: Sarmat und Pont von Soceni (Banat). — Mem. Inst. Geol. Romániei, *5*. Bukarest 1944.
JESSEN A. & ØDUM H.: Senon og Danium ved Voxlev. — Danm. Geol. Unders., (2) *39*. Kopenhagen 1923.

JOHANSSON K. E.: Bemerkungen über die Kienbergischen Arten der Familien *Hermellidae* und *Sabellidae*. — Ark. Zool., *7*. Stockholm 1925.
— Beiträge zur Kenntnis der Polychaetenfamilien *Hermellidae*, *Sabellidae* und *Serpulidae*. — Zool. Bidr. Uppsala, *1*. Uppsala 1927.

JOHNSTON G.: Contributions to the British Fauna. — Zool. Journ., *3*. London 1828.
— British Annelids. — Annal. Mag. Nat. Hist., (1) *4/16*. London 1840/1845.
— A Catalogue of the British Non-Parasitical Worms in the Collections of the British Museum. — London 1865.

KADIC O. siehe TELEGDI-ROTH L. & SZONTAGH T. & PAPP K. & KADIC O.

KAUFMANN F. J.: Emmen- und Schlierengegenden nebst Umgebungen bis zur Brünigstraße und Linie Lungern—Grafenort. — Beitr. Geol. Karte Schweiz, *24*. Bern 1886.

KEEPING H. siehe GARDNER J. S. & KEEPING H. & MONCKTON H. W.

KEFERSTEIN W.: Untersuchungen über niedere Seethiere. — Zsch. Wiss. Zool., *12*. Leipzig 1862.

KILFOYLE C. F.: Catalog of Type Specimens of Fossils in the New York State Museum. — Bull. N. Y. State Mus., *348*. Albany 1954.

KING W.: A Monograph of the Permian Fossils of England. — London 1850.

KLÄHN H.: Mit tierischem Besatz bewachsene Holzreste aus dem schwäbischen Posidonienmeer. — Jahresh. Ver. vaterländ. Naturk. Württ., *85*. Stuttgart 1929.

KLEINENBERG N.: Die Entstehung des Annelids aus der Larve von *Lopadorhynchus*. Nebst Bemerkungen über die Entwicklung anderer Polychaeten. — Zsch. Wiss. Zool., *44*. Leipzig 1886.

KOCH A.: Die Tertiärbildungen des Beckens der siebenbürgischen Landestheile. I. Teil. Paläogene Abteilung. — Mitt. Jb. Ung. Geol. R. A., *10*. Budapest 1894.
— Neue Beobachtungen und Aufsammlungen in Ober-Lapugy. — Földt. Közlöny, *28*. Budapest 1898.
— Die Tertiärbildungen des Beckens der siebenbürgischen Landestheile. II. Teil. Neogene Abteilung. — Budapest 1900.
— Tertiärer Foraminiferenkalk von der Insel Curacao. — Ecl. Geol. Helv., *21*. Lousanne 1929.

KOENEN A.: Das Norddeutsche Unter-Oligocän und seine Mollusken-Fauna. *3*. — Abh. Geol. Spec. Karte Preuß., *10*. Berlin 1891.

KORN H.: Fossile Gasblasenbahnen aus dem Thüringer Paläozoikum. Eine Deutung von *Dictyodora*. — Zsch. Naturw. Ver. Sachsen Thür., *89*. Halle/Saale 1929.

KRASSER F.: Über den Kohlegehalt der Flyschalgen. — Annal. Naturhist. Mus. Wien, *4*. Wien 1889.

KREJCI-GRAF K.: Definition der Begriffe Marken, Spuren, Fährten, Bauten, Hieroglyphen und Fucoiden. — Senckenbergiana, *14*. Frankfurt/Main 1932.
— Zur Natur der Fucoiden. — Senckenbergiana, *18*. Frankfurt/Main 1936 a.
— Wurmbauten aus Südchina. — Nat. u. Volk, *66*. Frankfurt/Main 1936 b.
— Ein Grabgang mit Chondritenfüllung. — Senckenbergiana, *20*. Frankfurt/Main 1938.

KUCKUCK P.: Strandwanderer. — München 1929.

KUGLER H. G.: The Eocene of the Soldado Rock Near Trinidad. — Bol. Geol. Min., *2*. Caracas 1938.

KUHN O.: Neue Lebensspuren von Würmern aus der deutschen Obertrias (Steigerwald). — Sitz. Ber. Ges. Naturforsch. Fr. München, *8—10*. München 1936.

KÜKENTHAL W. siehe HEMPELMANN F. und NOMENCLATOR animalium generum et subgenerum.

KUSTA J.: Annelidenreste aus der Steinkohlenformation von Rakonitz. — Sitz. Ber. Böhm. Ges. Wiss. Prag 1887.

LAIS R.: Zwischen Maas und Mosel. — Die Kriegsschauplätze 1914/18, *3*. 1925.

LAMARCK J. B. P. A.: Essay d'une classification des coquilles. — Mém. Soc. Hist. Nat. Paris, *1*. Paris 1799.
— Système des animaux sans vertèbres. — Paris 1801.
— Histoire naturelle des animaux sans vertèbres. — Paris 1815—1822 (3. Aufl., par G. P. DESHAYES & H. MILNE-EDWARDS, Bruxelles 1835—1852).

LAMEERE A.: Faune de Belgique. *1*. — Bruxelles 1895.

LAMOUROUX J. V. F.: Histoire des polypiers coralligènes flexibles, vulgairement nommés zoophytes. — Caen 1816.
— Exposition méthodique des genres de l'ordre des Polypiers. — Paris 1821.
— Histoire naturelle des zoophytes ou animaux rayonnés. In: Encyclopédie méthodique. — Paris 1824.

LANGE F. W.: Polychaete Annelides from the Devonian of Parana, Brazil. — Bull. Amer. Paleont., *33*. Ithaca 1949.

LANGERHANS P.: Die Wurmfauna von Madeira. — Zsch. Wiss. Zool., *32/33/34/40*. Leipzig 1879/1880/1881/1884 a.
— Über einige canarische Anneliden. — Nova Acta Leop., *42*. Halle/Saale 1881 b.

LARTET L.: Géologie de la Palestine. — Annal. Sc. Géol., *3*. Paris 1872.

LEA I.: Contributions to Geology. — Philadelphia 1833.
— Tertiary of Petersburg. — Transact. Amer. Philos. Soc., n. s. *28*. Philadelphia 1845.
LEA H. C.: Catalogue of the Tertiary Testacea of the United States. — Proceed. Nat. Soc. Philadelphia, *4*. Philadelphia 1848.
LEFÈVRE siehe VINCENT G. & LEFÈVRE.
LEGENDRE R. siehe FAGE L. & LEGENDRE R.
LE HON M. H.: Terrains tertiaires de Bruxelles. — Bull. Soc. Géol. France, (2) *19*. Paris 1862.
— siehe auch NYST H. & LE HON M. H.
LEIDY J.: Contributions towards a Knowledge of the Marine Invertebrate Fauna of the Coast of Rhode Island and New Jersey. — Journ. Acad. Sc. Philadelphia, (2) *3*. Philadelphia 1855.
— Remarks on a New Worm *Manayunkia speciosa*. — Proc. Acad. Nat. Sci. Philadelphia 1883.
LESPÉS C.: Étude anatomique sur un Chétoptère. — Annal. Sc. Nat., (5) *15*. Paris 1872.
LESUEUR & PETIT siehe PÉRON M. F.
LEUCKART F. S.: Versuch einer naturgemäßen Einteilung der Helminthen nebst dem Entwurf einer Verwandtschafts- und Stufenfolge der Tiere überhaupt. — Heidelberg & Leipzig 1827.
LEUCKART R.: Zur Kenntnis der Fauna von Island. — Arch. Naturgesch., *15*. Berlin 1849.
LEVINSEN G. M.: Systematisk-geografisk oversigt over de nordiske *Annulata, Gephyrea* etc. — Vid. Medd. Naturhist. Foren., *4*. Kopenhagen 1884.
LEYMERIE A.: Terr. à Numm. des Corbières et Montagne Noire. — Mém. Soc. Géol. France, (2) *1*. Paris 1846.
LIBURNAU J. siehe LORENZ J. VON LIBURNAU.
LIDDLE R. A.: The Geology of Venezuela and Trinidad. — Forth Worth 1928.
LINKE O.: Biota des Jadebusenwattes. — Helgoländer Wissensch. Meeresunt. *1*. List/Sylt 1939.
LINNAEUS C.: Systema naturae. Regnum animale. — Holmiae 1735 (10. ed. 1758).
LISSON C. I.: Los Tigillites del Salto del Fraile y algunas Sonneratia del Morro Solar. — Bol. Cuerpo Ingen. Minas Perú, *17*. Lima 1904.
LISTER M.: Historiae, sive synopsis methodicae conchyliorum. — London 1685 (2. Aufl. 1770, 3. Aufl. 1823).
LÖB J. siehe LOEB J.
LO BIANCO E. R.: Nota de algunos Annelidos en los costas de Gijon y San Vincente de la Barquera. — Bol. Soc. Esp. Hist. Nat., *16*. Madrid 1916.
LO BIANCO S.: Gli Annelidi tubicoli trovati nel Golfo di Napoli. — Att. R. Acad. Sc. Fis. Mat. Napoli, (2) *5*. Napoli 1893.
— siehe auch RIOJA E, & LO BIANCO S.
LÓCZY L.: Geologische Notizen aus dem Nördlichen Teile des Krassóer Komitates. — Földt. Közlöny, *12*. Budapest 1882.
LOEB J.: Vorlesungen über die Dynamik der Lebenserscheinungen. — Leipzig 1906.
LORENZ J. VON LIBURNAU: Eine fossile *Halimeda* aus dem Flysch von Muntigl (monticulus) bei Salzburg. — Sitz. Ber. Österr. Akad. Wiss., math.-naturw. Kl., *106*. Wien 1897.
— Zur Deutung der fossilen Fucoidengattungen *Taenidium* und *Gyrophyllites*. — Denkschr. Österr. Akad. Wiss., math.-naturw. Kl., *68*. Wien 1901.
LORENZI A.: Buttrio. — 1902 (fide G. ROVERETO, 1904 b).
LOVISATO D.: Le specie fossili finora trovate nel calcare compatto di Bonaria e di San Bartolomeo. — Cagliari 1902.
LOWRY J. W.: Chart of Characteristic British Tertiary Fossils. — London 1866—1872.
— siehe auch ETHERIDGE R.
LUNDGREEN B.: Studier öfver fossilförande lösa block. — Förhandl. Geol. Fören. Stockholm, *13*. Stockholm 1891.
LYDDEKER K. siehe NICHOLSON H. A. & LYDDEKER K.
LYELL C. siehe DESHAYES G. P.
MACCAGNO A. M.: Su di una „*Burtinella*" del Maëstrichtiano della Tripolitania. — Boll. Uff. Geol. Ital., *69*. Roma 1946.
MACÉ E.: De la structure du tube des Sabelles. — Arch. Zool. Expér. Génér., (1) *12*. Paris 1882.
MACINTOSH W. C. siehe McINTOSH W. C.
MÄGDEFRAU K.: Über einige Bohrgänge aus dem Unteren Muschelkalk von Jena. — Paläont. Zsch., *14*. Berlin 1932.
— Über *Phycodes circinatum* REINH. RICHTER aus dem thüringischen Ordovicium. — N. Jb. Min. Geol. Pal., Bb. *72*, Abt. B. Stuttgart 1934.
— Lebensspuren fossiler Bohrorganismen. — Beitr. naturk. Forsch. SW-Deutschl., *2*. Karlsruhe 1937.
MALAQUIN A.: Les Annélides Polychètes des côtes du Boulonnais. — Revue Biol. Nord France, *4*. Lille 1891.
— Le *Spirorbis pusillus* du terrain Houiller de Bruay. — Annal. Soc. Géol. Nord, *33*. Lille 1904.

MALMGREN A. F.: Nordiska Hafs Annulater. — Öfv. K. Svenska Vetensk. Förh,. n. F. *3*. Stockholm 1865.
— Annulata Polychaeta Spetsbergiae, Groenlandiae, Islandiae et Scandinaviae hactenus cognita. — Öfv. K. Svenska Vetensk. Förh., n. F. *5*. Stockholm 1867.

MANTELL G. A.: Fossils of the South Downs. — London 1822.

MARENZELLER E.: Zur Kenntnis der Adriatischen Anneliden. — Sitz. Ber. Österr. Akad. Wiss., math.-naturw. Kl., *119/122/139*. Wien 1874/1875/1884 a.
— Südjapanische Anneliden. — Denkschr. Österr. Akad. Wiss., math.-naturw. Kl., *41/49/74*. Wien 1879/1884/1902 b.
— Polychaeten des Grundes. — Denkschr. Österr. Akad. Wiss., math.-naturw. Kl., *60/61/74*. Wien 1892/1893/1902 c.

MARIANI E.: Sull'Eocene e sulla creta nel Friuli orientale. — Udine 1892.

MARIANI F. & PARONA C. F.: Fossili tortoniani del Capo San Marco in Sardegna. — Att. Soc. Ital. Sc. Nat., *30*. Milano 1887.

MARINELLI O.: Risultati sommari di uno studio geologica dei dintorni di Tarcento in Friuli. — Udine 1896.
— Descrizione geologica dei intorni di Tarcento in Friuli. — Firenze 1902.

MARINONI C.: Contribuzio alla geologica del Friuli (= Monte Plauris?). — Venezia 1877 (fide G. ROVERETO, 1904b).
— Ulteriori osservazioni sull'eocene friuliano. — Milano 1879.

MARION A. F.: Sur les Annélides de Marseille. — Revue Sc. Nat., *4*. Paris 1875.
— Esquisse d'une topographie zoologique du Golfe de Marseille. — Annal. Mus. Hist. Nat. Marseille. Marseille 1882.
— Considération sur les faunes profondes de la Méditérranée. — Annal. Mus. Hist. Nat. Marseille. Marseille 1883.

MARION A. F. & BOBRETZKY N.: Études sur les Annélides du Golfe de Marseille. — Annal. Sc. Nat. Zool., (6) *2*. Paris 1875.

MARMORA A. DE LA siehe MENEGHINI G.

MARTINI F. H. W.: Neues systematisches Conchylien-Cabinet. *1*. — Nürnberg 1768.

MASSALONGO A.: Monografia delle Nereidi fossili del M. Bolca. — Verona 1855.

MATON & RACKETT T.: Descriptive Catalogue of the British Testacea. — Trans. Linn. Soc. London, *8*. London 1807.

MAURY C. J.: A Contribution to the Paleontology of Trinidad. — Journ. Acad. Nat. Sc. Philadelphia, (2) *15*. Philadelphia 1912.
— A Further Contribution to the Paleontology of Trinidad. — Bull. Amer. Paleont., *10*. Ithaca 1925.

MAYER C. siehe MAYER K., auch MAYER-EYMAR K.

MAYER K.: In STUDER B.: Geologie der Schweiz. *2*. — Bern & Zürich 1853.
— Fauna von Kleinkuhrn. — Vierteljahrsschr. Naturf. Ges. Zürich, *6*. Zürich 1861.
— Systematisches Verzeichnis der fossilen Reste von Madeira, Porto Santo und Santa Maria nebst Beschreibung der neuen Arten. — Zürich 1864.
— Systematisches Verzeichnis der Versteinerungen des Parisien der Umgebung von Einsiedeln. — Beitr. Geol. Karte Schweiz, *14*. Bern 1877.
— Faune du Londinien d'Appenzell. — Vierteljahrsschr. Naturf. Ges. Zürich, *34*. Zürich 1890.

MAYER-EYMAR K.: Description d'un genre noveau de Protopodes. — Journ. Conch., (2) *4*. Paris 1860.
— Systematisches Verzeichnis der Fauna des Unteren Saharianum der Umgebung von Cairo. — Palaeontographica, *30*. Stuttgart 1898.
— siehe auch MAYER K.

McINTOSH W. C.: *Polychaeta*. In: Report on the Scientific Results of the Voyage H. M. S. Challenger. Zoology. *12*. — London 1885.
— On the Boring of Certain Annelids. — Annal. Mag. Nat. Hist., (4) *2*. London 1868.
— On the Structure of the British Nemerteana and Some New British Annelida. — Trans. R. Soc. Edinburgh, *25*. Edinburgh 1869.
— On the *Annelida* Obtained During the Cruise of H. M. S. „Valorous". — Trans. Linn. Soc. London, (2) *1*. London 1878.
— On the Perforations of Marine Animals. — Zoologist, *12*. London 1908 a.
— The British Annelids. *Polychaeta*. *2/3/4*. — London 1908/1910/1915/1916/1922/1923 b.
— On Certain Homes or Tubes, formed by Annélides. — Annal. Mag. Nat. Hist., (8) *6*. London 1911a.
— Notes from the Gatty Marine Laboratory. *32/34/39/46/49*. — Annal. Mag. Nat. Hist., (8) *7/11/13/* (9)/*14/18*. London 1911/1913/1916/1924/1926 b.

MENEGHINI G.: Paléontologie de l'île de Sardaigne ou description des fossiles recueilles dans cette contrée par le général Al de la Marmora. In: A. DE LA MARMORA: Voyage en Sardaigne. *3*. — Torino 1857.

MESNIL F.: Sur le genre *Polydora* BOSC *(Leucodora* JOHNSTON). — C. R. Acad. Sci. Paris, *117*. Paris 1893.
— Études de morphologie externe chez les Annélides. — Bull. Sc. France Belg., *29/30*. Paris 1896/1897.
— siehe auch CAULLERY M. & MESNIL F.
MESNIL F. & CAULLERY M.: Sur la viviparité d'une Annélide Polychète *(Dodecaceria concharum* COOK). — C. R. Acad. Sc. Paris, *127*. Paris 1898.
— Sur la complexité du cycle evolutif des Annélides Polychètes. — C. R. Acad. Sc. Paris, *178*. Paris 1924.
MEYER A. H.: Die Amphicteniden, Ampharetiden und Terebelliden der Nord- und Ostsee. — Kiel 1912.
MEYER E.: Studien über den Körperbau der Anneliden. — Mitt. Zool. Stat. Neapel, *7/8/14*. Napoli 1887/1888/1901.
— Die Abstammung der Anneliden. — Biol. Zentralbl., *10*. Leipzig & Erlangen 1891.
— Die Organisation der Serpuliden und Hermelliden. — Arb. Naturw. Ges. Univ. Kasan, *26*. Kasan 1893.
— Untersuchungen zur Entwicklungsgeschichte der Anneliden. — Arb. Naturw. Ges. Univ. Kasan, *31*. Kasan 1898.
MEYN L.: Wurmsandstein. — Mitt. Ver. nördl. Elbe Verbr. naturw. Kenntn., *3*. Kiel 1859.
MEZNERICS I.: Ditrupa-Reste aus Ungarn. — Annal. Hist. Nat. Mus. Nat. Hung., Min. Geol. Pal., *37*. Budapest 1944.
MICHAELSEN W.: Die Polychaeten-Fauna der deutschen Meere. — Wiss. Meeresunters., Abt. Helgoland, n. F. *2*. Berlin 1897.
MICHELOTTI G.: Tert. Bild. Piemonts. — 1838 (fide G. ROVERETO, 1904 b).
— Description des fossiles des terrains miocènes de l'Italie septemtrionale. — Leide 1847a.
— Précis de la faune miocène de la haute Italie. — Natuurk. Verh. Holl. Maatsch. Wetensch., (2) *7*. Haarlem 1847b.
MILNE-EDWARDS H.: Les Annélides in CUVIER G. L.: Le Règne animal. *11*. — Paris 1817.
— siehe auch AUDOUIN J. V. & MILNE-EDWARDS H., siehe auch LAMARCK J. B. P. A.
MILNE-EDWARDS H. & HAIME J.: Recherches sur les polypiers. — Ann. Sci. Nat., (9) *3*. Paris 1848.
MILNE-EDWARDS H. & QUATREFAGES A.: Annélides. In CUVIER G. L.: Le Règne Animale. — Paris 1849 (n. ed.).
MOEBIUS K.: Über die Thiere der schleswig-holsteinischen Austernbänke, ihre physiologischen und biologischen Lebensverhältnisse. — Sitz. Ber. K. Preuß. Akad. Wiss., *7*. Berlin 1893.
MOERCH O. A. L. siehe MØRCH O. A. L.
MOJSISOVICS A.: Kleine Beiträge zur Kenntnis der Anneliden. — Sitz. Ber. Akad. Wiss., math.-naturw. Kl., *76*. Wien 1877.
MOLENGRAAFF G. H. J.: Geologie en Geohydrologie von het eiland Curacao. — Delft 1929.
MONCKTON H. W.: The Bagshot Beds of the London Bassin. — Quart. Journ. Geol. Soc. London, *39*. London 1883.
— siehe auch GARDNER J. S. & KEEPING H. & MONCKTON H. W.
MONRO C. C. A.: A Serpulide Polychaete from the London Docks *(Mercierella enigmatice* FAUVEL). — Annal. Mag. Nat. Hist., (9) *13*. London 1924.
— Polychäete Worms. — Disc. Rep., *2/12*. London 1930/1936.
MONTAGU G.: Testacea Britannica. — London 1803 (ed. J. C. CHENU, 1846).
— Description of Several Marine Animals Found on the South Coast of Devonshire. — Trans. Linn. Soc. London, *7*. London 1804.
— New and Rare Animals Found on the South Coast of Devonshire. — Trans. Linn. Soc. London, *9/11*. London 1808/1815.
— Description of Five British Species of the Genus *Terebella* of LINNÉ. — Trans. Linn. Soc. London, *12*. London 1818.
MONTFORT: Conchylis logie systématique. — Paris 1808—1810.
MONTICELLI F.: Contribuzioni allo studio degli Annelidi di Porto Torres. — Bull. Soc. Nat. Napoli, *10*. Napoli 1896.
MOORE P.: *Polychaeta* from the Coastal Slope of Japan and from Kamchatka and Bering Sea. — Proceed. Acad. Nat. Sc. Philadelphia, *55*. Philadelphia 1903.
— Additional New Species of *Polychaeta* from the North Pacific. — Proceed. Acad. Nat. Sc. Philadelphia, *58*. Philadelphia 1906.
— The Polychaetous Annelids Dredged by the U. S. S. „Albatross" off the Coast of Southern California. — Proceed. Acad. Nat. Sc. Philadelphia, *75*. Philadelphia 1923.
MØRCH O. A. L.: Review of the Genus *Tenagodus*. — Proceed. Zool. Soc. London, *28*. London 1860.
— Review of the *Vermetidae*. 1/2/3. — Proceed. Zool. Soc. London, *28/29/32*. London 1861/1862/1865.
— Revisio critica serpulidarum et bidrag til Rørormenes Naturhistoriae. — Naturhist. Tidsskr., (3) *1*. Kopenhagen 1863.
— Burrowing Annelids. — Ann. Mag. Nat. Hist., (4) *3*. London 1869.

MORRIS J.: A Catalogue of British Fossils. — London 1843.
— siehe auch SMITH W.
MORTON J.: Synopsis of the Organic Remains of the Cretaceous Group of the United States. — Philadelphia 1843.
MOURLON M.: Géologie de la Belgique. — Bruxelles 1880—1881.
— siehe auch NYST H. und RUTOT A. & VINCENT G.
MUELLER O. F. siehe MÜLLER O. F.
MUENSTER G. siehe MÜNSTER G.
MÜLLER O. F.: Von Würmern des süßen und salzigen Wassers. — Kopenhagen 1771.
— Zoologica Danica seu animalium Daniae et Norvegiae indigenarum characteres, nomina et synonima imprimis popularium. — Havniae 1776.
— Zoologica Danica. — Havniae 1787—1789.
MÜNSTER G.: Über die Versteinerungen aus dem feinkörnigen Thoneisenstein und dem grünen Sand am Kressenberg bei Braunstein in Baiern. — Teutschl. geogn.-geol. dargest. (herausgeg. v. C. KEFERSTEIN), *6*. Weimar 1828.
MURCHISON R. I.: The Silurian System. — London 1839.
NATHORST A. G.: Mémoire sur quelques traces d'animaux sans vertèbres. — Öfv. Svenska Vetensk. Förh., n. F. *18*. Stockholm 1882.
— Om spar af nagra evertebretade djur och dera paleontolog. betydelse. — Öfv. Svenska Vetensk Förh., n. F. *21*. Stockholm 1886.
NEUGEBOREN J. L.: Beiträge zur Kenntnis der Tertiär-Mollusken aus dem Tegelgebilde von Ober-Lapugy. — Verh. Mitt. Siebenbürg. Ver. Naturw., *9*. Hermannstadt 1858.
— Systematisches Verzeichnis der bis jetzt in den Tegelschichten von Pánk aufgefundenen Gasteropoden. — Verh. Mitt. Siebenbürg. Ver. Naturw., *16*. Hermannstadt 1865.
— Tabellarisches Verzeichnis der bis jetzt bei Pánk nächst Lapugy aufgefundenen Miozän-Conchylien. — Verh. Mitt. Siebenbürg. Ver. Naturw., *20*. Hermannstadt 1869.
NEVIANI A.: Contribuzioni alla geologia del Catanzarese. — 1889 (fide G. ROVERETO, 1904 b).
NICHOLSON H. A. & LYDDEKER R.: A Manual of Palaeontology. — London 1889 (3. ed.).
NIELSEN K. BRÜNNICH: *Serpulidae* from the Senonian and Danian Deposits of Danmark. — Medd. Dansk. Geol. Foren., *8*. Kopenhagen 1931.
NIERSTRASZ H. F.: Die Verwandtschaftsbeziehungen zwischen Mollusken und Anneliden. — Bijdr. Dierk., *22*. Amsterdam 1922.
NILSSON D.: Ein Beitrag zur Kenntnis der Lebensdauer einiger Polychaeten. — Ark. Zool., *17*. Stockholm 1925.
NOETLING F.: Die Fauna der baltischen Cenomangeschiebe. — Paläont. Abhandl., *2*. Berlin 1885 a.
— Die Fauna des samländischen Tertiärs. — Abhandl. Geol. Spec. Karte Preuß. Thüring., *6*. Berlin 1885 b.
NOMENCLATOR animalium generum et subgenerum. 5 (bearb. v. SCHULZE F. E., KÜKENTHAL W., HEIDER K., HESSE R.). — Berlin 1936.
NOMENKLATUR siehe Internationale REGELN der zoologischen Nomenklatur und Zusätze zu den Internationalen REGELN der zoologischen Nomenklatur.
NOSZKY J.: Das Cserhátgebirge. — Geol. Beschr. ungar. Landsch., *3*. Budapest 1940.
NÖTLING F. siehe NOETLING F.
NUSBAUM J.: Über die Regeneration einiger Polychaeten nach künstlichen Verletzungen. — Bull. Acad. Sci. Cracovie. Krakau 1904.
NYST P. H.: Description des coquilles et des polypiers fossiles des terrains tertiaires de la Belgique. — Mém. Acad. R. Bruxelles, *17*. Bruxelles 1845.
— In DELWALQUE: Prodrome (fide G. ROVERETO, 1904 b).
— In MOURLON M.: Géologie de la Belgique. — Bruxelles 1880—1881.
NYST P. H. & LE HON M. H.: Descriptions succinctes de quelques nouvelles espèces animales et végétales fossiles des terrains tertiaires éocènes des environs de Bruxelles. — Bull. Acad. R. Bruxelles. Bruxelles 1864.
— Faune laekenienne. — Bruxelles 1872.
ØDUM H.: Studier over Daniet i Jylland og paa Fyn. — Danm. Geol. Unders., (2) *45*. Kopenhagen 1926.
— siehe auch JESSEN A. & ØDUM H.
OERSTED A. S. siehe ŒRSTED A. S.
O'OGORNAN G. siehe COSSMANN M. & O'OGORNAN G.
OKEN L.: Allgemeine Naturgeschichte für alle Stände. — Stuttgart 1833—1842.
— Isis. *2*. Jena 1818 (fide O. A. L. MØRCH, 1863).

OLSZEWSKI S.: Die Miocänstufe des östlichen Galicien. — Krakauer Akad. Schrift., *5*. Krakau 1875.
— Kurze Schilderung der miocänen Schichten des Tarnopoler Kreises und des Zbruczthales in Galicien. — Jb. Geol. R. A. Wien, *25*. Wien 1875.
OPPENHEIM P.: Die Priabonaschichten und ihre Fauna. — Palaeontographica, *47*. Stuttgart 1901 a.
— Über einige alttertiäre Faunen der österreichisch-ungarischen Monarchie. — Beitr. Paläont. Geol. Öster. Ung. Orient, *13*. Wien 1901 b.
— Über Alter und Fauna des Tertiärhorizontes der Niemtschitzer Schichten in Mähren. — Berlin 1922.
ŒRSTED A. S.: Zur Klassification der Annulater. — Arch. Naturgesch., *10*. Berlin 1844.
ORLANDI S.: Di Alcuni Annelidi Polichete del Mediterraneo. — Boll. Mus. Zool. Anat. Comp. Genova, *49*. Genova 1896.
PAGENSTECHER H. A.: Entwicklungsgeschichte und Brutpflege von *Spirorbis spirillum*. — Zsch. Wiss. Zool., *12*. Leipzig 1863.
PALLAS P. S.: Miscellanea Zoologica. — Hagae 1776.
— Marina varia nova et rariora. — Nov. Acta Acad. Sc. Petropolitanae, *2*. Petersburg 1788.
PANCERI P.: Catalogo dei Annelidi, Gefirei e Turbellarie d'Italia. — Att. Soc. Ital. Sc. Nat., *18*. Milano 1875.
PAPP A.: Untersuchungen an der sarmatischen Fauna von Wiesen. — Jb. Geol. B. A. Wien, *89*. Wien 1939.
— Agglutinierende Polychaeten aus dem oberen Miozän. — Palaeobiologica, *7*. Wien 1941.
— Quergegliederte Röhren aus dem Oberkreideflysch der Alpen. — Paläobiologica, *7*. Wien 1941.
— Über Lebensspuren aus dem Jungtertiär des Wiener Beckens. — Sitz. Ber. Österr. Akad. Wiss. math.-naturw. Kl.; Abt. 1, *158*. Wien 1949.
PAPP A. A.: Wurmproblematica des Grödener Sandsteins. — Mitt. Geol. Ges. Wien, *34*. Wien 1941.
PAPP K. siehe TELEGDI-ROTH L. & SZONTAGH T. & PAPP K. & KADIC O.
PARFITT E.: Catalogue of Devon Annelids. — Annal. Mag. Nat. Hist., (3) *43*. London 1865.
PARKS W. A.: Faunas and Stratigraphy of the Ordovician Black Shales and Related Rocks in Southern Ontario. — Trans. R. Soc. Canada, Sect. IV., Geol. Sc., (3) *22*. Ottawa 1928.
PARONA C. F. siehe MARIANI F. & PARONA C. F.
PAUL C. M.: Der Wiener Wald. — Jb. Geol. R. A. Wien, *48*. Wien 1898.
PAYRAUDEAU B. C.: Catalogue descriptif et méthodique des Annélides et des Mollusques de l'Isle de Corso. — Paris 1826.
PENNANT T.: British Zoology. — London 1777.
PÉRON M. F.: Voyage de découvertes aux australes. *1* (Atlas par LESUEUR & PETIT). — Paris 1807.
PERRIER E.: Traité de Zoologie. *4*. — Paris 1897.
PETIT siehe PERON M. F.
PETIVER J.: Gazophylacium. — London 1767.
PFAFF W.: Bemerkungen über Chondriten und ihre Entstehung. — Geogn. Jahresh., *14*. München 1901.
PHILIPPI R. A.: Enumeratio Molluscorum Siciliae. — Berlin & Halle/Saale 1836—1844 a.
— Beiträge zur Kenntnis der Tertiärversteinerungen des nordwestlichen Deutschlands. — Cassel 1843 b.
— Einige Bemerkungen über die Gattung *Serpula*. — Arch. Naturgesch., *10*. Berlin 1844 c.
— Handbuch der Conchyliologie. — Halle/Saale 1853.
PILSBRY H. A. & SHARP B.: *Scaphopoda*. — Manual of Conchology, *17*. Philadelphia 1897—1898.
PIRONA G. A.: La provinzia di Udine sotto l'aspetto storico naturale. — Udine 1877.
PIVETEAU J.: Traité de Paléontologie. — Paris 1952.
PIXELL G. H.: *Polychaeta* from the Pacific Coast of North America. Part I. *Serpulidae*. — Proceed. Zool. Soc. London, *80*. London 1912.
— *Polychaeta* of the Indian Ocean, together with some species from the Cape Verde Islands. The *Serpulidae* with a Classification of the Genera *Hydroides* and *Eupomatus*. — Trans. Linn. Soc. London, (2) *16*. London 1913.
PLANCO J.: De conchis minus notis. — Venetiis 1739.
PLUMMER F. B.: Cenozoic Systems in Texas. In: Geology of Texas, 3. — Univ. Texas Bull, *3232*. Austin 1932.
PONZI G. siehe RAYNEVAL & VAN DEN HECKE & PONZI.
POTTS F. A.: *Polychaeta* from the N. E. Pacific. — Proceed. Zool. Soc. London, *82*. London 1914.
PRELL H.: Fossile Wurmröhren. — N. Jb. Min. Geol. Pal., Bb. *53*, Abt. B. Stuttgart 1926.
PRENANT A.: Notes zoologiques, Annélides Polychètes. — Bull. Soc. Zool. France, *50*. Paris 1925.
— Sur deux Annélides Polychètes peu connus retrouvés à Roscoff, 1. *Mystides borealis* THÉEL, 2. *Josephella Marenzelleri* CAULLERY & MESNIL. — Bull. Soc. Zool. France, *51*. Paris 1926.
PROUTY W. F. & SWARTZ C. K.: *Vermes*. In: Systematic Paleontology of Silurian Deposits of Maryland. — Maryland Geol. Surv., Siluria. Baltimore 1923.
PULTNEY R.: Catalogues of the Birds, Shells etc. of Dorsetshire. — London 1813.

PUSCH G. G.: Polens Paläonthologie. — Stuttgart 1836—1837.
QUATREFAGES A.: Description de quelques espèces nouvelles d'Annélides Errantes. — Mag. Zool., (2) *5*. Paris 1843.
— Histoire Naturelle des Annelés marins et d'eau douce. Annelés et Géphyriens. — Paris 1865 a.
— Note sur la classification des Annélides. — Ann. Sci. Nat., (5) *3*. Paris 1865 b.
— siehe auch MILNE-EDWARDS H. & QUATREFAGES A.
QUENSTEDT F. A.: Petrefaktenkunde Deutschlands. *7*. — Leipzig 1881—1884 a.
— Handbuch der Petrefaktenkunde. — Tübingen 1882—1885 b (2. Aufl.).
RACKETT T. siehe MATON & RACKETT T.
RACOVITZA E.: Le lobe céphalique et l'encéphale des Annélides polychètes (anatomie, morphologie, histologie). — Arch. Zool. Expér., *4*. Paris 1896.
RAMAGE siehe CUNNINGHAM J. T. & RAMAGE.
RATHKE H.: Zur Fauna der Krym. — Mém. Acad. Imp. Sc. Saint-Pétersbourg, *3*. Petersburg 1836.
— Beiträge zur vergleichenden Anatomie und Physiologie. — Neueste Schrift. Naturf. Ges. Danzig, *3*. Danzig 1842.
— Beiträge zur Fauna Norwegens. — Nova Acta Leop., *20*. Halle/Saale 1843.
RAYNEVAL & VAN DEN HECKE & PONZI: Catalogue des fossiles du Monte Mario près Rôme. — Versailles 1854.
REGELN der zoologischen Nomenklatur, internationale. — Senckenbergiana, *9*. Frankfurt/Main 1927.
REGELN der zoologischen Nomenklatur, Zusätze zu den internationalen. — Senckenbergiana, *10*. Frankfurt/Main 1928.
REIS O. M.: Palaeorbis. — Geogn. Jahresh., *16*. München 1903.
— Zur Fucoidenfrage. — Jb. Geol. R. A. Wien, *59*. Wien 1909.
REISINGER E.: Ein landbewohnender Archiannelide, zugleich ein Beitrag zur Systematik der Archianneliden. — Zsch. Morph. Ökol. Tiere, *3*. Berlin 1925.
REMANE A.: Diagnosen neuer Archianneliden. Zugleich 3. Beitrag zur Fauna der Kieler Bucht. — Zool. Anz., *65*. Leipzig 1925.
— Wurmriffe am Tropenstrand. — Nat. u. Volk, *84*. Frankfurt/Main 1954.
RENEVIER E.: Monographie des Hautes Alpes Vaudoises. — Matér. Carte Géol. Suisse, *16*. Bern 1890.
RENICK B. C. & STENZEL H. B.: The Lower Claiborne on the Brazos River, Texas. — Univ. Texas Bull., *3101*. Austin 1931.
RENIER S. A.: Tavola alfabetica delle conchiglie adriatiche. — 1804 (fide M. HÖRNES, 1856).
— Osservazioni postume di Zoologica Adriatica. — Venezia 1847.
RENIERI: Prospetto della classe dei Vermi. — 1804.
REUSS A. E.: Die marinen Tertiärschichten Böhmens und ihre Versteinerungen. — Sitz. Ber. Österr. Akad. Wiss., math.-naturw. Kl., *39*. Wien 1860.
RICHTER R.: Ein devonischer „Pfeifenquarzit", verglichen mit der heutigen „Sandkoralle" *(Sabellaria, Annelidae)*. — Senckenbergiana, *2*. Frankfurt/Main 1920.
— *Scolithus, Sabellarifex* und Geflechtquarzite. — Senckenbergiana, *3*. Frankfurt/Main 1921.
— Flachseebeobachtungen zu Geologie und Paläontologie. — Senckenbergiana, *4/6/8*. Frankfurt/Main 1922/1924/1926 a.
— *Arenicola* von heute und „*Arenicoloides*", eine Rhizororallide des Buntsandsteins, als Vertreter verschiedener Lebensweisen. — Senckenbergiana, *6*. Frankfurt/Main 1924.
— Zur Deutung rezenter und fossiler Mäander-Figuren. — Senckenbergiana *6*. Frankfurt/Main 1924 c.
— Bau, Begriff und paläogeographische Bedeutung von *Corophioides luniformis* (BLANCKENHORN 1917). — Senckenbergiana, *8*. Frankfurt/Main 1926 d.
— Eine geologische Exkursion in das Wattenmeer. — Nat. u. Mus., *56*. Frankfurt/Main 1926 e.
— Bemerkungen zu K. GRIPP's „Geführten Mäandern" vom Ostseestrand. — Senckenbergiana, *9*. Frankfurt/Main 1927a.
— Sandkorallenriffe in der Nordsee. — Nat. u. Mus., *57*. Frankfurt/Main 1927b.
— Aktuopaläontologie und Paläobiologie, eine Abgrenzung. — Senckenbergiana, *10*. Frankfurt/Main 1928 a.
— Die fossilen Fährten und Bauten der Würmer. — Paläont. Zsch., *9*. Berlin 1928 b.
— Psychische Reaktionen fossiler Tiere. — Palaebiologica, *1*. Wien 1928 c.
— Annelidae. — Handwörterbuch d. Naturw., *1*. Jena 1931 (2. Aufl.).
— Einführung in die Zoologische Nomenklatur durch Erläuterung der Internationalen Regeln. — Frankfurt/Main 1948.
RIETH A.: Neue Beobachtungen an U-förmigen Bohrröhren aus rhätischen und oberjurassischen Schichten Schwabens. — Centralbl. Min. Geol. Paläont., Abt. B. Stuttgart 1931.

RIOJA E.: Datos para el conocimiento de la Fauna de Anelidos Poliquetos del Cantabrico. — Trab. Mus. Nac. Cien. Nat., Ser. Zool., *29/37*. Madrid 1917/1918 a.
— Nota sobre algunos Anelidos recogidos en Malaga. — Bol. R. Soc. Esp. Hist. Nat., *17*. Madrid 1917 b.
— Nota sobre algunos Anelidos interesantes de Santander. — Bol. R. Soc. Esp. Hist. Nat., *17*. Madrid 1917 c.
— Adiciones a la Fauna de Anelidos del Cantabrico. — Revista R. Acad. Cien. Ex. Fis. Nat. Madrid, (2) *16*. Madrid 1919a.
— Una curiosa anomalia del *Hydroides norvegica* Gm. y algunas consideraciones acerca de la filogenia de los Serpulidos. — Bol. R. Soc. Esp. Hist. Nat., *19*. Madrid 1919b.
— Algunas especies de Anelidos Poliquetos de las costas de Galicia. — Bol. R. Soc. Esp. Hist. Nat., *23*. Madrid 1923 a.
— Estudio systematico de las especies ibericas del suborden *Sabelliformia*. Trab. Mus. Nac. Cien. Nat., Ser. Zool., *48*. Madrid 1923b.
— La *Mercierella enigmatica* FAUVEL, Serpulide de agua salobre en España. — Bol. R. Soc. Esp. Hist. Nat., *24*. Madrid 1924.
— Anelidos Poliquetos de San Vicente de la Barquera (Cantabrico). — Trab. Mus. Nac. Cien. Nat., Ser. Zool., *53*. Madrid 1925.
— Consideraciones acerca de la sistemática de los géneros *Serpula*, *Crucigera* e *Hydroides*. — Bol. Soc. Esp. Hist. Nat., *34*. Madrid 1934.
RIOJA E. & LO BIANCO S.: Nota de algunos Anelidos recogidos en las Costas de Gijon y San Vincente de la Barquera. — Bol. R. Soc. Esp. Hist. Nat., *16*. Madrid 1916.
RISSO A.: Histoire naturelle des principales productions de l'Europe méridionale. — Paris 1826.
ROHON J. V. siehe ZITTEL K. A. & ROHON J. V.
ROLLE F.: Über einige an der Grenze von Keuper und Lias in Schwaben auftretende Versteinerungen. — Wien 1858.
RÖMER F. A.: Beschreibung der norddeutschen tertiären Polyparien. I. *Bryozoa*. — Palaeontographica, *9*. Cassel 1863.
ROSENKRANTZ A.: Craniakalken fra Københavns Sydhavn. — Danm. Geol. Unders., (2) *36*. Kopenhagen 1920.
ROTHPLETZ A.: Über die Flyschfucoiden und einige andere fossile Algen, sowie über liasische, diatomeenführende Hornschwämme. — Zsch. Deutsch. Geol. Ges., *48*. Berlin 1896.
ROUALT A.: Description des fossiles du terraine eocène de Pau. — Mém. Soc. Géol. France, (2) *2*. Paris 1846.
ROULE L.: Les Annélides. In: Rés. Sc. du „Caudan", *3*. — Lyon 1896.
— Annélides et Géphyriens. In: Expéd. Scient. du „Travailleur" et du „Talisman", *8*. — Paris 1906.
ROVERETO G.: Di alcuni anellidi del terziario in Austria. — Att. Soc. Lig. Sc. Nat. Geogr., *6*. Genova 1895 a.
— Sinonimie degli anellidi più frequentemente citati nel terziario d'Italia. — Riv. Ital. Paleont., *12*. Bologna 1895 b.
— *Serpulidae* del Terziario e del Quaternario in Italia. — Palaeont. Ital., *4*. Pisa 1898.
— Anellidi del terziario. — Rivist. Ital. Paleont., *9*. Bologna 1903.
— Contributo allo studio dei *Vermeti* fossili. — Boll. Soc. Geol. Ital., *23*. Roma 1904 a.
— Studi monografici sugli Anellidi fossili. I. Terziario. — Palaeont. Ital., *10*. Pisa 1904 b.
RUMPH G. E.: Die amboinische Rariteit-Kammer. — Wien 1766.
RUTOT A.: Étude sur la const. géol. du Mont de la Musique. — Mém. Soc. Malac. Belg., *14*. Bruxelles 1879.
— siehe auch VINCENT G. & RUTOT A.
RUTOT A. & VINCENT G.: In: MOURLON M.: Géologie de la Belgique. — Bruxelles 1881.
RUTSCH R.: Die Gattung *Tubulostium* im Eocaen der Antillen. — Ecl. Geol. Helv., *32*. Basel 1939 a.
— Upper Cretaceous Fossils from Trinidad. — Journ. Paleont., *13*. Tulsa 1939 b.
— siehe auch KUGLER H. G.
RUTTEN L.: On Tertiary Formaninifera from Curacao. — Proceed. K. Akad. Wetensch., *31*. Amsterdam 1928.
RUTTEN M. G. & VERMUNT L. W. J.: The Serve di Cueba Limestone from Curacao. — Proceed. K. Akad. Wetensch., *35*. Amsterdam 1932.
SACCO F.: Catalogo paleontologico del bacino terziario del Piemonte. — Boll. Soc. Geol. Ital., *8*. Roma 1890.
— I Molluschi dei terreni terziarii del Piemonte e della Liguria. — Torino 1891—1897.
SAINT-JOSEPH: Les Annélides Polychètes des Côtes de Dinard. — Annal. Sc. Nat. Zool., (7) *1/5/17/20*. Paris 1887/1888/1894/1895.
— Annélides Polychètes de Villers recueillis par M. A. DOLLFUSS. — Feuille Jeunes Nat., *27*. Paris 1898.

SAINT-JOSEPH: Les Annélides Polychètes des Côtes de France. Manche et Océan. — Annal. Sc. Nat. Zool., (8) *5*. Paris 1898.
— Annélides Polychètes de la Rade de Brest et de Paimpol. — Annal. Sc. Nat. Zool., (8) *10*. Paris 1899.
— Annélides Polychètes des Côtes de France. Océan et Côtes de Provence. — Annal. Sc. Nat. Zool., (9) *3*. Paris 1906.

SALENSKY W.: Études sur le développement des Annélides. — Arch. Biol., *3/4/6*. Paris 1882/1883/1887.
— Beiträge zur Entwicklungsgeschichte der Anneliden. — Biol. Zentralbl., *2*. Leipzig & Erlangen 1883.

SANGIORGI D.: Fossili pliocenici. — Riv. Ital. Paleont., *5*. Bologna 1899.

SARLE C. J.: *Arthrophycus* and *Daedulus* of Burrow Origin. Preliminary Note on the Nature of *Taonurus*. — Proceed. Rochester Acad. Sc., *4*. Rochester 1906.

SARS G. O.: Diagnoser af nye Annélider fra Christianiafjorden efter Prof. M. SARS's efterladte Manuscripter. — Forh. Norske Vidensk. Selsk. Christiania 1872.
— Bidrag til Kundskaben om Christianiafjordens Fauna. 3. — Nytt Mag. f. Naturvid., *19*. Oslo 1873.

SARS M.: Beskrivelser og Jagttageleser over nye aller merkelige i havet vet den Bergenske kyst levende dyr. — Bergen 1835.
— Fauna littoralis Norvegiae. — Oslo 1846—1856 a.
— Bemerkninger om det Adriatiske havs fauna sammenlignet med Nordhavet. — Nytt Mag. Naturvid., *7*. Oslo 1853 b.
— Fortsatte Bidrag til Kundskaben om Norges Annélider. — Forh. Norske Vidensk. Selsk. Christiania 1864.
— Om de in Norge forekommende fossile etc. — K. Norske Univ. Progr. Cristiania 1865.

SAVIGNY J.: Système des Annélides principalement de celles du côtes de l'Égypte et de la Syrie. — Hist. Nat., *21*. Paris 1820 a.
— Annélides Serpulés. — Paris 1820 b.

SCACCHI A.: Intorno alle conchiglie ed a zoofiti fossili di Gravina. — Annal. Civ. due Sicilie, *7*. 1835 (fide G. ROVERETO, 1904 b).
— Catalogus conchyliorum Regni Neapolitani. — Napoli 1836.

SCHAFFER F. X.: Der marine Tegel von Theben-Neudorf in Ungarn. — Jb. Geol. R. A. Wien, *47*. Wien 1898.
— Geologie von Österreich. — Wien 1951 (2. Aufl.).

SCHAFFER F. X. & GRILL R.: Die Molassezone. In SCHAFFER F. X.: Geologie von Österreich. — Wien 1952 (2. Aufl.).

SCHAFHÄUTL K. E.: Der Kressenberg und die südlich von ihm gelegenen Hochalpen geognostisch betrachtet in ihren Petrefakten. In: Südbayerns Lethaea Geognostica. — Leipzig 1863.

SCHÄFLE L.: Über Lias- und Doggeraustern. — Geol. Paläont. Abhandl., n. F. *17*. Jena 1929.

SCHAUROTH C.: Verzeichnis der Versteinerungen im Herzoglichen Naturaliencabinet zu Coburg. — Coburg 1865.

SCHIMPER W. P.: Traité de paléontologie végétale. — Paris 1869—1874.

SCHINDEWOLF O. H.: Studien aus dem Marburger Buntsandstein. *4*. — Senckenbergiana, *10*. Frankfurt/Main 1928.

SCHLOSSER M.: Die Eocaenfaunen der bayerischen Alpen. 1/2. — Abhandl. Bayer. Akad. Wiss., *30*. München 1925 a/b.

SCHLOTHEIM E. F.: Die Petrefactenkunde. — Gotha 1820.

SCHMARDA L.: Neue wirbellose Tiere. — Leipzig 1861.

SCHMIDT W. J.: Neue Serpula-Arten aus dem Material des Naturhistorischen Museums in Wien. — Annal. Naturhist. Mus. Wien, *57*. Wien 1950.
— Die Unterscheidung der Röhren von *Scaphopoda*, *Vermetidae* und *Serpulidae* mittels mikroskopischer Methoden. — Mikroskopie, *6*. Wien 1951 a.
— Neues *Serpulidae* aus dem tertiären Wiener Becken. — Annal. Naturhist. Mus. Wien, *58*. Wien 1951 b.
— Eine verkieselte Kolonie von *Hydroides pectinata* PHILIPPI. — Jb. Oberöster. Musealver., *99*. Linz/Donau 1954 a.
— Wurmröhren aus dem Lavanttaler Tertiär. — Anz. Österr. Akad. Wiss., math.-naturw. Kl., *91*. Wien 1954 b.
— Der stratigraphische Wert der *Serpulidae* im Tertiär. — Paläont. Zsch., *29*. Stuttgart 1955 a.
— Nomenklatur und Systematik der Serpuliden-Gattung *Rotularia* DEFRANCE (= *Tubulostium* STOLICZKA). — 1955. Mitt. Geol. Ges. Wien, *47*. Wien 1955 b.
— Karbone Wurmröhren aus Kärnten. — Carinthia II, *145*. Klagenfurt 1955 c.

SCHMIDT O.: Neue Beiträge zur Naturgeschichte der Würmer. — Jena 1848.

SCHMIEDEBERG O.: Über die chemische Zusammensetzung der Wohnröhren von *Onuphis tubicola* MÜLL. — Mitt. Zool. Stat. Neapel, *3*. Napoli 1882.

SCHMITT W.: Über Opercula von *Serpula* aus der Unteroligozänscholle von Calbe a. d. Saale und dem französischen Eozän. — Zsch. Geschiebeforsch., 3. Berlin 1927.
SCHNEIDER A.: Über die Muskeln der Würmer und ihre Bedeutung für das System. — Arch. Anat. Physiol. Wiss. Mediz. Leipzig 1864.
SCHROETER J. S.: Einleitung in die Conchylienkenntniß nach LINNÉ. 1—3. — Halle/Saale 1783/1784/1786.
SCHUCHERT C.: Historical Geology of the Antillean-Caribbean Region or the Lands Bordering the Gulf of Mexico and the Caribbean Sea. — New York 1935.
SCHULZE F. E. siehe NOMENCLATOR animalium generum et subgenerum.
SCILLA A.: De corporibus marinis lapidescentibus. — Roma 1752.
SEBA A.: Descriptio thesauri rerum naturalium. — Amsterdam 1758.
SEDGWICK A.: On the Origin of Metameric Segmentation and some other Morphological Questions. — Stud. Morph. Lab. Cambridge, 2. Cambridge 1883.
SEGUENZA G.: Formazioni terziarie nella provinzia di Reggio (Calabria). — Mem. Cl. Sc. Fis. Mat. Nat., Reale Accad. Linc., (3) 6. Roma 1880.
SEILACHER A.: Studien zur Palichnologie. I. Über die Methoden der Palichnologie. — N. Jahrb. Geol. Paläont., Abh., 96. Stuttgart 1953.
SEMPER C.: Zur Anatomie und Entwicklungsgeschichte der Gattung *Myzostoma* LEUCKART. — Zsch. Wiss. Zool., 9. Leipzig 1885.
SERRES M. DE: Géognosie des terrains tertiaires, ou tableau des principaux animaux invertébres des terrains tertiaires du Midi de la France. — Montpellier & Paris 1829.
SEURAT L. G.: Les associations animales de l'horizon moyen de la zone intercotidale de la Petite Syrte. — C. R. Acad. Sc. Paris, 178. Paris 1924.
SEWARD A. C.: Fossil Floras of the Cape Colony. — Annal. South Africa Mus., 4. Capetown. 1903.
SHARP B. siehe PILSBRY H. A. & SHARP B.
SIEBER R.: Eozäne und oligozäne Makrofaunen Österreichs. — Sitz. Ber. Österr. Akad. Wiss., math.-naturw. Kl., Abt. 1, 162. Wien 1953.
SIMONELLI V.: Sulla struttura microscopica della *Serpula spirulaea* LAM. — Att. Soc. Tosc. Sc. Nat., Proc. Verb., 5. Pisa 1887.
SINDOLSKI H.: Wurmbauten aus dem mittleren Buntsandstein von Helgoland. — Zsch. Deutsch. Geol. Ges., 87. Berlin 1935.
SISMONDA E.: Synopsis methodica animalium invertebratorum. — Torino 1842.
SMITH W.: In: MORRIS J.: British Fossils. — London 1843.
SÖDERSTRÖM A.: Studien über die Polychaeten Familie *Spionidae*. — Inaug. Diss. Uppsala. Uppsala 1920.
— Über das Bohren der *Polydora ciliata*. — Zool. Bidr. Uppsala, 8. Uppsala 1923.
SOLOWIEW M. siehe SSOLOWIEW M.
SORGENFREI T.: Marines Untermiozän im Klintinghove auf der Insel Als. — Denmarks Geol. Unders., 2. Kopenhagen 1950.
SOULIER A.: Sur la formation du tube chez quelques Annélides tubicoles. — C. R. Acad. Sc. Paris, 106. Paris 1888.
— Études sur quelques points de l'anatomie des Annélides tubicoles de la Région de Cette. — Trav. Inst. Zool. Montpellier, n. s., 2. Paris 1891.
— Révision des Annélides de la Région de Cette. — Mém. Acad. Sc. Lettr. Montpellier, Sect. Sc., (2) 1/2/3. Paris 1902/1903/1904.
SOUTHERN R.: The Marine Worms *(Annelida)* of Dublin Bay and the Adjoining District. — Proceed. R. Irish Acad., 28. Dublin 1910.
— *Archiannelida* and *Polychaeta*. In: Clare Island Survey. — Proceed. R. Irish Acad., 31. Dublin 1914.
SOWERBY G. B.: Thesaurus Conchigliorum. 3. — London 1866.
— siehe auch SOWERBY J. & SOWERBY G. B.
SOWERBY J.: The Mineral Conchology of Great Britain. — 1812—1844 a.
— British Miscellaneous. — London 1838 b (fide G. ROVERETO, 1898).
— Conch. Man. — London 1839 c (fide G. ROVERETO, 1898).
SOWERBY J. & SOWERBY G. B.: The Genera of Recent and Fossil Shells. — London 1820—1824.
SPALEK V.: Neue Stratigraphie des Neogens aus der Umgebung von Grusbach. — Sbor. Klub. Prir. v Brně, 18. Brno 1936.
SPEYER O.: Die Tertiärfauna von Söllingen. — Palaeontographica, 10. Cassel 1862.
— Conch. Cass. Tert. — Abhandl. Geol. Spec. Karte Preuß., 4. Berlin 1884.
SSOLOWIEW M.: Polychaeten-Studien. I. Die Terebelliden des Weißen Meeres. — Annal. Mus. Zool. Acad. Sc. Saint-Petersbourg, 2. Petersburg 1899.

STEEN J.: Anatomisch-histologische Untersuchungen von *Terebellides Stroemi* M. SARS. — Zsch. Naturw., *16*. Jena 1883.
STEFANI C.: I vulcani spenti dell'Appennine sett. — Boll. Soc. Geol. Ital., *10*. Roma 1892.
— Molluschi pliocenici di Viterbo. — Att. Soc. Sc. Nat., *18*. Pisa 1902.
STENZEL H. B. siehe RENICK B. C. & STENZEL H. B.
STERNBERG K.: Versuch einer geognostisch-botanischen Darstellung der Flora der Vorwelt. — Leipzig & Prag 1820—1838.
STERZINGER I.: Über die *Spirorbis*-Arten der nördlichen Adria. — Abhandl. Zool. Bot. Ges. Wien, *6*. Wien 1910.
— Einige neue *Spirorbis*-Arten aus Suez. — Sitz. Ber. Akad. Wiss., math. naturw. Kl., *118*. Wien 1910.
STIASNY G.: Zur Kenntnis der Lebensweise von *Balanoglossus*. — Zool. Anz., *35*. Leipzig 1910.
STIMPSON W.: Synopsis of the Marine Invertebrata of Grand Manan. — Smithson. Contr. Knowl., *6*. Washington 1853.
— On Some Remarkable Marine Invertebrata Inhabiting the Shores of South Carolina. — Proceed. Boston Soc. Nat. Hist., *5*. Boston 1856.
STOLICZKA F.: Cretaceous Fauna of India. 2. The *Gastropoda*. — Mem. Geol. Surv. India (Palaeont. Indica). Calcutta 1868.
STORCH O.: Zur vergleichenden Anatomie der Polychaeten. I. Teil. — Verh. Zool. Bot. Ges. Wien, *62*. Wien 1912.
— Zur vergleichenden Anatomie der Polychaeten. II. Teil. — Verh. Ges. Deutsch. Naturf. Ärzte, *85*. Leipzig 1914.
STRAUSZ L.: Az északkeleti Cserhát mediterrán fáciesei. — Eötv. Füz., *1*. Budapest 1925.
STUDER T.: Über Borstenwürmer aus dem Cambrium und die Beziehungen der Arthropoden zu den Anneliden. — Mitt. Nat. Ges. Bern 1912.
STUR D. Die marine Stufe des Wiener Beckens. — Jb. Geol. R. A. Wien, *20*. Wien 1870.
— Geologie der Steiermark. — Graz 1871.
SWARTZ C. K. siehe PROUTY W. F. & SWARTZ C. K.
SZONTAGH T. siehe TELEGDI-ROTH L. & SZONTAGH T. & PAPP K. & KADIC O.
TARAMELLI T.: Sopa alcuni Echinidi. — 1869 (fide G. ROVERETO, 1904 b).
— Sulla formazione eocenica del Friuli. — Udine 1870.
— Catalogo ragionato delle rocce del Friuli. — Roma 1877.
— Spiegazione della carta geologica del Friuli. — Pavia 1881.
— Geologia delle Provincie Venete. — Roma 1882.
— Una brevissima. — 1893 (fide G. ROVERETO, 1904 b).
TAUBER A. F.: Über praemortalen Befall von rezenten und fossilen Molluskenschalen durch tubicole Polychaeten. — Palaeobiologica, *8*. Wien 1944.
— Paläobiologische Analyse von *Chondrites furcatus* STERNBERG. — Jahrb. Geol. Bundesanst., *93*. Wien 1948.
TAUBER P.: Annulata Danica. — Kopenhagen 1879.
TELEGDI-ROTH L. & SZONTAGH T. & PAPP K. & KADIC O.: Vorläufige Mitteilungen über die miozänen Balaenopteriden von Borbolya. — Földt. Közlöny, *34*. Budapest 1904.
TEMPLETON R.: A Catalogue of the Species of Annulose Animals and of Rayed Ones, Found in Ireland. — Mag. Nat. Hist. Journ. Zool., *9*. London 1836.
THIEL H.: Annélides Polychètes des mers de la Nouvelle-Zemble. — Öfv. K. Svenska Vetensk. Förh., n. F. *16*. Stockholm 1878.
THIELE J.: Handbuch der systematischen Weichtierkunde. — Jena 1929—1935.
THORPE C.: British Marine Conchology. — London 1830 (n. ed. 1844).
TOULA F.: Die Miocänablagerungen von Kralitz. — Annal. Naturhist. Mus. Wien, *8*. Wien 1893.
— Lehrbuch der Geologie. — Wien 1918.
TRAUB F.: Geologische und Paläontologische Bearbeitung der Kreide und des Tertiärs im östlichen Rupertiwinkel, nördlich von Salzburg. — Palaeontographica, *88*. Stuttgart 1938.
TRECHMANN C. T.: The Scotland Beds of Barbados. — Geol. Mag., *62*. London 1925.
TRUEMAN A. E.: Supposed Commensalism of Carboniferous Spirorbids and Certain Non-marine Lamellibranchs. — Geol. Mag., *79*. London 1942.
URREGG H. siehe HAUSER A. & URREGG H.
VADASZ E.: Über die obermediterrane Korallenbank von Ribice. — Földt. Közlöny, *37*. Budapest 1907.
— Die paläontologischen und geologischen Verhältnisse der älteren Schotter am linken Donauufer. — Mitt. Jb. Ung. Geol. R. A., *18*. Budapest 1911.
VAILLANT L.: Sur la synonymie des espèces par DE LAMARCK dans le genres Vermet, Serpule, Vermile. — Nouv. Arch. Mus., *7*. Paris 1871.
— Histoire naturelle des Annelés marins et d'eau douce. *3*. — Paris 1898—1890.

VAN BENEDEN P. J. siehe BENEDEN P. J. VAN.
VAN DE GEYN W. A. E. siehe GEYN W. A. E. VAN DE & VLERK J. M. VON DER.
VAN DEN BROECK E. siehe BROECK E. VAN DEN.
VAN DEN HECKE siehe RAYNEVAL & VAN DEN HECKE & PONZI.
VERMUNT L. W. J. siehe RUTTEN M. G. & VERMUNT L. W. J.
VERRILL A. E.: Catalogue of New England Worms. — Washington 1873.
— Annelids and Echinoderms. In: Contribution to the Natural History of Kerguelen Island. II. — Bull. U. S. Nat. Mus., 2. Washington 1876.
— Notice of Recent Additions to the Marine Invertebrata of the North-Eastern Coast of America. — Proceed. U. S. Nat. Mus., 11. Washington 1879.
— New England *Annelida*. — Trans. Connecticut Acad. Arts Sc., 4. New Haven 1881.
— Additions to the *Turbellaria*, *Nemertina* and *Annelida* of the Bermudas. — Trans. Connecticut Acad. Arts Sc., 9. New Haven 1900.
VINCENT G. siehe RUTOT A. & VINCENT G.
VINCENT G. & LEFÈVRE: Les faunes bruxelliennes et laekeniennes de Dieghem. — Annal. Soc. Malac. Belg., 7. Bruxelles 1872.
VINCENT G. & RUTOT A.: Faune systematique de Bruxelles. — Annal. Soc. Malac. Belg., 14. Bruxelles 1879.
VINE G. R.: Notes on the *Annelida Tubicola* of the Wenlock Shales from the Washings of G. MAW, Esq. — Quart. Journ. Geol. Soc. London, 38. London 1882.
VLERK J. M. VON DER siehe GEYN W. A. E. VAN DE & VLERK J. M. VON DER.
VOIGT E.: Köcherbauten von Würmern in Sedimentgeschieben. — Zsch. Geschiebeforsch., 4. Berlin 1928.
— Artspezifischer Parachorismus (?) von Serpuliden in Kreide-Bryozoen. — Paläont. Zsch., 29. Stuttgart 1955.
VON DER VLERK J. M. siehe GEYN W. A. E. VAN DE & VLERK J. M. VON DER.
WADE B.: The Fossil Annelid Genus *Hamulus* MORTON, an Operculate *Serpula*. — Proceed. U. S. Nat. Mus., 59. Washington 1922.
— The Fauna of the Ripley Formation on Coon Creek, Tennessee. — U. S. Geol. Surv. Prof. Pap., 137. Washington 1926.
WAGLER E. siehe HEMPELMANN F. & WAGLER E.
WAGNER C.: Beiträge zur Stratigraphie und Bildungsgeschichte des Oberen Hauptmuschelkalkes. — Geol. Paläont. Abhandl., n. F. 12. Jena 1913.
WALCOTT C. W.: Cambrian Geology and Paleontology. — Smithson. Misc. Coll., 57. Washington 1911.
WALTHER J.: Die Lebensweisen der Meeresthiere. In: Einleitung in die Geologie als historische Wissenschaft. 2. — Jena 1893.
— Allgemeine Palaeontologie. — Berlin 1927.
WANNER J.: Die Fauna der obersten Weißen Kreide der libyschen Wüste. — Palaeontographica, 30. Cassel 1902.
WARING A. siehe HARRIS G. D. & WARING A.
WATSON A.: The Tube-Building Habits of *Terebella littoralis*. — Journ. R. Microsc. Soc., (2) 10. London 1890.
— On the Habits of *Amphictenidae*. — Annal. Mag. Nat. Hist., (6) 14. London 1894.
— On the Structure and Habits of the *Polychaeta* of the Family *Ammocharidae*. — Journ. Linn. Soc. Zool., 28. London 1901.
— Note on *Polydora armata* LNGHS. — Rep. Ceylon Pearl Oyster Fish., 30. London 1905.
— The Habits of Tube-building Worms. — Rep. 76. Meet. Brit. Ass. Adv. Sci. 1906.
WEBSTER H. E.: On the *Annelida Chaetopoda* of the Virginian Coast. — Trans. Albany Inst., 9. Albany 1879.
WEIGELT J.: Angewandte Geologie und Paläontologie der Flachseegesteine und der Erzlager von Salzgitter. — Fortschr. Geol. Paläont., 4. Berlin 1923.
WEISBORD N. E.: Some Cretaceous and Tertiary Echinoids from Cuba. — Bull. Amer. Paleont., 20. Ithaca 1934.
WENZ W.: *Gastropoda*. In: Handbuch der Paläozoologie. 6. — Berlin 1938—1944.
WHITEAVES J. F.: Catalogue of the Marine Invertebrates of Eastern Canada. — Montreal 1901.
WHITFIELD: Observations on some Cretaceous Fossils from the Beyrut District of Syria. — Bull. Amer. Mus. Nat. Hist., 3. New York 1891.
WILLEY A.: Report on the *Polychaeta*. — Rep. Ceylon Pearl Oyster Fish., Suppl., 30. London 1905.
WILSON E. B.: Some Problems of Annelid Morphology. — Biol. Lect. Mar. Biol. Lab. Woods Hole. Boston 1891.

WINKLER-HERMADEN A.: Die jungtertiären Ablagerungen an der Ostabdachung der Zentralalpen und das inneralpine Tertiär. In SCHAFFER F. X.: Geologie von Österreich. — Wien 1952 (2. Aufl.).

WINTERSTEIN H. siehe BIEDERMANN W.

WIREN A.: Om circulations och digestions organen hos Annelider af familjerna *Ampharetidae*, *Terebellidae* och *Amphictenidae*. — Öfv. Svenska Vetensk. Förh., n. F. *21*. Stockholm 1885.

WITHERS T. H.: Decapod Crustaceous *(Callianassa)* from the Scotland Beds of Barbados. — Geol. Mag., *63*. London 1926.

WOLLEBACK A.: Nordeuropäiske *Annulata Polychaeta*. I. *Ammocharidae, Amphictenidae, Ampharetidae, Terebellidae* og *Serpulidae*. — Skrift. Vidensk. Christiania, Mat. Nat. Kl., II., *18*. Christiania 1912.

WOOD W.: Index testaceologicus. — London 1828.
— Catal. Shelles Crag. — London 1842 (fide G. ROVERETO, 1904 b).

WOODWARD S. P.: Recent and Fossil Shells. — London 1851.

WRIGLEY A.: Notes on the Section in Fishponds Pit, Wokongham. — Proceed. Geol. Assoc., *36*. London 1925.
— Observations on the Structure of Lamellibranch Shells. — Proceed. Malac. Soc. London, *27*. London 1946.
— Les opercules de Serpulidés de l'Éocène du Bassin de Paris. — Bull. Soc. Géol. France, (5) *19*. Paris 1949.
— The Differences between the Calcareous Tubes of Vermetids and Serpulids. — Journ. Conchyl., *90*. Paris 1950.
— Some Eocene Serpulids. — Proceed. Geol. Assoc., *62*. London 1951.
— Serpulid Opercula from the Kunrade-limestone (Upper Cretaceous, Maestrichtian). — Mitt. Geol. Staatsinst. Hamburg, *21*. Hamburg 1952.

YAKOWLEW N. N.: Über den Parasitismus der Würmer *Myzostomidae* auf den paläozoischen Krinoiden. — Zool. Anz., *54*. Leipzig 1922.

YONGE C. M.: The Sea Shore. — London 1949.

ZAPFE H.: Eine rhätische Fauna aus dem Gebiet des Eibenberges bei Ebensee in Oberösterreich. — Jahrb. O. Ö. Musealver., *94*. Linz/Donau 1949.

ZENKEWITSCH L. A.: Biologie, Anatomie und Systematik der Süßwasserpolychaeten des Baikalsees. — Zool. Jahrb., Abt. Syst., *50*. Jena 1925.
— Über das Vorkommen der Brackwasserpolychaete *Manayunkia (M. polaris n. sp.)* an der Murmanküste. — Zool. Anz., 109. Leipzig 1935.

ZIEGELMEIER E.: Beobachtungen über den Röhrenbau von *Lanice conchilega* (PALLAS) im Experiment und am natürlichen Standort. — Helgoländer wissensch. Meeresunt., *4*. List/Sylt 1952.

ZIEGLER H. E.: Aus der Entwicklungsgeschichte eines Röhrenwurms. — Zool. Anz., *44*. Leipzig 1913.

ZIMMERMANN E.: *Dictyodora Liebeana* (WEISS) und ihre Beziehungen zu *Vexillum* (ROUAULT), *Palaeochorda marina* (GEINITZ) und *Crossopodia Henrici* (GEINITZ). — Jahresber. Ges. Freunde Naturw. Gera, *32*. Gera 1892.

ZITTEL K. A.: Handbuch der Palaeontologie. Palaeozoologie. *1*. — München & Leipzig 1880.
— Traité de Paléontologie. 2. — Paris 1887.
— Grundzüge der Paläontologie. Paläozoologie. — München & Berlin 1895 (4. Aufl. 1915; 5. Aufl. 1921; 6. Aufl. 1924).

ZITTEL K. A. & ROHON J. V.: Über Conodonten. — Sitz. Ber. Math. Phys. Cl. Bayer. Akad. Wiss. München 1886.

Nachtrag:

DONS C.: Om vekst og voksemåte hos *Pomatoceros triqueter*. — Nyt Mag. Naturv., *64*. Oslo 1926.

EHRENBERG K.: Besprechung von „W. LANGE: Über Symbiosen von *Serpula* mit Ammoniten im unteren Lias Norddeutschlands". — Palaeont. Zbl., *2*. Leipzig 1932.

FUGGER E.: Die oberösterreichischen Voralpen zwischen Irrsee und Traunsee. — Jahrb. Geol. R. A., *53*. Wien 1904.

HYATT A.: Genesis of the *Arietidae*. — Smithson. Contr. Knowledge, *26*. Washington 1889.

LANGE W.: Über Symbiosen von *Serpula* mit Ammoniten im unteren Lias Norddeutschlands. — Zsch. Deutsch. Geol. Ges., *84*. Berlin 1932.

MILLER A. K.: Commensals on tetrabranchiate cephalopods. — Amer. Journ. Sci., (5) *24*. New Haven 1932.

PENECKE K. A.: Das Eocän des Krappfeldes in Kärnten. — Sitz. Ber. Österr. Akad. Wiss., math.-naturw. Kl., Abt. 1, *90*. Wien 1885.

QUENSTEDT F. A.: Die Ammoniten des Schwäbischen Jura. *2*. Der Braune Jura. — Stuttgart 1886/1887.

SCHINDEWOLF O. H.: Über Epöken auf Cephalopoden-Gehäusen. — Palaeont. Zsch., *16*. Berlin 1934.

TOULA F.: Über Orbitoiden und Nummuliten führende Kalke vom „Goldberg" bei Kirchberg am Wechsel. — Jahrb. Geol. R. A., *29*. Wien 1879.

TRAUTH F.: Das Eozänvorkommen bei Radstadt im Pongau und seine Beziehungen zu den gleichalterigen Ablagerungen bei Kirchberg am Wechsel und Wimpassing am Leithagebirge. — Denkschr. Öster. Akad. Wiss., math.-naturw. Kl., *95*. Wien 1918.

WÄHNER F.: Beiträge zur Kenntnis der tieferen Zonen des unteren Lias in den nordöstlichen Alpen. VII. Teil. — Beitr. Paläont. u. Geol. Öster.-Ung. u. Orients, *9*. Wien 1894.

ZELENY C.: The Rearing of Serpulid Larvae with Notes on the Behaviour of the Young Animals. — Biol. Bull., *8*. Woods Holl 1905.

Tafel I

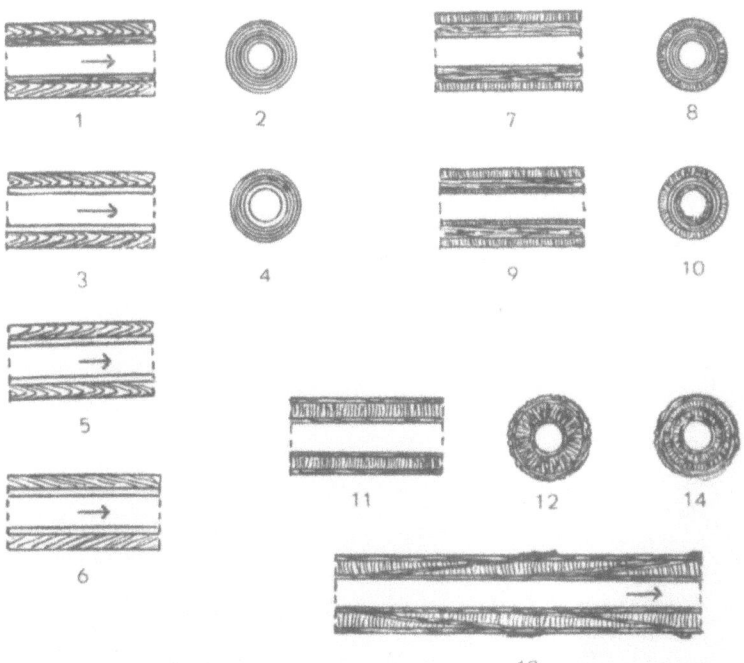

Tafel 1 Fig. 1: Röhrenlängsschnitt von *Serpulidae*; Außenschicht mit normaler Parabeltextur; Innenschicht mit Lagentextur parallel der Röhrenlängsachse.
Fig. 2: Röhrenquerschnitt von *Serpulidae*; Innen- und Außenschicht mit ringförmiger Textur.
Fig. 3: Röhrenlängsschnitt von *Serpulidae*; Außenschicht mit normaler Parabeltextur; Innenschicht ohne Textur.
Fig. 4: Röhrenquerschnitt von *Serpulidae*; Außenschicht mit ringförmiger Textur; Innenschicht ohne Textur.
Fig. 5: Röhrenlängsschnitt von *Serpulidae*; Außenschicht mit längerem inneren Parabelast.
Fig. 6: Röhrenlängsschnitt von *Serpulidae*; Außenschicht mit einfachen, zur Röhrenlängsachse schrägen Lamellen.
Fig. 7: Schalenlängsschnitt von *Gastropoda*; Außenschicht mit Texturen senkrecht zur Schalenoberfläche; Innenschicht mit Texturen parallel zur Schalenoberfläche.
Fig. 8: Schalenquerschnitt von *Gastropoda*; Außenschicht mit Texturen senkrecht zur Schalenoberfläche; Innenschicht mit Texturen parallel zur Schalenoberfläche.
Fig. 9: Schalenlängsschnitt von *Gastropoda*; Außen- und Innenschicht mit Texturen senkrecht zur Schalenoberfläche; Mittelschicht mit Texturen parallel zur Schalenoberfläche.
Fig. 10: Schalenquerschnitt von *Gastropoda*; Außen- und Innenschicht mit Texturen senkrecht zur Schalenoberfläche; Mittelschicht mit Texturen parallel zur Schalenoberfläche.
Fig. 11: Schalenlängsschnitt von *Scaphopoda*; Außen- und Innenschicht mit Texturen parallel zur Schalenoberfläche; Mittelschicht mit Texturen senkrecht zur Schalenoberfläche.
Fig. 12: Schalenquerschnitt von *Scaphopoda*; Außen- und Innenschicht mit Texturen parallel zur Schalenoberfläche; Mittelschicht mit Texturen senkrecht zur Schalenoberfläche.
Fig. 13: Schalenlängsschnitt von *Scaphopoda*; Außen- und Innenschicht mit Texturen parallel zur Schalenoberfläche; Mittelschicht mit Texturen senkrecht zur Schalenoberfläche; Querverbindungen mit Texturen parallel ihrer Längsrichtung.
Fig. 14: Schalenquerschnitt von *Scaphopoda*; Außen-, Innen- und Zwischenschichten (Querverbindungen) mit Texturen parallel zur Schalenoberfläche; Mittelschicht mit Texturen senkrecht zur Schalenoberfläche.

Tafel 2 Fig. 1: Exkremente von *Arenicolidae* ?; 1/2;
Greifenstein; Eozän;
nach O. ABEL, 1935; Abb. 303a.

Fig. 2: Röhrensteinkern von *Arenicolidae* ? *(Arenicolites* SALTER); 1/2;
Rauchstallbrunngraben; Torton;
nach O. ABEL, 1935; Abb. 388.

Fig. 3: *Polydora ciliata* (JOHNSTON); 1/2;
Frankreich; rezent;
nach O. ABEL, 1935; Abb. 383.

Fig. 4: *Polydora hoplura* (CLAPARÈDE); 1/2;
Nodendorf; Helvet;
nach O. ABEL, 1935; Abb. 384.

Fig. 5: *Taonurus* sp.; 1/4;
Tullnerbach; Eozän;
nach O. ABEL, 1935; Abb. 367.
(Erklärung nach O. ABEL, 1935, p. 441: „Vom Oberrand des Bildes zieht sich ein dunkler Strich nach unten; dies ist die Mittelachse des *Taonurus*. Von diesem Strich laufen nach beiden Seiten hin schwarze Striche schräg hinab, die sich als die Durchschnitte der sich nach unten zu tütenförmig ausbreitenden und vergrößernden Spiralflächen darstellen. In der Mitte des Bildes ist ein Teil dieser Spiralfläche selbst infolge Ausbrechens der betreffenden Gesteinspartie bloßgelegt; in der linken unteren Bildecke sieht man einen größeren Abschnitt einer Taonurusspirale, die einem Nachbargebilde angehört.")

Fig. 6: *Pectinaria* sp.; 1/1;
St. Anna; Sarmat;
nach A. PAPP, 1941; Abb. 3.

Fig. 7: *Arthrophycus* sp.; 1/1;
Schleißheim; Oligozän;
nach O. ABEL, 1935; Abb. 401.

Fig. 8: *Lanice* sp.; 1/1;
Rosernberg bei Tischen; Sarmat;
nach A. PAPP, 1941; Abb. 1.

Tafel II

Tafel 3 Fig. 1: *Josephella angulatella* W. J. SCHMIDT; 10/1; Steinabrunn; Torton;
Holotypus, nach W. J. SCHMIDT, 1951; Abb. 1.

Fig. 2: *Josephella kühni* W. J. SCHMIDT; 10/1; Steinabrunn; Torton;
Holotypus, nach W. J. SCHMIDT, 1951; Abb. 2.

Fig. 3: *Josephella kühni simplicissima* W. J. SCHMIDT; 10/1; Steinabrunn; Torton;
Holotypus, nach W. J. SCHMIDT, 1951; Abb. 3.

Fig. 4: *Protula canavarii* ROVERETO; 1/1; Petronell; Torton;
Holotypus, nach G. ROVERETO, 1895 a; Tafel 9, Fig. 4.

Fig. 5: *Protula canavarii* ROVERETO; 1/1; Petronell; Torton;
Bruchstück des Holotypus von G. ROVERETO, 1895 a.

Fig. 6: *Protula extensa* (BRANDER); 1/1; Hampshire; Auversien;
Holotypus, nach G. BRANDER, 1766; Fig. 12.

Fig. 7: *Protula extensa* (BRANDER); 1/1; Barton; Middle Barton E;
nach A. WRIGLEY, 1951; Fig. 60.

Fig. 8: *Protula extensa* (BRANDER); 1/1; Valgrande di Ronca; Eozän;
nach G. ROVERETO, 1898; Tafel 7, Fig. 7a.

Fig. 9: *Protula intestinum* (LAMARCK); 1/1; Astigiano; Pliozän;
nach G. ROVERETO, 1904 a; Tafel 3, Fig. 12.

Fig. 10: *Protula intestinum grundica* n. ssp.; 1/1; Grund; Helvet;
Holotypus.

Fig. 11: *Protula isseli* ROVERETO; 1/1; Ponte dei Preti, Ivrea; Pliozän;
Lectotypus, aus G. ROVERETO, 1898; Tafel 7, Fig. 5.

Fig. 12: *Protula isseli* ROVERETO; 1/1; Ponte dei Preti, Ivrea; Pliozän;
nach G. ROVERETO, 1898; Tafel 7, Fig. 5a.

Fig. 13: *Protula protensa* (LINNAEUS); 1/1; Gainfarn; Torton.

Fig. 14: *Protula protensa* (LINNAEUS); 1/1; Gainfarn; Torton.

Fig. 15: *Protula protensa* (LINNAEUS); 1/1; Gainfarn; Torton.

Fig. 16: *Protula protensa tortoniana* (ROVERETO); 1/1; Grinzing; Torton;
Holotypus, nach G. ROVERETO, 1895 a; Tafel 9, Fig. 1.

Fig. 17: *Protula protensa tortoniana* (ROVERETO); 1/1; Grinzing; Torton;
Holotypus von G. ROVERETO, 1895 a.

Fig. 18: *Protula simplex* (LEA); 1/1; Ruditz; Torton;
nach G. ROVERETO, 1895 a; Tafel 9, Fig. 3.

Fig. 19: *Protula simplex* (LEA); 1/1; Ruditz; Torton;
von G. ROVERETO, 1895 a.

Fig. 20: *Protula vincenti* ROVERETO; 1/1; Dieghem; Laekenien;
Lectotypus, aus G. ROVERETO, 1904 a; Tafel 4, Fig. 23h.

Fig. 21: *Protula vincenti* ROVERETO; 1/1; Dieghem; Laekenien;
nach G. ROVERETO, 1904 a; Tafel 4, Fig. 23e.

Fig. 22: *Protula vincenti* ROVERETO; 1/1; Dieghem; Laekenien;
nach G. ROVERETO, 1904a; Tafel 4, Fig. 23c.

Fig. 23: *Protula vincenti* ROVERETO; 1/1; Dieghem; Laekenien;
nach G. ROVERETO, 1904a; Tafel 4, Fig. 23d.

Fig. 24: *Protula vincenti* ROVERETO; 1/1; Dieghem; Laekenien;
nach G. ROVERETO, 1904a; Tafel 4, Fig. 23g.

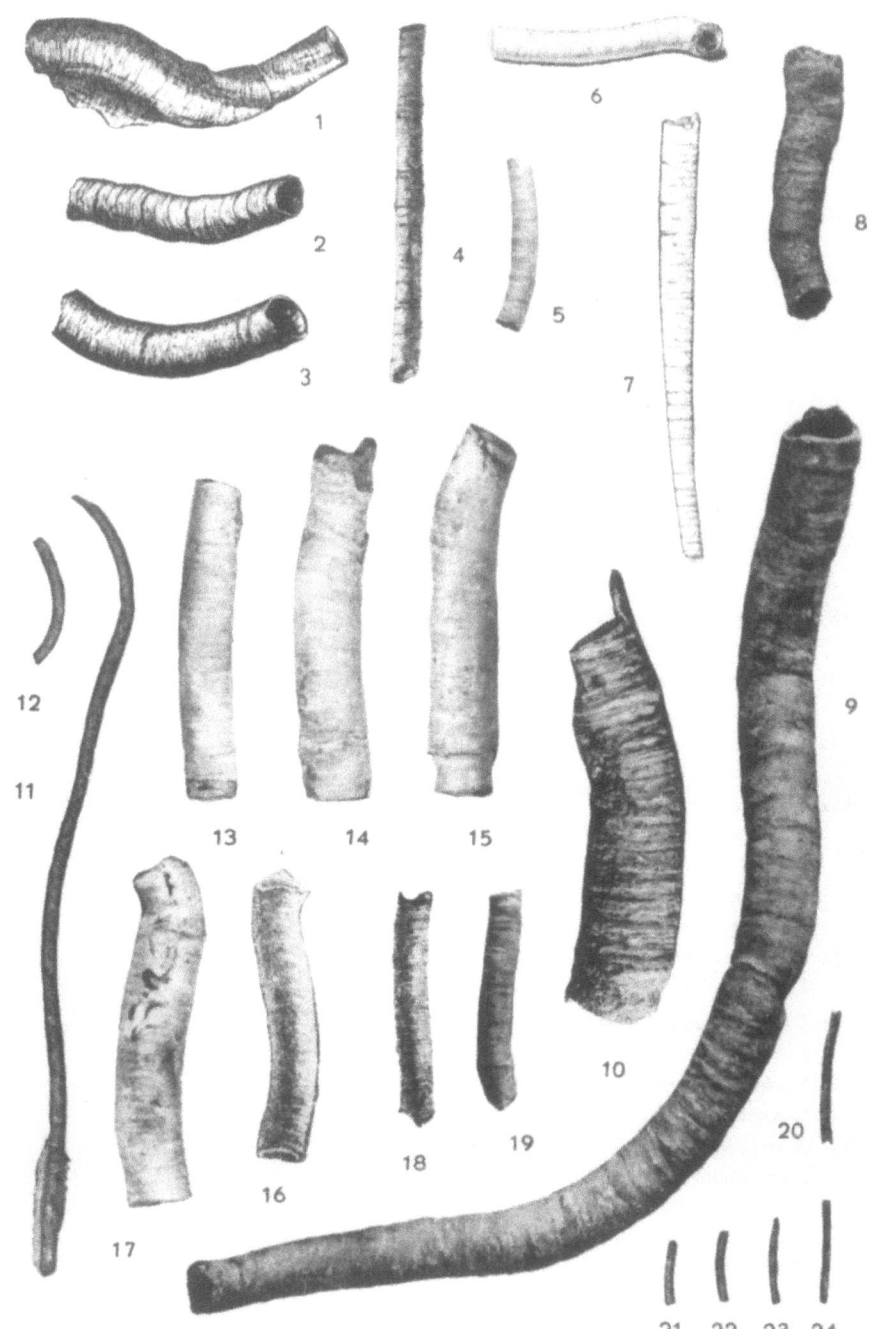

Tafel III

Tafel 4 Fig. 1: *Ditrupa cornea* (LINNAEUS); 1/1;
Nógrádszakál; Torton;
nach I. MEZNERICS, 1944; Tafel 2, Fig. 15.

Fig. 2: *Ditrupa cornea* (LINNAEUS); 1/1;
Nógrádszakál; Torton;
nach I. MEZNERICS, 1944; Tafel 2, Fig. 16.

Fig. 3: *Ditrupa cornea* (LINNAEUS); 1/1;
Nógrádszakál; Torton;
nach I. MEZNERICS, 1944; Tafel 2, Fig. 17.

Fig. 4: *Ditrupa cornea* (LINNAEUS); 1/1;
Neudorf a. d. March; Torton.

Fig. 5: *Ditrupa cornea* (LINNAEUS); 1/1;
Neudorf a. d. March; Torton.

Fig. 6: *Ditrupa cornea* (LINNAEUS); 1/1;
Neudorf a. d. March; Torton.

Fig. 7: *Ditrupa cornea* (LINNAEUS); 1/1;
Neudorf a. d. March; Torton.

Fig. 8: *Ditrupa transsilvanica* MEZNERICS; 1/1;
Lapugy; Torton;
Holotypus, nach I. MEZNERICS, 1944; Tafel 2, Fig. 8.

Fig. 9: *Ditrupa transsilvanica* MEZNERICS; 1/1;
Kostej; Torton;
nach I. MEZNERICS, 1944; Tafel 2, Fig. 6.

Fig. 10: *Ditrupa transsilvanica* MEZNERICS; 1/1;
Kostej; Torton;
nach I. MEZNERICS, 1944; Tafel 2, Fig. 7.

Fig. 11: *Ditrupa transsilvanica* MEZNERICS; 1/1;
Neudorf a. d. March; Torton.

Fig. 12: *Ditrupa transsilvanica* MEZNERICS; 1/1;
Neudorf a. d. March; Torton.

Fig. 13: *Ditrupa transsilvanica* MEZNERICS; 1/1;
Neudorf a. d. March; Torton.

Fig. 14: *Ditrupa transsilvanica* MEZNERICS; 1/1;
Neudorf a. d. March; Torton.

Fig. 15: *Ditrupa moldica* n. sp.; 1/1;
Eichberg bei Mold; Burdigal;
Holotypus.

Fig. 16: *Ditrupa moldica* n. sp.; 1/1;
Eichberg bei Mold; Burdigal.

Fig. 17: *Ditrupa moldica* n. sp.; 1/1;
Eichberg bei Mold; Burdigal.

Fig. 18: *Ditrupa moldica* n. sp.; 1/1;
Eichberg bei Mold; Burdigal.

Fig. 19: *Hydroides pectinata* (PHILIPPI); 1/1;
Hornstein; Sarmat.

Fig. 20: *Hydroides pectinata* (PHILIPPI); 1/1;
Mannersdorf; Torton;
aufgewachsen.

Fig. 21: *Hydroides pectinata* (PHILIPPI); 1/1;
Petronell; Torton;
zusammengeschwemmte Bruchstücke.

Fig. 22: *Hydroides pectinata* (PHILIPPI); 1/1;
St. Georgen a. d. Preßnitz; Torton;
eingeschwemmt in Tegel.

Tafel IV

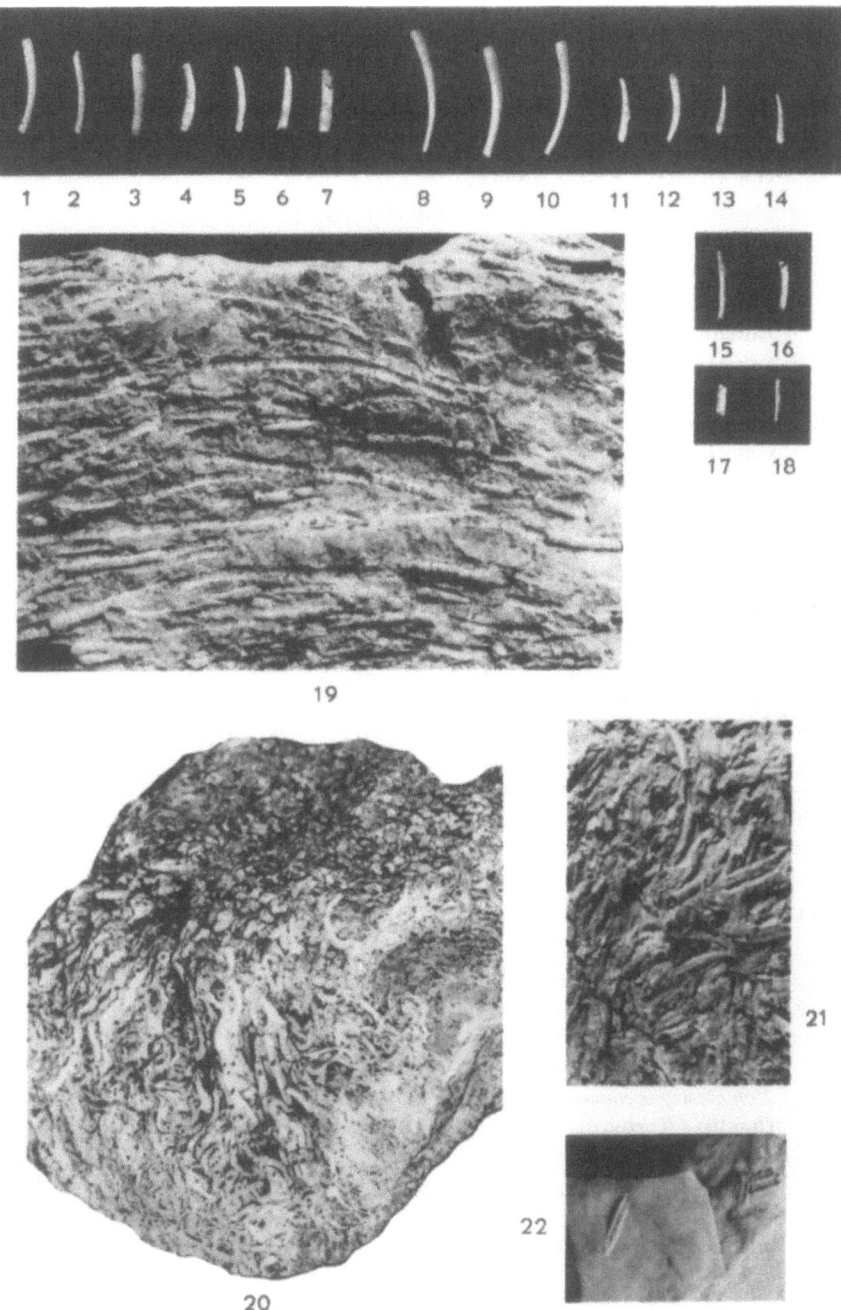

Tafel 5 Fig. 1: *Mercierella ? dubiosa* W. J. SCHMIDT; 10/1;
Kienberg; Torton;
Holotypus, nach W. J. SCHMIDT, 1951; Abb. 4.

Fig. 2: *Mercierella roveretoi* W. J. SCHMIDT, 1951; 10/1;
Kienberg; Torton;
Holotypus, nach W. J. SCHMIDT, 1951; Abb. 5.

Fig. 3: *Placostegus polymorphus* ROVERETO; 4/1;
Ehrenhausen; Torton;
Holotypus, nach G. ROVERETO, 1895a; Tafel 9, Fig. 9.

Fig. 4: *Placostegus polymorphus* ROVERETO; 1/1;
Ehrenhausen; Torton;
von G. ROVERETO, 1895 a.

Fig. 5: *Placostegus polymorphus* ROVERETO; 1/1;
Ehrenhausen; Torton;
von G. ROVERETO, 1895 a.

Fig. 6: *Placostegus polymorphus* ROVERETO; 1/1;
Ehrenhausen; Torton;
von G. ROVERETO, 1895 a.

Fig. 7: *Placostegus polymorphus* ROVERETO; 1/1;
Ehrenhausen; Torton;
von G. ROVERETO, 1895 a.

Fig. 8: *Placostegus polymorphus* ROVERETO; 1/1;
Ehrenhausen; Torton;
von G. ROVERETO, 1895 a.

Fig. 9: *Pomatoceros dentatus* W. J. SCHMIDT; 10/1;
Nußdorf; Torton;
Holotypus, nach W. J. SCHMIDT, 1950; Abb. 4.

Fig. 10: *Pomatoceros triqueter* (LINNAEUS); 2/1;
Astrupp bei Osnabrück; Tertiär;
nach A. GOLDFUSS, 1831; Tafel 71, Fig. 5b.

Fig. 11: *Pomatoceros triqueter* (LINNAEUS); 1/1;
Enzesfeld; Torton.

Fig. 12: *Pomatoceros triqueter* (LINNAEUS); 1/1;
Kalksburg; Torton;
aufgebrochene Unterseiten.

Fig. 13: *Pomatoceros triqueter bicanaliculatus* (MÜNSTER); 2/1;
Astrupp bei Osnabrück; Tertiär;
Lectotypus, aus A. GOLDFUSS, 1831; Tafel 71, Fig. 6b.

Fig. 14: *Pomatostegus comatus* (ROVERETO); 2/1;
Gamlitz; Torton;
Lectotypus, aus G. ROVERETO, 1895 a; Tafel 9, Fig. 7.

Fig. 15: *Pomatostegus comatus* (ROVERETO); 1/1;
Gamlitz; Torton;
Lectotypus, aus G. ROVERETO, 1895 a.

Fig. 16: *Pomatostegus comatus* (ROVERETO); 2/1;
Gamlitz; Torton;
nach G. ROVERETO, 1895 a; Tafel 9, Fig. 8.

Fig. 17: *Pomatostegus comatus* (ROVERETO); 1/1;
Gamlitz; Torton;
von G. ROVERETO, 1895 a.

Tafel V

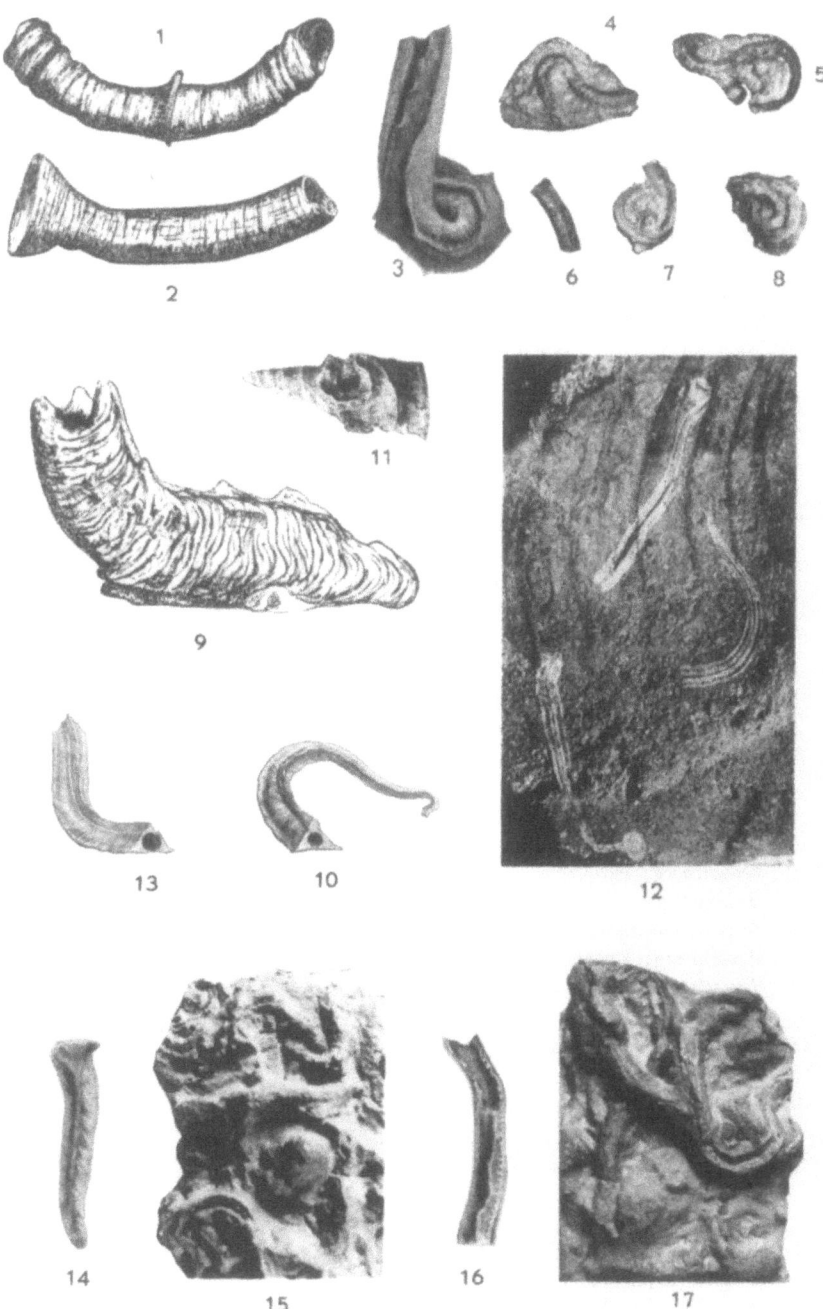

Tafel 6 Fig. 1: *Serpula crispata* REUSS; 2/1;
Rudelsdorf; Torton;
Holotypus, nach A. R. REUSS, 1860; Tafel 3, Fig. 8a.

Fig. 2: *Serpula curvata* W. J. SCHMIDT; 10/1;
Nußdorf; Torton;
Holotypus, nach W. J. SCHMIDT, 1950; Abb. 3.

Fig. 3: *Serpula discohelix* SEGUENZA; 1/1;
Feldsberg; Torton.

Fig. 4: *Serpula discohelix* SEGUENZA; 1/1;
St. Margarethen; Torton.

Fig. 5: *Serpula discohelix subanfracta* ROVERETO; 1/1;
Wildon; Torton;
Holotypus, nach G. ROVERETO, 1895 a; Tafel 9, Fig. 13.

Fig. 6: *Serpula discohelix subanfracta* ROVERETO; 1/1;
Wildon; Torton;
Holotypus von G. ROVERETO, 1895 a.

Fig. 7: *Serpula fastigiata* EICHWALD; 1/1;
Shukowze; Tertiär;
Lectotypus (größeres Exemplar), aus E. EICHWALD, 1853; Tafel 3, Fig. 4.

Fig. 8: *Serpula fastigiata* EICHWALD; 1/1;
Grusbach; Helvet ?

Fig. 9: *Serpula fuchsii* ROVERETO; 3/1;
Lapugy; Torton;
Holotypus, nach G. ROVERETO, 1895 a; Tafel 9, Fig. 15.

Fig. 10: *Serpula granosa* REUSS; 2/1;
Rudelsdorf; Torton;
Holotypus, nach A. R. REUSS, 1860; Tafel 3, Fig. pa.

Fig. 11: *Serpula gundavaënsis* D'ARCHIAC; 1/1;
Chaine d'Hala, Indien; Eozän;
Holotypus, nach A. D'ARCHIAC, 1853; Tafel 36, Fig. 11.

Fig. 12: *Serpula hortensis* (OPPENHEIM); 1/1;
Via degli Orti; Priabon;
Holotypus, nach P. OPPENHEIM, 1901 a; Tafel 9, Fig. 6.

Fig. 13: *Serpula hortensis* (OPPENHEIM); 1/1;
Fuchsofen, Kärnten; Eozän.

Fig. 14: *Serpula lacera* REUSS; 5/1;
Rudelsdorf; Torton;
Holotypus, nach A. R. REUSS, 1860; Tafel 3, Fig. 10b.

Fig. 15: *Serpula maeandrica* n. sp.; 2/1;
Waschberg; Eozän;
Holotypus.

Fig. 16: *Serpula maeandrica* n. sp.; 2/1;
Waschberg; Eozän.

Fig. 17: *Serpula maeandrica* n. sp.; 2/1;
Waschberg; Eozän.

Fig. 18: *Serrula maeandrica* n. sp.; 2/1;
Waschberg; Eozän.

Fig. 19: *Serpula maeandrica* n. sp.; 2/1;
Waschberg; Eozän.

Fig. 20: *Serpula quinquenodosa* W. J. SCHMIDT; 5/1;
Steinabrunn; Torton;
Holotypus, nach W. J. SCHMIDT, 1951; Abb. 7.

Fig. 21: *Serpula reussi* ROVERETO; 2/1;
Rudelsdorf; Torton;
Holotypus, nach A. R. REUSS, 1860; Tafel 3, Fig. 7a.

Fig. 22: *Serpula sexta* W. J. SCHMIDT; 4/1;
Steinabrunn; Torton;
Holotypus, nach W. J. SCHMIDT, 1951; Abb. 6.

Fig. 23: *Serpula spirographis* GOLDFUSS; 1/1;
Essen; Genoman;
Holotypus, nach A. GOLDFUSS, 1833; Tafel 70, Fig. 17.

Fig. 24: *Serpula spirographis* GOLDFUSS; 2/1;
Sonnberg bei Guttaring; Unteres Eozän.

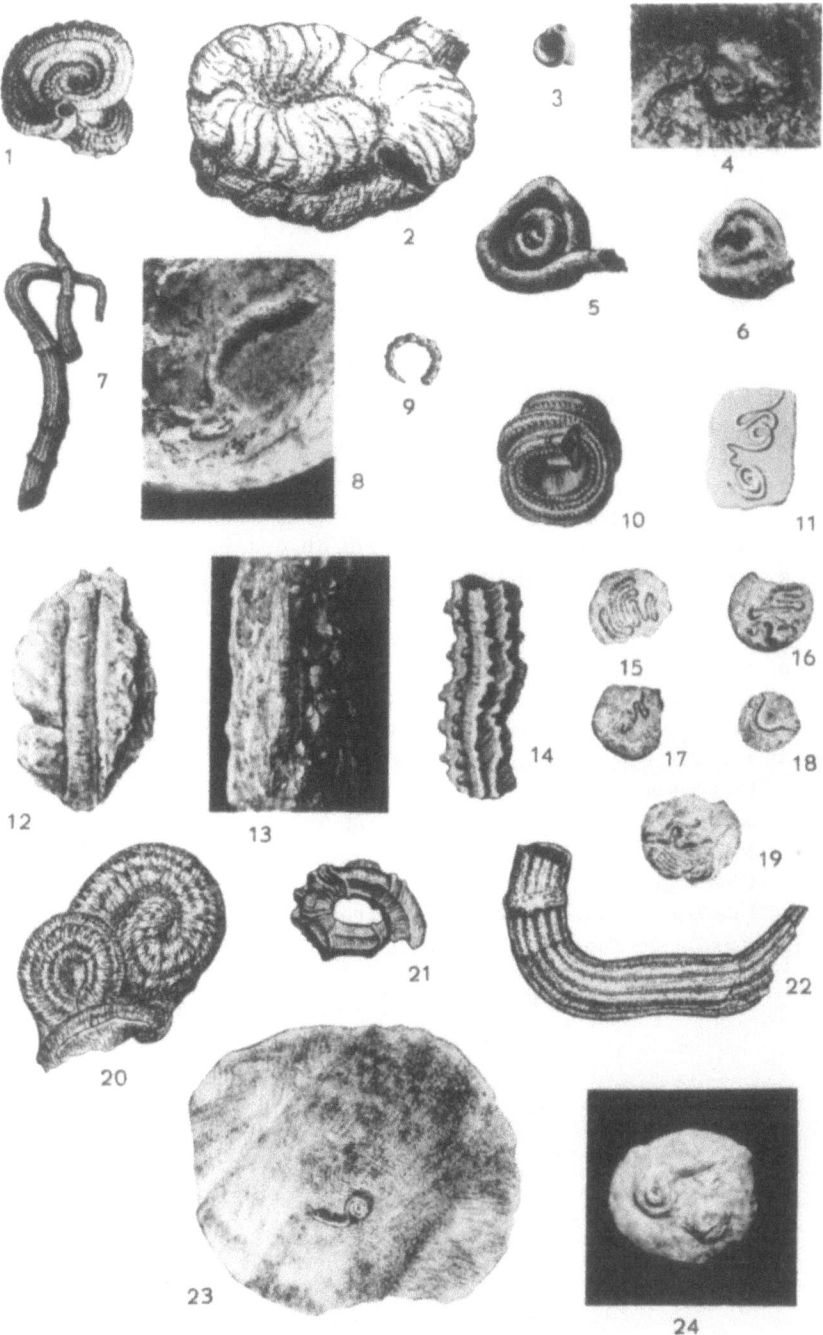

Tafel VI

Tafel 7 Fig. 1: *Serpula subpacta* ROVERETO; 1/1;
Astrupp bei Osnabrück; Tertiär;
Lectotypus, aus A. GOLDFUSS, 1831; Tafel 71, Fig. 12b.

Fig. 2: *Serpula subpacta* ROVERETO; 1/1;
Gainfarn; Torton.

Fig. 3: *Serpula subpacta* ROVERETO; 1/1;
Grinzing; Torton.

Fig. 4: *Serpula traversa* W. J. SCHMIDT; 10/1;
Baden; Torton;
Holotypus, nach W. J. SCHMIDT, 1950; Abb. 2.

Fig. 5: *Serpula trinodosa* W. J. SCHMIDT; 10/1;
Niederleis; Unteres Torton;
Holotypus, nach W. J. SCHMIDT, 1950; Abb. 1.

Fig. 6: *Vermilia manicata* (REUSS); 2/1;
Rudelsdorf; Torton;
Lectotypus, aus A. R. REUSS, 1860; Tafel 3, Fig. 5a.

Fig. 7: *Vermilia manicata* (REUSS); 2/1;
Rudelsdorf; Torton;
nach A. R. REUSS, 1860; Tafel 3, Fig. 5b.

Fig. 8: *Vermilia praestigiosa* ROVERETO; 3/1;
Rudelsdorf; Torton;
Holotypus, nach A. R. REUSS, 1860; Tafel 3, Fig. 11.

Fig. 9: *Vermilia quinquesignata* (REUSS); 3/1;
Rudelsdorf; Torton;
Lectotypus, aus A. R. REUSS, 1860; Tafel 3, Fig. 6a.

Fig. 10: *Vermilia quinquesignata* (REUSS); 3/1;
Rudelsdorf; Torton;
nach A. R. REUSS, 1860; Tafel 3, Fig. 6b.

Fig. 11: *Vermilia quinquesignata kienbergi* W. J. SCHMIDT; 10/1;
Kienberg; Torton;
Holotypus, nach W. J. SCHMIDT, 1951; Abb. 8.

Fig. 12: *Vermiliopsis elegantula* (ROVERETO); 2/1;
Lapugy; Torton;
Holotypus, nach G. ROVERETO, 1895a; Tafel 9, Fig. 14.

Tafel VII

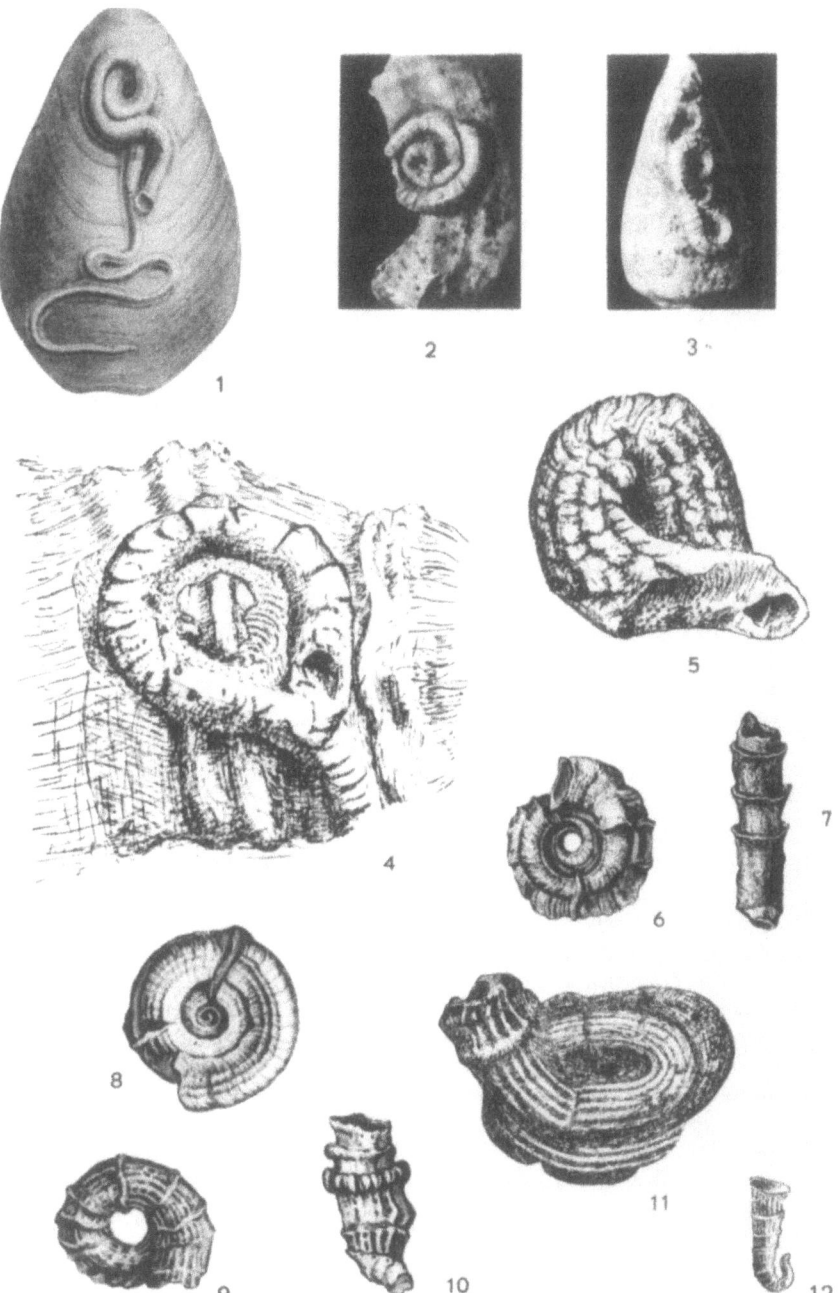

Tafel 8 Fig. 1: *Rotularia leptostoma* (GABB); Oberseite; 1/1; Moseleys Ferry; Cook Mountain Formation; nach J. GARDNER, 1939; Tafel 6, Fig. 4.
Fig. 2: *Rotularia leptostoma* (GABB); Oberseite; 1/1; Moseleys Ferry; Cook Mountain Formation; nach J. GARDNER, 1939; Tafel 6, Fig. 10.
Fig. 3: *Rotularia leptostoma* (GABB); Unterseite; 1/1; Moseleys Ferry; Cook Mountain Formation; nach J. GARDNER, 1939; Tafel 6, Fig. 8.
Fig. 4: *Rotularia leptostoma* (GABB); Unterseite; 1/1; Moseleys Ferry; Cook Mountain Formation; nach J. GARDNER, 1939; Tafel 6, Fig. 6.
Fig. 5: *Rotularia leptostoma* (GABB); 1/1; Moseleys Ferry; Cook Mountain Formation; nach J. GARDNER, 1939; Tafel 6, Fig. 9.
Fig. 6: *Rotularia leptostoma* (GABB); 1/1; Moseleys Ferry; Cook Mountain Formation; nach J. GARDNER, 1939; Tafel 6, Fig. 15.
Fig. 7: *Rotularia clymenioides* (GUPPY); Oberseite; 1/1; Vista Bella Quarry bei San Fernando; Obereozän;
nach R. RUTSCH, 1939 b; Tafel 12, Fig. 1.
Fig. 8: *Rotularia clymenioides* (GUPPY); Oberseite; 1/1; Vista Bella Quarry bei San Fernando; Obereozän;
nach R. RUTSCH, 1939 b; Tafel 12, Fig. 5.
Fig. 9: *Rotularia clymenioides* (GUPPY); Unterseite; 1/1; Vista Bella Quarry bei San Fernando; Obereozän;
nach R. RUTSCH, 1939 b; Tafel 12, Fig. 3.
Fig. 10: *Rotularia clymenioides* (GUPPY); Unterseite; 1/1; Vista Bella Quarry bei San Fernando; Obereozän;
nach R. RUTSCH, 1939 b; Tafel 12, Fig. 2a.
Fig. 11: *Rotularia clymenioides* (GUPPY); 1/1; Vista Bella Quarry bei San Fernando; Obereozän; nach R. RUTSCH, 1939 b; Tafel 12, Fig. 2.
Fig. 12: *Rotularia pseudospirulaea* (OPPENHEIM); 1/1; Guttaring; Eozän;
Lectotypus, aus P. OPPENHEIM, 1901 a; Tafel 11, Fig. 5a.
Fig. 13: *Rotularia pseudospirulaea* (OPPENHEIM); Unterseite; 1/1; Guttaring; Eozän;
nach P. OPPENHEIM, 1901 a; Tafel 11, Fig. 3.
Fig. 14: *Rotularia pseudospirulaea* (OPPENHEIM); Oberseite; 1/1; Guttaring; Eozän.
Fig. 15: *Rotularia spirulaea* (LAMARCK); Oberseite; 1/1; Kressenberg; Eozän;
nach A. GOLDFUSS, 1826; Tafel 71, Fig. 8b.
Fig. 16: *Rotularia spirulaea* (LAMARCK); 1/1; Kressenberg; Eozän;
nach A. GOLDFUSS, 1826; Tafel 71, Fig. 8b.
Fig. 17: *Rotularia spirulaea* (LAMARCK); Oberseite; 1/1; Bos d'Arros bei Pau; Unteres Eozän;
nach A. WRIGLEY, 1951; Fig. 16.
Fig. 18: *Rotularia spirulaea* (LAMARCK); Unterseite; 1/1; Sonnberg bei Guttaring; Eozän.
Fig. 19: *Rotularia spirulaea* (LAMARCK); Unterseite; 1/1; Sonnberg bei Guttaring; Eozän.
Fig. 20: *Spirorbis (Dexiospira) bilineatus* W. J. SCHMIDT; 15/1; Neulerchenfeld; Sarmat;
Holotypus, nach W. J. SCHMIDT, 1951; Abb. 9.
Fig. 21: *Spirorbis (Dexiospira) bilineatus* W. J. SCHMIDT; 9/1; Neulerchenfeld; Sarmat;
Holotypus von W. J. SCHMIDT, 1951.
Fig. 22: *Spirorbis (Dexiospira) commutatus* (ROVERETO); 9/1; Neulerchenfeld; Sarmat;
Holotypus, nach G. ROVERETO, 1895 a; Tafel 9, Fig. 16.
Fig. 23: *Spirorbis (Dexiospira) commutatus* (ROVERETO); 20/1; Neulerchenfeld; Sarmat;
Holotypus von G. ROVERETO, 1895 a.
Fig. 24: *Spirorbis (Dexiospira) heliciformis* (EICHWALD); 4/1; Rußland; Sarmat;
Lectotypus, aus E. EICHWALD, 1852; Tafel 3, Fig. 11b.
Fig. 25: *Spirorbis (Dexiospira) heliciformis* (EICHWALD); 5/1; Neulerchenfeld; Sarmat.
Fig. 26: *Spirorbis (Dexiospira) heliciformis* (EICHWALD); 5/1; Neulerchenfeld; Sarmat.
Fig. 27: *Spirorbis (Laeospira) declivis* (REUSS); 8/1; Rudelsdorf; Torton;
Holotypus, nach A. R. REUSS, 1860; Tafel 3, Fig. 12a.
Fig. 28: *Spirorbis (Laeospira) declivis* (REUSS); 8/1; Rudelsdorf; Torton;
Holotypus, nach A. R. REUSS, 1860; Tafel 3, Fig. 12b.
Fig. 29: *Spirorbis (Laeospira) spirorbis* (LINNAEUS); 6/1; Monte Pellegrino; Pleistozän;
nach G. ROVERETO, 1904 a; Tafel 4, Fig. 7.
Fig. 30: *Spirorbis (Laeospira) spirorbis* (LINNAEUS); Oberseite; 4/1; Bembridge; rezent;
nach A. WRIGLEY, 1951; Fig. 19a.
Fig. 31: *Spirorbis (Laeospira) spirorbis* (LINNAEUS); Unterseite; 4/1; Bembridge; rezent;
nach A. WRIGLEY, 1951; Fig. 19b.
Fig. 32: *Spirorbis (Laeospira) umbiliciformis* (MÜNSTER); 3/1; Astrupp bei Osnabrück; Tertiär;
Lectotypus, aus A. GOLDFUSS, 1831; Tafel 71, Fig. 7b.

Tafel VIII

If you have any concerns about our products,
you can contact us on
ProductSafety@springernature.com

In case Publisher is established outside the EU,
the EU authorized representative is:
**Springer Nature Customer Service Center GmbH
Europaplatz 3, 69115 Heidelberg, Germany**

Printed by Libri Plureos GmbH
in Hamburg, Germany